国家科学技术学术著作出版基金资助出版

卫星互联网宽带接入
和高速传输技术

刘 炯 解东宏 著

科学出版社

北 京

内 容 简 介

本书从概念和原理入手，在卫星通信技术脉络的基础上，介绍卫星互联网关键理论和技术。首先，介绍互联网的发展；其次，分析TCP/IP、卫星通信的基本原理；再次，探讨宽带多媒体通信卫星和星上处理技术，介绍宽带多媒体通信卫星发展的同时，详细介绍星上处理技术的特点和应用；最后，研究卫星激光通信、卫星互联网接入技术、传输协议等，并介绍卫星互联网在宽带接入和高速传输方面的核心技术。

本书可作为高等院校通信及相关专业高年级本科生和研究生的参考书，也可供从事卫星通信工作的工程技术人员学习参考。

图书在版编目（CIP）数据

卫星互联网宽带接入和高速传输技术 / 刘炯，解东宏著. —北京：科学出版社，2023.3
ISBN 978-7-03-074724-2

Ⅰ. ①卫⋯ Ⅱ. ①刘⋯ ②解⋯ Ⅲ. ①卫星通信-研究 Ⅳ. ①TN927

中国国家版本馆 CIP 数据核字（2023）第 005010 号

责任编辑：宋无汗 / 责任校对：崔向琳
责任印制：吴兆东 / 封面设计：陈　敬

科学出版社 出版
北京东黄城根北街 16 号
邮政编码：100717
http://www.sciencep.com
北京中石油彩色印刷有限责任公司印刷
科学出版社发行　各地新华书店经销
*
2023 年 3 月第 一 版　开本：720×1000　1/16
2024 年 1 月第二次印刷　印张：16 1/4
字数：328 000
定价：180.00 元
（如有印装质量问题，我社负责调换）

前　言

通信卫星以其独有的特点和优势，在全球通信中发挥着非常重要的作用。随着卫星通信技术的不断发展，特别是星上数字处理技术的显著提高，已有多颗具有星上基带处理能力的新型通信卫星投入使用和列入发射计划。毫无疑问，具有星上基带处理能力的新型通信卫星已成为卫星通信发展的一大趋势。

地面互联网以惊人的速度在全球范围内发展，互联网已成为人们生活、工作的重要组成部分。为了满足日益增长的互联网多媒体业务的传输需求，卫星通信从支持语音和图像业务传输向支持多种业务传输的宽带互联网接入方向发展。并且，随着人类对月球、火星等深空领域的探索，卫星通信不仅面向地球传输信息，还会形成覆盖面更广的卫星互联网。

卫星互联网的研究和建设涉及的问题非常多，如卫星互联网通信系统体制、卫星网络路由、信息传输控制等。本书从卫星通信和互联网概念的提出和发展出发，介绍相关知识和理论，重点讨论卫星互联网的宽带通信、高速接入、可靠传输等的技术和理论。全书共 11 章。第 1 章介绍互联网及其协议模型，包括互联网的发展、组织机构和协议模型。第 2 章介绍 TCP/IP，主要包括 IP、TCP 和 UDP 的发展、格式标准、基本原理和特点。第 3 章介绍卫星通信的基本原理、发展历程。第 4 章介绍宽带多媒体通信卫星和星上处理技术，着重分析星上处理技术。第 5 章介绍卫星互联网的发展，包括世界各国推进的研究计划和中低轨星座系统的建设情况。第 6 章介绍卫星激光通信，主要包括卫星激光通信的发展、系统原理和关键技术、系统组成和应用。第 7 章介绍卫星互联网接入技术，重点分析接入技术及其对传输层 TCP 性能的影响。第 8 章介绍卫星互联网传输协议，分析各类卫星互联网传输协议的技术特点。第 9、10 章介绍卫星互联网传输协议的解决方案，包括具体协议算法及其性能特点。第 11 章是有关研究工作的总结与展望。

本书是作者多年研究成果的总结，在清华大学曹志刚教授和美国休斯敦大学韩竹教授的指导下完成。在撰写过程中，高梅副教授、金凤副教授、马欢讲师、王乐天博士提出了许多宝贵意见，并提供了很多有价值的文献资料。在这里向上述老师表示诚挚的感谢！

由于作者水平有限，书中难免存在不足之处，希望广大读者批评指正。

作　者

2022 年于西安

目　　录

第1章 互联网及其协议模型

互联网已经渗透到人们生活、工作的方方面面，使得人们的日常生活发生了巨大变化。从聊天、邮件、游戏、旅行，到搜集资料、查阅文件、工作讨论，再到商业物流和军事行动，互联网都扮演着非常重要的角色，已经成为全世界沟通和交流的工具，向全世界提供无所不包的信息服务。人们已经越来越离不开互联网，它使人们的工作和生活更加便利和自如，也将世界从工业时代带入了信息时代。

互联网采用分布式、层次化的组织结构和分组交换技术，把分布在全球各个国家和地区的计算机终端连接起来，构成一个世界范围内巨大的计算机网络，实现了不同类型计算机终端之间的信息传输和交换。

要对互联网有深刻认识和理解，首先要了解互联网的发展历程，而后认识互联网的组织机构和职能，并在此基础上理解互联网的协议体系。本章首先简要回顾互联网的发展历史和应用现状，讨论互联网的发展趋势；其次介绍互联网的组织机构和职能；最后讨论互联网的协议模型，比较 OSI 模型与互联网协议模型的异同，从中理解 TCP/IP 模型。

1.1 互联网的发展

互联网的起源可以追溯到 20 世纪 60 年代，其目标是提高军事通信的可靠性。随着网络规模的不断壮大和通信技术的不断成熟，互联网发展成为遍布全球、面向各类用户的公共信息交互平台。

1. DARPA 的组建

从 20 世纪 40 年代末开始，由美国领导的西方阵营和由苏联领导的东方阵营为了争霸世界，进行了长达三四十年不见硝烟的"冷战"。"冷战"的背后是双方军事、科技力量的竞争。竞争初期，由于苏联在 1957 年 10 月成功发射了名为"Sputnik"的卫星，美国感到了自己在太空技术上的落后，触发了其前所未有的军事危机。美国采用的是中央控制模式的军队指挥和通信网络系统，一旦网络控制中心受到原子弹的攻击，将会导致全美军事指挥系统的瘫痪。为了改变这种状况，1958 年美国成立了国防部高级研究计划署(Defense Advanced Research Projects Agency，DARPA)，其目的是保持美国在技术上的领先地位，防止潜在对手不可预见的技术进步。美国声明：DARPA 的任务是为美国国防部选择基础研究、应用研究及发展计划，并对这些研究与计划进行管理和指导，追踪危险性和回报率都很高的研究和技术，而这些技术的成功将使传统军队彻底改变面貌。

由于美国政府的巨额资金投入和有效的管理体制，DARPA 取得了巨大的成功，从 20 世纪 60 年代至今一直保持着全球军事技术上的领先地位，同时也成为互联网起源和最初发展的根本动力。

2. 分组交换理论的提出

1962 年，美国国防部为了保证美国本土防卫力量和海外防御武装在受到苏联第一次核打击以后仍然具有一定的生存和反击能力，认为有必要设计出一种分散的指挥系统：它由一个个分散的指挥点组成，当部分指挥点被摧毁后，其他点仍能正常工作，并且这些点之间，能够绕过那些已被摧毁的指挥点而继续保持联系。

20 世纪 60 年代初，Licklider、Clark 与 Klienrock 提出了"银河网"概念及分组交换理论。Baran 于 1964 年提出了在分组交换网采用目的寻址方式的概念，即如果某些通信链路或节点在遭受攻击时受到破坏，那么分组就可以重新选择一条可用的替代路由，最终传送到目的地。

分组交换理论的提出，打破了通信网络中两个终端节点相互通信之前必须建立固定通信链路的传统思想。信息在传输过程中，传输路径可以不断变化，是互联网构建的理论基础。

3. ARPAnet 的建立

分组交换理论的提出迎合了美国军方的需求，因此得到了 DARPA 的巨大支持。

从 20 世纪 60 年代开始，研究机构的大型计算机都是独立的设备，不同厂家生产的计算机不能彼此通信。DARPA 的前身高级研究计划署(Advanced Research Projects Agency，ARPA)就开始向美国国内大学的计算机学院和一些公司提供经费，开展基于分组交换理论的计算机网络研究，希望找到一种连接计算机的方法，以便研究人员能够共享研究成果、减少费用和避免重复劳动。

1969 年 6 月，此项目完成了第一阶段的研究工作，即由 4 个节点组成一个试验性通信网络，这 4 个节点分别和位于加州大学洛杉矶分校、斯坦福研究院、加州大学圣巴巴拉分校和犹他大学的计算机终端相连。这个最初的高级研究计划署网络(Advanced Research Projects Agency network，ARPAnet)成为互联网的最早雏形。

如图 1-1 所示，在 ARPAnet 中接口报文处理器(interface message processor，IMP)作为网络中的节点。为了保证网络的可靠性，每个 IMP 至少和其他 2 个 IMP

通过专线连接，分布在 4 所大学的计算机终端则通过 IMP 接入 ARPAnet 中。IMP
之间的信息传输采用分组交换技术，并向用户提供电子邮件、文件传送和远程登
录等服务。由于 IMP 节点采用分组交换技术实现信息的传输，因此 ARPAnet 被
公认为世界上第一个采用分组交换技术组建的网络。由于 ARPAnet 在通信方面取
得了很大成功，连接在 ARPAnet 上的节点也不断增加，但连入的这些节点都是和
DARPA 有研究合同的大学或科研机构。

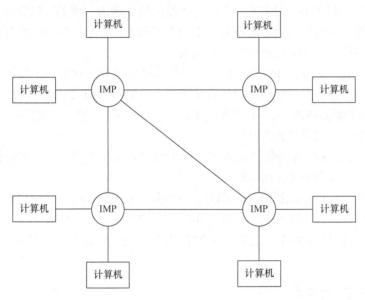

图 1-1　ARPAnet

　　1972 年，ARPAnet 在首届计算机通信国际会议上首次与公众见面，并验证了
分组交换技术的可行性。与已经出现的电信网络相比，ARPAnet 特点鲜明，主要
体现在：支持资源共享；采用分布式控制技术；采用分组交换技术；采用分层的
网络通信协议体系。这些新的技术在后来的计算机网络中一直得到沿用和发展。
因此，ARPAnet 成为现代计算机网络诞生的标志。

　　截至 1972 年，ARPAnet 中的节点数已经达到了 40 个，这 40 个节点之间可
以发送小文本文件(当时称这种文件为电子邮件，也就是现在的 E-mail)，也可以
利用文件传输协议(file transfer protocol，FTP)发送大文本文件，包括数据文件(即
现在互联网中的文件传输)。同时，也出现了通过把 1 台计算机模拟成另 1 台远程
计算机的 1 个终端而使用远程计算机上资源的方法，这种方法被称为远程登录
(Telnet)。可以看出，E-mail、FTP 和 Telnet 是互联网中较早出现的重要工具，其
中 E-mail 仍然是目前互联网中最主要的应用之一。

　　早期 ARPAnet 使用的网络控制协议(network control protocol，NCP)实质上是

一个设备驱动程序，它不能使不同类型的计算机和不同类型的操作系统连接起来。随着接入 ARPAnet 的计算机日益增多，如何将结构不同、操作系统不同的计算机按照共同的工作方式和共同的标准连接起来成了 ARPAnet 的关键性问题。

为此，ARPAnet 核心组成员 Cerf 和 Kahn 开始了一项新的研究，名为"网络互联项目"，其目的就是将不同的网络连接起来，使得一个网络内的计算机可以和另一个不同网络内的计算机交互信息，解决不同网络、不同类型计算机相互连通的问题。Cerf 和 Kahn 提出了一个概念，就是使用名为"网关"的设备作为中间节点，以便将不同长度的分组数据、不同类型和不同传输速率的网络连接起来，使信息可以从一个网络传送到另一个网络。

在随后的几年里，DARPA 在分组交换网络的研究方面取得了很大进步，特别是在不同类型分组交换网络的信息透明交互上取得了很大发展。1977 年 10 月，由 3 个不同网络(ARPAnet、分组无线电网、分组卫星网)组成的互联网成功问世，使不同网络之间的通信成为可能。

另外，DARPA 在通信协议研究方面也取得很大的进步，经过不断的努力，最终发展成为著名的 TCP/IP 族。

1983 年，ARPAnet 拆分为两部分：一部分仍称为 ARPAnet，面向科学研究工作；另一部分称为 MILNET，面向军事应用。同年 1 月，ARPAnet 把 TCP/IP 作为 ARPAnet 的标准协议。之后，人们称这个以 ARPAnet 为主干网的网络为互联网。

4. CSNET 的建立

20 世纪 80 年代初，ARPAnet 取得了巨大成功，但没有获得美国联邦政府合同的学校仍不能使用。

1981 年，美国国家科学基金会(National Science Foundation，NSF)资助美国一些大学建设计算机与科学网络(computer and science network，CSNET)，以供各大学计算机学院使用。CSNET 采用集中控制方式，所有信息交换都经过名为 CSNET-Relay 的中继计算机来实现。CSNET 网络的成本较低，节点之间没有冗余链路，传输速率也比较慢。

由于参与 CSNET 设计、建立的大学和 DARPA 没有联系，因此 CSNET 与 ARPAnet 相互独立。这些大学开始组建各自的内部网络，并通过 CSNET 相互连接。另外，其他的一些机构和公司也建立了各自的网络，并使用 TCP/IP 互联。

自此，互联网的含义发生了改变，不再是单指 ARPAnet，而是包含 ARPAnet、CSNET 和公司网络的集合。CSNET 的建立使网络互联技术开始从军事应用领域转向民用领域，为互联网的迅速发展奠定了基础。

5. NSFnet 的建立

1986 年 NSF 投资在美国普林斯顿大学、匹兹堡大学、加州大学圣地亚哥分校、伊利诺伊大学和康奈尔大学建立 5 个超级计算中心。为了使全国的科学家、工程师能够共享这 5 个超级计算中心的设施，同年 NSF 建立了基于 TCP/IP 的计算机网络，此网络采用 56kbits/s 的通信线路将这些超级计算中心连接起来，这就是 NSFnet 的雏形。

此后，NSFnet 不断扩展和升级。到 1989 年，NSFnet 的通信线路速度已经升级到 1.544Mbits/s，并且连接 13 个骨干节点，采用美国微波通信公司(Microwave Communications Inc，MCI)提供的通信线路和国际商业机器(International Business Machines，IBM)公司提供的路由设备。NSFnet 是按地区划分的计算机区域网，并将这些区域网和超级计算中心相连。区域网一般是由某一地域、隶属于某一机构或在经济上有共同利益用户的计算机互联而成。NSFnet 的主干网则是由各区域网主通信节点和连接这些主通信节点的 T1 数据专线构成。这样，若一个计算机终端与某一区域网相连，则此计算机终端不仅可以使用任一超级计算中心的设施，而且可以同网上任一用户通信，从而获得分布在不同计算机终端的信息和数据，实现网络信息的共享。

由于 NSF 的资助，很多大学、政府机构，甚至私营研究机构纷纷把自己的局域网并入 NSFnet 中。从 1986 年至 1991 年，NSFnet 中的子网从 100 个迅速增加到 3000 多个。NSFnet 的建立使得数以千计的大学、研究所、图书馆等普通用户可以访问任何超级计算机，并且可以相互通信，实现信息资源的共享。NSFnet 的巨大应用优势，使得 NSFnet 的规模迅速壮大。

1990 年 6 月，ARPAnet 正式退役，NSFnet 就此取代了 ARPAnet，成为互联网的主干网。

6. 互联网的全球化

20 世纪 90 年代开始，网络规模迅速膨胀。美国政府意识到仅靠政府资助，难以适应互联网的发展需求，随即鼓励商业部门介入。MCI 和 IBM 公司联合组建了非营利性的高级网络服务公司，以便建造覆盖全美 44.746Mbits/s 线路的高级网络与服务网络(advanced networks and services network，ANSnet)。

1992 年，DARPA 和 NSF 撤销了对 ARPAnet、NSFnet 运行和维护的经费支持，而是由一些商业公司负责运营。1995 年，NSFnet 又回到了其原来的科研网的概念。商业机构的介入，使得互联网行业出现了大量互联网服务提供商(internet service provider，ISP)和网络内容提供商，丰富了互联网的服务和内容。同时，也为商业用户和普通家庭接入互联网铺平了道路。之后，各个国家相继建立了本国的互联网主干网，并相互连通。世界各个国家和地区的用户均可以通过互联网与其他国家和地区的用户通信，并获得互联网中的信息资源。从此以后，互联网成了真正意义上的全球互联网。

7. 互联网发展现状及趋势

从 20 世纪 90 年代中期开始，互联网进入飞速发展时代，不论从网络规模、资源分布，还是用户数量、服务种类，互联网的发展都大大出乎人们的预想。

1998 年 7 月，在日内瓦召开的互联网大会开幕式上，互联网创始人之一 Cerf 公布了截至 1998 年 7 月的互联网统计数据：网络域名达到 300 万个，主机数量达 4500 万台，已有 40 个国家组建了 IP 网络，拥有 1 亿个网络用户，全球约有 150 万个 Web 站点和 3.5 亿个网页。全球 7500 家互联网服务提供商中的 60%在美国。可以看出，当时的互联网虽然遍布全球，但主要集中在以美国为主的发达国家。

如今，几乎所有的国家都和互联网相连，主机数量已经无法统计，Web 网站总数于 2006 年就突破 1 亿个，网页数量更是无法统计，每天的信息流量达到万亿比特以上，每月的电子邮件突破 10 亿封。经过 10 年的发展，互联网已经真正成为全球的信息交换平台。同时，互联网已经成为社会和经济发展的重要推动力和取得经济发展的重要生产要素，它正在改变着人们的生产方式、工作方式、生活方式和学习方式。

1994 年，我国成为加入互联网的第 71 个国家，随后建立了中国第 1 个互联网——中国科学技术网。之后，又相继建立了中国教育和科研计算机网(China Education and Research Network，CERNET)、邮电部中国互联网、中国金桥信息网等网络，逐步形成了以这 4 个互联网为主，其他专业计算机网为辅的局面，并有若干条国际专线连通国际互联网。从此，互联网在我国进入高速发展时期，网络计算机、上网人数、网站总数、IP 占有数量和出口带宽都在迅猛增长。从 1997 年 9 月底统计的上网人数仅有 62 万人，到 2005 年 12 月底统计的上网人数超过 1 亿，再到 2008 年 6 月底统计的上网人数达到 2.53 亿，跃居世界第一。2021 年我国互联网上网人数超过 10 亿，普及率达 73%，全年移动互联网用户接入流量超过 2000 亿 GB。

纵观互联网的发展历程，可以看出互联网的发展呈现出以下特点和趋势：

1) 运营产业化

以互联网运营为产业的企业迅速崛起，借助互联网向用户提供各种有价服务成为这些企业的运营模式。

2) 应用商业化

众多公司、企业不仅把互联网作为市场销售和客户支持的重要手段，而且作为传真、快递及其他通信手段的廉价替代品，借以达成与全球客户保持联系和降低日常运营成本的目的。

3) 互联宽带化

随着网络基础的改善、用户接入新技术的采用、接入方式的多样化和运营商服务能力的提高，上网速度不断加快，互联实现宽带化，更多应用在网上实现，满足用户对网络的多方面需求。

4) 多业务综合平台化

互联网已经成为图像、话音和数据"三网合一"的多媒体业务综合平台，并与电子商务、电子政务、电子公务、电子医务、电子教学等交叉融合。随着电信、电视、计算机"三网融合"的加强，未来互联网将成为多网合一、多业务综合的平台。未来互联网是移动、IP、广播多媒体的网络世界，能融合现今绝大多数通信业务，并能推动新业务的迅猛发展，给整个信息技术产业带来一场革命。

1.2　互联网的组织机构

互联网是面向全球的网络体系，有很多实际操作需要统一协调和管理。例如，网络中的业务按照什么样的协议规程来传输和交互；各个网络终端的地址如何分配；网络域名如何管理等问题。互联网组织机构属于非营利的国际性组织，其成员由各个国家计算机网络专家组成。

1. 互联网协会

互联网协会(Internet Society，ISOC)成立于 1992 年，是互联网的国际权威组织，对互联网的标准化进行指导和管理。如图 1-2 所示，ISOC 下属有多级组织机构，如互联网架构委员会(Internet Architecture Board，IAB)、互联网工程任务组(Internet Engineering Task Force，IETF)、互联网研究任务组(Internet Research Task Force，IRTF)等。ISOC 通过对这些下属组织机构的监督、协调和管理实现其任务的完成。另外，ISOC 还通过学术交流和探讨等方式推进与互联网有关的研究[1]。

2. 互联网架构委员会

互联网架构委员会由不同行业和领域的 15 名成员组成,属于技术总体制定和协调的部门，即从总体上负责技术方针和策略的拟定以及管理工作的导引协调。例如，有关互联网协议族的发展、决定哪些协议能够成为 TCP/IP 族的成员、在何时可以成为标准、互联网的演进、网络系统与通信技术的研发等工作。

为了规划、监督互联网协议标准的制定和颁布，达到不断推动互联网协议族持续发展的目标，IAB 领导两个指导组，分别是互联网研究指导组(Internet

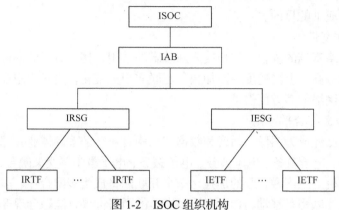

图 1-2 ISOC 组织机构

Research Steering Group，IRSG)和互联网工程指导组(Internet Engineering Steering Group，IESG)。IRSG 下属有多个 IRTF，IESG 下属有多个 IETF。

3. 互联网工程指导组

IETF 负责对请求注释(request for comment，RFC)文档进行讨论、评审、开发、运行和验证，在不断尝试的过程中，验证 RFC 的可行性，从中发现存在的问题，并针对问题提出解决方案。IETF 按照应用划分为 9 个领域，每个领域包含多个 IETF，分别研究某些特定的课题。这 9 个领域分别是应用领域、互联网协议领域、路由领域、运行领域、用户服务领域、网络管理领域、传输领域、下一代网际协议领域和安全领域。

IETF 均是短期和不固定的。当出现新的研究课题时，就成立相应的 IETF。当完成了此项课题的研究，则相应的 IETF 便完成了使命，随即解散。

4. 互联网研究指导组

与 IETF 不同，IRTF 更注重于研究，针对互联网协议、应用、体系结构和技术等方面开展周期较长的课题研究。因此，IRTF 往往比较固定，持续时间也很长。

5. 互联网域名与地址管理委员会

在 1998 年 10 月之前，负责互联网域名和地址管理的是美国政府支持的互联网数字分配机构(The Internet Assigned Numbers Authority, IANA)。在此之后，由 ISOC 下属的互联网域名与数字地址分配机构(Internet Corporation for Assigned Names and Numbers，ICANN)接替。

ICANN 是负责域名系统管理、IP 地址分配、协议参数配置及主服务器系统管理等的机构。ICANN 设立了 3 个支持组织，分别是地址支持组织(Address

Supporting Organization，ASO)、域名支持组织(Domain Name Supporting Organization，DNSO)和协议支持组织(Protocol Supporting Organization，PSO)。它们的职责：ASO负责 IP 地址系统的管理；DNSO 负责互联网上域名系统(domain name system，DNS)的管理；PSO 负责涉及互联网协议的唯一参数分配。

在分配和管理互联网 IP 地址方面，采取分区域、分级的管理方式，将全球划分为 4 个大区，每个大区设立 1 个管理机构。这 4 个大区的管理机构分别是美洲互联网号码注册中心(American Registry for Internet Numbers，ARIN)、欧洲 IP 地址注册中心(Reseaux IP Europeens，RIPE)、亚太地区网络信息中心(Asia Pacific Network Information Center，APNIC)和拉丁美洲及加勒比地区网络信息中心(Latin American and Caribbean Network Information Center，LACNIC)。ARIN 负责提供全世界早期网络地址查询以及当前美国、加拿大、撒哈拉沙漠以南非洲地区 IP 地址的发布和管理；RIPE 负责欧洲、北非、西亚地区的 IP 地址管理；APNIC 负责东亚、南亚、大洋洲 IP 地址的注册和管理；LACNIC 负责拉丁美洲及加勒比海诸岛 IP 地址的管理。由于每个大区的面积较广，包含众多国家和地区，为了便于管理，在大区内又根据行政区域划分为很多小区，每个小区也设立一个 IP 地址管理机构。

我国的 IP 地址管理机构称为中国互联网络信息中心(China Internet Network Information Center，CNNIC)，成立于 1997 年 6 月，由中国科学院计算机网络信息中心承担运营和管理工作。其主要职责包括域名注册管理、IP 地址和 AS 号分配与管理、目录数据库服务、互联网寻址技术研发、互联网调查与相关信息服务、国际交流与政策调研等相关工作。

1.3 互联网协议标准的制定

互联网协议族包含众多协议，如 Telnet、FTP、超文本传输协议(hyper text transfer protocol，HTTP)、简单邮件传输协议(simple message transfer protocol，SMTP)、DNS、传输控制协议(transmission control protocol，TCP)、用户数据报协议(user datagram protocol，UDP)、IP、地址解析协议(address resolution protocol，ARP)、反向地址解析协议(reverse address resolution protocol，RARP)、互联网控制报文协议(internet control message protocol，ICMP)、互联网组管理协议(internet group management protocol，IGMP)等。由于互联网系统庞大，所涵盖的协议规范众多，每个协议最终成为标准并在互联网中应用，都会影响整个互联网的发展。

1.3.1 协议标准的制定流程

互联网协议标准并不是由互联网中的专门组织机构来制定，也不是一成不变的，而是采用公开发表、评论的方式来制定。要成为互联网协议标准，每个提出的建议都要经过严格和反复的讨论和验证。互联网协议标准的制定过程如图 1-3 所示，大致分为草案阶段、分类发布阶段和存档阶段[1]。

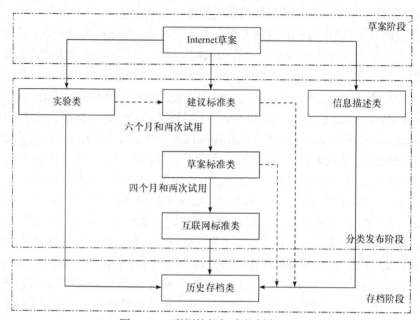

图 1-3　互联网协议标准的制定过程

协议标准制定过程中，每个阶段的具体工作如下：

1. 草案阶段

草案阶段是协议标准制定的最初阶段，时间为 6 个月。草案是正在加工的文档，并不是正式的文档。当互联网管理机构推荐此项提案时，就把草案以 RFC 文档形式公布。每个 RFC 文档在编辑时都指派 1 个编号，通过互联网公布于众，所有感兴趣的人员都可以免费得到这个提案。

2. 分类发布阶段

从图 1-3 可以看出，当提案成为 RFC 文档公布之后，就进入分类发布阶段，按照其内容和进展情况分为 5 个类别，分别是信息描述类、实验类、建议标准类、草案标准类和互联网标准类。这些类别的具体含义如下：

信息描述类——指并没有真正提供互联网应用的协议标准，而是提供一些一般性的、与互联网有关的历史性或者具有指导意义的信息，即关于互联网中协议的规则、内容、会议记录、发展历史和 RFC 文档的分类等。例如，RFC-1000 就介绍了一些 RFC 文档的历史，属于信息描述类。

实验类——此项提案正处于实验状态，但不会影响互联网的正常运行，这种提案不能在任何实际的互联网服务中提供，实验类的提案经过成功实验后，可以转变为建议标准类提案。

建议标准类——稳定、被广泛了解并且对互联网有促进作用的提案，此类别提案通常会公布 6 个月，并会进行至少 2 次不同的测试和实现验证，且这些实验必须是相互独立且可操作的。

草案标准类——此类提案比建议标准类提案的级别高，当经过 2 次以上成功测试实验后，建议标准类提案就会上升为草案标准类提案。

互联网标准类——草案标准类提案在公布 4 个月以上，并且经过 2 次以上成功实验，证明其可行后，就可以成为互联网标准类提案。通常情况下，经过修订的草案标准都会成为互联网标准。

3. 存档阶段

所有成为 RFC 文档并发布的提案经过前几个阶段后，最终停留在存档阶段，转变为历史存档类，并永久保留。从图 1-3 可以看出，此项类别对当前的互联网已经没有真正作用。成为此项类别的提案大致有以下 3 种情况：

(1) 已经成为互联网标准类的提案，被新提出的提案所取代；

(2) 实验类的提案经过反复实验，证明其存在问题而没有转化成为建议标准类；

(3) 信息描述类的提案经过一段时间公布后，自动转变为历史存档类。

1.3.2　互联网中的 RFC 文档

从互联网标准的申请、发布、制定到最终的存档，RFC 文档起到了非常重要的作用。每一个公认的标准都是以 RFC 文档的方式发布在网络上，可以说 RFC 文档是互联网发展及成长的基石，也是各个互联网设备生产商产品开发的依据[1]。

为了确保不会因为计算机文件阅读软件的变化而导致无法阅读，RFC 文档都采用“.txt”这种最简单的文本文件格式保存。RFC 文档采用数字编号的方式编排，并由网络信息中心整理、收集。

在互联网协议的研究、应用过程中，若有人有新的设计和想法，则可以写一个提案申请发布。当互联网管理机构整理并同意发布时，就会以 RFC 文档的形式公布。提案的作者，即 RFC 文档的作者都是自愿的，其创作得不到任何报酬。每个 RFC 文档会被赋予 1 个号码，此号码为一个递增的数字，绝不会被重新指定，新出现的 RFC 文档有更高的数字编号。若在不同的 RFC 文档中讨论相同的问题，则表明旧的 RFC 文档失效，随即旧的 RFC 文档转变为历史存档类保存起来。因此，在研究、讨论和实施标准时，应以编号高的 RFC 文档为依据。另外，也可能有自愿评论者对 RFC 文档作建设性的批评与建议，原作者可校订原先的设计，使之更加完美。在 RFC 文档公布到网络上之后，经过世界各地的研究者反复讨论和检验，若一切没有问题，厂商就可依据该标准来设计软件，实现其所描述的协议规则和功能。就此，RFC 文档的提案就正式成为互联网协议标准。

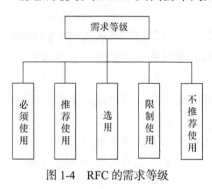

图 1-4 RFC 的需求等级

RFC 文档按照其在互联网应用中的作用，分为 5 个需求等级，即必须使用、推荐使用、选用、限制使用和不推荐使用，如图 1-4 所示。这些等级都会在 RFC 文档中说明。

RFC 文档的每个需求等级的含义如下：

1) 必须使用

必须使用是所有互联网系统都必须实现才能达到互联网运行的最低限度。IP 和 TCP 的 RFC 文档就是互联网系统所必须使用和执行的。

2) 推荐使用

推荐使用比必须使用等级稍低，表明在互联网中推荐采用，并不是互联网最低限度运行所必须使用的协议标准，如 FTP 和 Telnet 等。

3) 选用

选用是指在互联网中可以根据自身的需要使用，但并不推荐。

4) 限制使用

限制使用是指只能在一定的限制范围内使用，不能在互联网中广泛使用。这种需求等级的 RFC 文档往往还处于分类发布阶段，大多属于实验类，还没有得到完整的验证和广泛的认可，无法确定对互联网的影响。

5) 不推荐使用

不推荐使用是指已经对现有的互联网没有作用，或者已被后来提出的 RFC 文档所取代而成为历史。存档阶段的历史存档类 RFC 文档都属于此种等级。

1.4 互联网协议模型

在网络技术发展的初期，首要解决的问题是网络硬件的设计，从而实现计算机终端之间的互联。随着硬件技术的不断成熟，网络规模也在不断扩大，网络系统结构越来越复杂。这就使得网络系统的整体架构设计和软硬件的综合调配管理越来越重要。

对于一个复杂问题的分析和设计，通常有效的办法就是"分而治之"，即把问题分解成若干个子问题或子部分，然后把它们有机地组织在一起，完成对整个系统的设计。在网络的研究设计上，也是采用这种解决办法，即把网络分解成若干层，每层负责不同的通信功能。每一层好像一个"黑匣子"，它内部的实现方法对外部的其他层来说是透明的。每一层都向它的上层提供一定的服务，同时可以使用它的下层所提供的功能。这样，在相邻层之间就有一个接口把它们联系起来。显然，只要保持相邻层之间的接口不变，每层内部的功能就可以用不同的方式实现。

最初，对于数据通信和网络的研究，都是以开放式系统互联通信(open system interconnection，OSI)模型为讨论依据。在实际的应用过程中，特别是在互联网的应用和发展中，却没有采用 OSI 模型。互联网的协议族包含了众多协议，这些协议中 TCP/IP 族影响最大，成为应用最广泛的网络互联协议，TCP/IP 族也已成了互联网协议族的代名词。目前，绝大多数互联网服务是架构在该协议族之上的，互联网协议体系结构事实上就是 TCP/IP 体系结构。

1.4.1　OSI 模型

20 世纪 70 年代后期，OSI 模型便已问世，由负责世界范围统一标准的国际标准化组织(International Organization for Standardization，ISO)研究制定。

OSI 模型涵盖网络的所有方面，其目的是使两个不同的通信系统能够较容易地相互通信，而不需要改变底层的硬件或软件。OSI 模型并不是协议，而是为了理解、设计可互操作通信网络的参考模型。

如图 1-5 所示，OSI 模型采用了分层思想，将整个通信网络表示为 7 个分离但又相互关联的层。这 7 个层从低到高分别是物理层、数据链路层、网络层、传输层、会话层、表示层和应用层。每一层都定义了通信过程中的职责和功能，相邻层之间通过接口传递信息，对等层(如应用层与应用层)之间有相应的协议实现对话[2-4]。

OSI 模型中每个层的职责和功能如下：

1. 物理层

物理层是 OSI 模型中的最底层，是开发系统与物理介质的接口，负责协调在物理介质中传送位流信息所需要的各种功能。物理层还定义了物理设备和接口。任何网络都必须使用物理传输介质，才能实现信息的发送和接收，从而构成网络通信的物理表达信号。

总之，物理层就是负责物理介质的建立、维护、断开，将上层来的位流信息转换成合适的信号，配置恰当的传输速率、线路连接和传输模式，保证位流信息的收发同步，为数据链路层提供位流的透明传输。

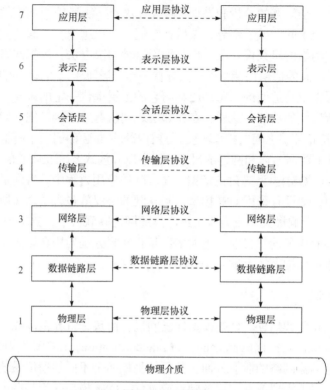

图 1-5　OSI 模型

2. 数据链路层

数据链路层负责将物理层和网络层连接起来，在物理层提供物理连接的基础上，建立、维护和释放数据链路，并提升链路传输的可靠性。

简而言之，数据链路层负责信息流的组帧，明确收发地址，实现信息的流量和差错控制，并控制通信设备的网络接入。

3. 网络层

网络层负责为传输层提供建立、维护和释放网络连接的手段，将从传输层传来的报文段切分和打包，实现报文段的分组。另外，网络层还负责保证信息能够从源端通过网络传送到目的端。因此，在每个分组的头部一般会增加源地址信息和目的地址信息。与数据链路层不同的是，数据链路层监督在同一个网络上的两个系统之间分组的交互，而网络层则不论收发两端是处于同一个网络还是两个不同的网络，都要确保每一个分组能够从源端到达目的端。在实际的通信网络中，如果两个系统连接到同一条链路上，一般就不需要网络层。但是，如果两个系统连接在不同的网络上，那么通常需要网络层来完成从源端到目的端的传输。

总之，网络层要将上层来的报文段分组，增加源端地址和目的端地址，选择合适的传输路径，实现信息的端到端传输。

4. 传输层

传输层负责将完整的报文从源端到目的端的传输，实现端到端的交互，具有承上启下的作用，为 OSI 模型高层提供高可靠性、低费用的透明传输，并保证底层的服务质量能够满足高层的要求。虽然网络层也有端到端的传输职责，但网络层和传输层有着根本的区别：网络层独立处理每个分组，实现单个分组的端到端传输，并不关心分组之间的关系；传输层则需要针对整个报文实现端到端的传输，确保完整报文原封不动地按序到达，在此过程中还要监督从源端到目的端的报文差错控制和流量控制。

总之，传输层就是要将报文分段，添加带有端口地址和校验功能的报文头，进行收发双方的传输连接和流量控制，实现端到端的无差错报文传输。

5. 会话层

会话层是为用户提供一种称为会话的连接，并提供一种普通方式传输的数据方法，确保发送方和接收方之间可以进行通信，为双方建立、维持和释放会话的连接，并负责会话连接的同步。

会话层其实就是支持网络双方的通信，通常要交换一系列信息，一个很好的例证就是用户登录到数据库(建立阶段)，输入一组查询信息(数据交换阶段)，然后在完成时注销(断开阶段)。

6. 表示层

表示层是 2 个系统之间交换信息的语法和语义，提供一种确定复杂数据结构的方法，管理当前请求数据结构组，在内部和外部之间实现数据的转换。换句话说，表示层从一般面向网络的表达形式传输到更具体的面向平台的表达形式，反过来也是如此。

7. 应用层

应用层是 OSI 模型的最高层，为用户提供接口，也为许多服务提供支持，如电子邮件、文件传输、远程数据库管理及其他分布式信息服务。应用层并不是直接指应用程序本身，实际上是指应用程序从网络上请求的服务类型，并规定了将信息传输到这种应用程序或从此应用程序接收信息时数据必须采用的格式。应用层的作用就是实现多个进程相互通信的同时，提供一系列业务处理所需的服务功能。

1.4.2　TCP/IP 模型

互联网的协议体系实际上并没有采用 OSI 模型，而是采用了 TCP/IP 模型。这不仅是因为互联网采用了 TCP/IP 体系，而且是由于 OSI 模型的层次过多，造成了实际应用上的不便。

实际上，TCP/IP 模型在 OSI 模型提出之前就已经问世了。如图 1-6(a)所示，TCP/IP 模型主要由物理层、数据链路层、网络层、传输层和应用层组成，前 4 层与 OSI 模型的前 4 层相对应，分别提供物理标准、网络接口、网际互联和报文传输等功能。TCP/IP 模型的应用层功能则包含了 OSI 模型上 3 层的功能[5-10]。

图 1-6　TCP/IP 模型

值得注意的是，对于物理层和数据链路层的协议设计，TCP/IP 模型并没有明确划分，所以没有针对这两个层次分别提出对应的协议。因此，在研究 TCP/IP 模型时，往往将物理层和数据链路层统一起来考虑。如图 1-6(b)所示，TCP/IP 模型简化成了 4 层体系结构。

1. 物理和数据链路层

物理和数据链路层包括操作系统中的设备驱动程序和计算机中对应的网络接口卡，其功能是把接收到的网络层 IP 分组通过该层的物理接口发送到传输介质上，或从物理网络上接收数据帧，提取出 IP 分组并交给网络层。在实际应用中，只要是在其上能进行 IP 分组传输的物理网络，如以太网、令牌环网、无线局域网 (wireless local area network，WLAN)、光纤分布数据接口、IEEE802.3 和 RS-232 串行线路等，都是 TCP/IP 模型中的物理和数据链路层。属于这层的协议有串行互联网协议、点对点协议、X.25 协议等。

2. 网络层

网络层也称互联网层，由于该层的主要协议是 IP，也简称为 IP 层。它是 TCP/IP

模型中非常重要的一层,其主要功能是经过网络传输,把计算机终端上的 IP 分组发送到网络中的任何一个指定的计算机终端上。在传输的路径上,由于网络的类型不同,分组的大小可能会发生变化。因此网络层须将 IP 分组分割,使之能通过整个路径。由于收、发两个 IP 终端之间可能存在多条相互连通的路径,因此网络层的一项主要工作就是负责在众多的传输路径中选择比较合适的传输路径,即路由选择。这项工作在网络中的 IP 路由节点上完成。网络层的路由选择是以 IP 分组为单位,收、发两个终端的数据传输路径并不是一成不变的,而是会随着网络状态的变化和路由算法选择的变化使 IP 分组的传输路径发生变化。

从上述基本功能可以看出,IP 层提供不可靠的、无连接的、"尽力而为"的 IP 分组传输功能。所谓"尽力而为",就是 IP 层不提供数据的差错检验和重传功能,也不提供分组排序功能。

在 TCP/IP 模型中,网络层协议还包括很多协议,主要有 ICMP、IGMP、ARP、RARP、路由信息协议(routing information protocol, RIP)、互联网分组探测器(packet internet groper, PING)协议、开放最短路径优先(open shortest path first, OSPF)协议、边界网关协议(border gateway protocol, BGP)等。

3. 传输层

通常情况下,两个 IP 终端之间的信息传输,实质上是收发双方对应的应用程序进程之间的信息传输。这种进程之间的通信就是传输层的工作任务。针对不同数据传输要求,TCP/IP 模型在传输层提供了两种传输控制协议,分别是 TCP 和 UDP。这两个协议都是为应用进程提供端到端的信息传输服务。其中,TCP 在整个互联网的发展中起到了举足轻重的作用。

TCP 为两个 IP 终端提供端到端的信息传输服务,其大致工作主要有为了保证信息传输的有效性,TCP 提供了连接建立和连接拆除等;当有数据要发送时,TCP 将应用进程送来的数据进行分段、封装,组成 TCP 报文段,以适合网络层的传输要求;当接收到网络层传来的分组时,TCP 对收到的分组进行确认应答,同时进行报文段的排序和重组;对于网络传输过程中丢失的 TCP 报文段,TCP 还要重传;为了减小网络拥塞对数据传输的影响,TCP 还具有流量控制功能。可以看出,TCP 就是实现应用进程之间面向连接、端到端、高可靠的信息传输,其工作原理比较复杂。

相对于 TCP 来说,UDP 则为应用进程提供了一种非常简单的数据传输服务,仅仅将数据分成一个个的报文段,然后把这些报文段发送到网络中,并不在发送数据前协调和保持连接,也没有传输成功的确认应答,对于连接是否建立和报文能否被接收端正确接收都不关心。因此,UDP 只是提供了端到端的传输服务,不具备面向连接的功能。

这两种传输控制协议是互联网中应用较广泛的传输层协议。TCP 主要面向文件、电子邮件等，对差错的要求高，对延时和延时抖动要求相对较低的传输业务；UDP 则主要面向话音、视频、流媒体等，对差错的要求较低，对延时和延时抖动要求较高的传输业务。

4. 应用层

应用层就是向用户提供应用程序，以达到网络业务传输的目的。例如，远程登录提供远程登录服务；FTP 提供应用级的文件传输服务；HTTP 提供网络浏览服务；DNS 系统负责域名和 IP 地址映射；简单网络管理协议(simple network management protocol，SNMP)提供网络的运行管理服务；SMTP 提供简单的电子邮件发送服务等。有些应用程序采用 TCP(如 FTP 和 HTTP 等)，有些应用程序则采用 UDP(如 SNMP 等)。

1.4.3　TCP/IP 模型与 OSI 模型的比较

OSI 模型和 TCP/IP 模型都是采用分层的结构模式，相邻层之间相互透明，通过接口实现信息的交互，上层向下层提出服务要求和内容，下层则向上层提供具体服务。这种分层结构的优点就是模块划分清晰、扩展性好、便于实际应用。虽然 TCP/IP 模型和 OSI 模型都是采用分层结构，但是它们之间还是存在着许多区别，主要体现在以下几方面：

1. 组织规范

TCP/IP 模型虽然由 ISOC 国际组织负责，在制定和讨论 TCP/IP 模型的标准化方面，许多科研工作者和网络设备厂商也参与其中，然而却没有一个正式的单位负责测试、验证厂商基于 TCP/IP 模型所开发的软件。对于用户来说，只有通过各个系统之间的互联、互通测试，才能确定网络系统能否与其他系统相互联网通信。

OSI 模型则是由专门负责统一国际标准的 ISO 来制定，并由专门的部门来进行规范性测试和互通性测试。这一点对用户来说，是一个很重要的保障。但是测试通常需花费较长的时间，一般效率不高，经常出现标准已经出台，却在市场上找不到可用产品的情况，与市场需求不符。

2. 发展模式

TCP/IP 模型于 20 世纪 70 年代初提出，产生于互联网的研究和实践，并在不断的实际应用中得到发展和完善，就目前的发展状况来说，TCP/IP 族已成为互联网中的主流协议族。TCP/IP 族的提出并没有事先定义一个严谨的架构，而是在应用的基础上总结、归纳提出的，属典型的"先实践、后理论"模式。

OSI 模型的提出较晚，是由 ISO 研究制定，架构严谨、功能完备，具体的应用则需根据此架构模型设计应用协议，属"先理论、后实践"模式。

3. 层次架构

从图 1-5 和图 1-6(b)的比较可以看出，OSI 模型具有完整的 7 层架构，而 TCP/IP 模型则只定义了 4 层结构。虽然两者之间的传输层和网络层相互对应，功能大致相同，但 TCP/IP 模型并没有明确划分出表示层和会话层，而是将这些层的工作职能全部归纳到应用层中。这样并没有造成应用层设计的复杂，反而使得层次接口精练，利于实际应用。由于 TCP/IP 模型侧重于网络协议的设计，因此将物理层和数据链路层合并为物理和数据链路层。

4. 应用实践

TCP/IP 模型是应互联网的实际需求产生和发展的，可操作性和可实践性都比较高。在实际应用中，参照 TCP/IP 模型开发出来的应用协议不断增多，拥有非常多的应用标准，对于现行网络应用系统的开发而言，能提供较多的规划选择。而且，由于 TCP/IP 模型已在实际中使用相当长的时间，发展比较成熟，得到广泛的技术支持。

与 TCP/IP 模型相比，OSI 模型虽然架构完整、功能详尽、包容性大，但提出的时间较晚，没有得到具体的实践支持，很少在实际应用系统中得到应用，仅仅是理论参考，技术支持不足。

1) 网络地址

TCP/IP 模型的网络层中，IP 规定网络地址为 32 位的固定长度，网络中每个系统都至少有 1 个唯一的 IP 地址。对于同时提供两个网络接口，连接不同网络的网关而言，则会拥有 2 个以上 IP 地址。这在网络地址管理和对网络其他节点的通信上，则显得较为麻烦。而且从长远角度看，现有的寻址方式不能容纳网络上越来越多新增的系统。因此，提出了 IPv6 协议，以满足网络不断扩展的需求。

OSI 模型的网络层中，与 IP 相对应的是无连接网络协议采用可变长度的地址空间，最长可达 160 位(20Byte)。依照 OSI 模型中有关地址标准的规范，网络上每一个系统至多可有 256 个通信地址，而且因为 OSI 模型所定义的网络地址与网络接口无关，所以网络地址的安排将不受限于网络接口。

2) 传输控制协议

TCP/IP 模型的传输层中，TCP 和 UDP 两种协议负责数据的传输。TCP 提供面向连接和可靠的传输服务，UDP 则提供面向无连接和无保证的传输服务。

OSI 模型的传输层中，定义了 5 种等级的传输服务。其中，除了细节有所差异外，OSI 模型中的 TP4 与 TCP、OSI 模型中的 TP0 与 UDP 在架构和功能上大体相同。

3) 应用标准

由于应用层面向用户，应用类型多样，应用标准差别很大。例如，TCP/IP 模型的远程登录标准为 Telnet 协议，OSI 模型的标准为虚拟终端；TCP/IP 模型的文件传输采用 FTP，OSI 模型则采用文件传输、接入和管理协议；TCP/IP 模型的邮件处理采用 SMTP，OSI 模型则采用消息处理系统协议。

总之，TCP/IP 模型和 OSI 模型都采用分层设计的思想，指明每个层次所要实现的具体功能。OSI 模型所制定的应用标准比 TCP/IP 模型的相应功能完整、丰富且精细，但始终无法在网络中得到广泛应用。TCP/IP 族更加注重实际应用，已成为互联网的主要协议族。这与 OSI 模型的标准制定过于缓慢，生产相关的产品过于复杂，需要的人力和经费投入巨大不无关系。

第 2 章　TCP/IP

IP 处在 TCP/IP 模型的网络层，在 TCP/IP 族中的地位非常重要，成功应用于现代分组交换网络中。目前，在互联网中应用最为广泛的是 IPv4 协议。随着互联网的飞速发展以及多种信息传输应用需求的出现，IPv4 协议所固有的不足和存在的问题逐渐显现出来。因此，人们又开始了 IPv6 协议的研究、制定和推广。

TCP 和 UDP 都处在 TCP/IP 模型的传输层，在 TCP/IP 族中起到举足轻重的作用，是实现信息端到端传输的关键。虽然 TCP 和 UDP 都是负责信息的传输，但两者在协议算法上区别非常大。

2.1　TCP/IP 族

1. NCP

1968 年 DARPA 提出了"资源共享的计算机网络"研究计划。此计划就是构建 ARPAnet。ARPAnet 的基本思想是将 IMP 作为网络中间节点，通过计算机与 IMP 的相互通信实现计算机之间的网络互联。在构建 ARPAnet 的过程中，需要解决的主要问题包括：用来连接计算机的 IMP 在相互通信过程中什么时候应该接收信号；什么时候应该结束通信；如何识别信源发送的各种符号的含义等。正如日常生活中两个人的谈话一样，谈话双方所使用的语言、谈话的内容和节奏等都要以双方共同认可的方式进行，否则就没法交流。

ARPAnet 最早使用的是 NCP。NCP 是 1 台计算机直接与另 1 台计算机通信的协议，实质上是一个设备驱动程序，不能使不同类型的计算机和不同类型的操作系统连接起来。另外，NCP 还有一个很大的缺陷，就是没有纠错功能，只要数据在传输中出现了差错，就停止传输，整个通信就此宣告失败。因此，通信的可靠性很难保证。

随着连入 ARPAnet 的计算机日益增多，网络类型也不断增多。如何让不同类型的计算机连接起来就变得越来越迫切。也就是说，让结构不同、操作系统不同的计算机终端按照共同的工作方式和共同的标准连接起来，成了 ARPAnet 需要解决的关键问题。

2. 新型协议的提出

因为 NCP 存在与具体硬件设备耦合紧密的缺陷，所以 NCP 无法从根本上解决不同计算机或不同网络之间的互联问题。

1972 年，在第一届国际计算机通信会议上，就如何在不同计算机网络之间实现通信，展开了广泛的讨论，并决定设计新型的协议。为了避免出现与 NCP 相似的问题，业界普遍认为新型协议应与具体设备和网络分离，同时增强新型协议的扩展性。大家为这种新型协议确定了如下基本设计原则：

(1) 每一个独立的网络必须按自己的标准建立起来，当这个网络和互联网连接时，不需要对其内部做任何改动；

(2) 网络应该在最佳的状态下完成通信；

(3) 如果一个数据包没有到达目的地，最初发送该数据包的计算机终端必须很快重发此数据包；

(4) 网络之间由称为"黑匣子"的设备负责相互连接，以达到数据包透明传输的目的；

(5) 整个网络不需要在操作层面进行任何总体控制。

按照这些设计原则，由研究操作系统通信原理的 Kahn 和参与过 NCP 设计的 Cerf 合作，于 1973 年为 ARPAnet 开发了具有以上特点的网络互联协议。1974 年 5 月，Cerf 和 Kahn 合作发表了题为"一种分组网络互联的协议"的论文，阐述了实现分组端到端交付的协议。同年 12 月，他们正式发表了第一份新型协议的详细说明，取名为 TCP，用以负责在网络上传输和转发分组，并阐明了封装、数据报以及网关在网络传输过程中的作用。其中，一个很重要的概念就是把纠错的责任从 IMP 转移到计算机终端上。

需要说明：此时提出的 TCP，仅仅是取名上的重合，并不是后来流行于互联网的 TCP。

3. TCP/IP 的诞生

在后来的测试实验中发现：某些时候 TCP 并不能有效地弥补丢失数据包造成的影响。为了更加明确协议的功能，便于协议的修改和功能扩充，Cerf 和 Kahn 决定将 TCP 拆分成两个不同的协议：一个是用来检测网络传输中差错的传输控制协议(TCP)，实现数据的分段、重装、发现传输的数据包是否有差错，还要有重传机制保证数据能够正确无误地从源端传送到目的端；另一个则是专门负责对不同网络进行互联的协议(IP)，实现不同网络、不同终端的网络互联，以及数据传输的路由选择。在解决不同类型网络互联的问题上，Cerf 和 Kahn 在 IP 中专门定义了一种分配给网络中所有终端的网络地址，以保证计算机之间的相互识别和通信，这就是后来所说的 IP 地址。

Cerf 和 Kahn 提出的 TCP/IP，达到了新型协议的设计原则。与 NCP 相比，TCP/IP 非常适合构建没有中心控制的分布式网络，即网络中的任何一点或一部分被破坏，都不会造成整个网络的瘫痪。

　　TCP/IP 表现出的良好性能，很快就引起了大家的关注，并开始推广使用。1980年，由 DARPA 投资，加州大学伯克利分校修改了 UNIX 操作系统，将 TCP/IP 加入 UNIX(BSD4.1 版本)操作系统的内核中。在 BSD4.2 版本以后，TCP/IP 便成为 UNIX 操作系统的标准通信组件。不仅如此，伯克利分校还将 UNIX 中的开放代码给了每一个厂商，使得这些厂家能够基于这些代码构造自己的网络产品。

　　1983 年起，美国军方在 ARPAnet 上使用 TCP/IP，由此取代了使用多年的 NCP。从此网络上的节点都开始使用 TCP/IP，TCP/IP 也就成了后来互联网中的通用语言。Cerf 和 Kahn 也因在 TCP/IP 设计中的杰出贡献而被人们称为"互联网之父"。

　　综上所述，TCP/IP 是人们在网络建设中边实践边开发的产物，虽然它不是由某一国际标准化组织机构提出的标准协议，但它已经成了人们公认的事实上的工业标准协议。

2.2　网络层 IP

2.2.1　IP 的发展演变

　　TCP/IP 的出现加速了计算机网络的发展，并演变成了遍布全球的互联网。反过来，互联网的不断发展，又促进了 TCP/IP 的普及和应用，同时也推动了 TCP 和 IP 的不断修改和演化。随着各种新型网络应用的不断提出，互联网先后出现了多种协议，包括：UDP、ICMP、IGMP、ARP、RIP、PING、OSPF、BGP 等。这些协议都是基于 TCP/IP 的协议框架，所以统称为 TCP/IP 族。

　　在 IP 的发展过程中，先后出现了多个版本，下面主要介绍 3 个版本的特点。

　　IPv4 是目前应用最广泛的 IP 版本之一。由于没有预见到互联网会发展到如此庞大的网络规模，这个版本的主要问题是互联网地址长度只有 32 位，地址空间有限，不能满足全球用户的需要。

　　IPv5 是基于 OSI 模型提出的。由于层次的改变很大且预期的费用很高，这个版本始终没有通过互联网协议标准制定过程中的草案阶段，也无法在实际应用中得到采用。

　　IPv6 又称为下一代 IP(IP-the next generation, IPng)，IPv6 采用 128 位(16 字节)长度的地址，可容纳巨量用户。另外，IPv6 还具有其他优点：不仅简化了分组格式，而且充分考虑了 IP 的扩展，便于在将来灵活增加功能；支持网络层的身份验证、数据完整性和保密性等功能，可以处理实时数据(如音频和视频)的传输；能够处理数据拥塞和路由发现。另外，IPv6 修改了网络层中的几个协议，即 IPv4 变成为 IPv6，ICMPv4 变成为 ICMPv6，IGMP 和 ARP 合并成为 ICMPv6，同时删除了 RARP[11-12]。

2.2.2　IPv4 协议

　　IPv4 诞生于 20 世纪 70 年代末,并在 1981 年的 RFC-791 中明确定义为 TCP/IP 族中 IP 的第 4 版。从那时起有许多 RFC 阐明并定义了 IPv4 寻址,以及在某种特定网络媒体上运行的 IP 和 IPv4 的服务类型。自此,IPv4 协议逐渐成为互联网中主要的网络协议[13-14]。

　　1. IPv4 协议规范

　　IPv4 是 TCP/IP 族的主要组成部分,TCP、UDP、ICMP 和 IGMP 等来自传输层的所有数据都以 IPv4 数据报格式封装并传输。IPv4 协议提供的是不可靠、无连接的分组数据传送服务,提供传输但不保证数据报成功传送到目的地。在传输过程中,如果数据发生错误,IPv4 协议便会丢弃数据报。而且,IPv4 协议对数据报的处理是相互独立的,即每个数据报在传输过程中如何被处理和传送,相互之间没有关联。

　　IPv4 的另一个功能是路由选择。对于主机来说,如果目的主机与源主机直接相连或都在 1 个共享网络上,那么 IPv4 数据报就直接送到目的主机上。否则,主机会把数据报发往一个默认路由器上,由路由器来转发该数据报。

　　2. IPv4 数据报格式

　　IPv4 数据报的格式如图 2-1 所示,一般情况下,首部长度为 20 个字节,包括版本、报头长度、服务类型、数据报总长度、标识、标志、分段偏移、生存时间、上层协议标识、报头校验、源 IP 地址、目的 IP 地址和数据段等。某些时候,由于增加可选项,IP 首部长度会超过 20 个字节[5,13,15]。

　　IPv4 报头中各个字段的具体含义和功能如下。

　　1) 版本

　　版本长度为 4bits,表示该 IP 数据报使用的是哪个版本的 IP。目前在互联网中普遍使用第 4 个 IP 版本,下一代 IP 版本号为 6,即 IPv6。

　　2) 报头长度

　　报头长度为 4bits,指整个 IP 报头的长度(包括可选项)。接收端通过此字段可以计算出 IP 报头在何处结束,以及从何处开始读取数据段。此字段采用 32 位二进制为计数单位,对于 20 个字节长度的普通 IP 数据报头(没有任何选项),该字段值为 5。

　　3) 服务类型

　　服务类型长度为 8bits,说明 IP 数据报的服务类型。如图 2-2 所示,该字段分为 5 个子域，分别为优先级、延迟、吞吐量、可靠性和保留。

← 32bits →			
版本	报头长度	服务类型	数据报总长度
标识		标志	分段偏移
生存时间	上层协议标识	报头校验	
源IP地址			
目的IP地址			
可选项			
数据段			

图 2-1 IPv4 数据报的格式

图 2-2 服务类型字段

优先级——3bits，表示 0～7 个优先等级。数值越大，数据报优先级就越高，如 0 表示最低优先级，7 则表示最高优先级。网络中的节点可以根据优先级的不同，采取不同的数据处理和传输方式。

延迟——1bit，表示数据报是否选择低延时的路径传输。数值为 1 时，请求选择低延时的传输路径；否则无延时要求。

吞吐量——1bit，表示数据报是否选择高吞吐量的路径传输。数值为 1 时，请求选择吞吐量高的传输路径；否则无要求。

可靠性——1bit，表示数据报是否选择高可靠性传输路径传输。数值为 1 时，请求以高可靠性的传输路径传输，否则无要求。

保留——2bits，尚未使用。传输时设置为 0。在某些具体应用中，使用第 6 位表示成本高低。值得注意的是，延迟、吞吐量、可靠性等，只能同时有 1 位有效。

目前，IPv4 协议在互联网应用中，虽然用户可以配置该字段中的各个域，一些重要的互联网应用协议也设置了建议使用的服务类型的数值，但网络中的节点并不处理这个字段。

4) 数据报总长度

数据报总长度为 16bits，说明 IP 数据报总的字节长度，一个数据报的总长度不能超过 65535 个字节。利用头部长度字段和总长度字段，就可以计算出 IP 数据报中数据内容的起始位置和长度。因为该字段长度为 16 位二进制数，所以从理论上来说，IP 数据报最长可达 65535 个字节。但由于实际网络的限制，IP 数据报的长度比理论最大值小得多。

5) 标识

标识长度为 16bits，用来标记和区分从源 IP 终端发送的每个数据报。通常情况下，每发送 1 个 IP 数据报，标识的数值就增加 1。

6) 标志

标志长度为 3bits，说明 IP 数据报的分段状况，具体使用如图 2-3 所示。标志字段中的第 1 位没有定义具体使用含义。第 2 位不

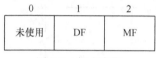

图 2-3　标志字段

分段(do not fragment, DF)说明 IP 数据报是否允许分段，DF 为 1 表明数据报在传输过程中不能分段。用户可以设置此数据位，网络连通性测试命令"ping"就可以通过"DF"参数决定 IP 数据报在传输过程中是否能分段。第 3 位更多分段(more fragment, MF)说明分段是否是最后 1 段，MF 为 0 表明分段为最后 1 段。

7) 分段偏移

分段偏移长度为 13bits，说明分段相对于原始数据报的字节偏移量。在实际应用中，数据报是以 8 个字节为单位进行分段的，即每个分段数据报的起始位置必然是原始 IP 数据报中 8 字节整数倍的位置。因此，IP 数据报的分段偏移字段的表示方式也以 8 字节为最小计算单位。例如，某个分段偏移为 100，则说明此分段的起始位置在原始 IP 数据报中的 800 字节处。

需要注意的是，标识字段表明了 IP 数据报在所有发送的 IP 数据报中的顺序位置，这种位置计算是以完整的 IP 数据报为计算单位；分段偏移则表明了一个分段在完整的 IP 数据报中的位置；属于同一个原始 IP 数据报的所有分段数据报，IP 报头的标识字段数值相同。

8) 生存时间

生存时间长度为 8bits，说明 IP 数据报在网络中传输的最长时间。在实际应用中，生存时间字段表示 IP 数据报可以经过的最大转发节点数。生存时间的初始值由源 IP 终端设置，一般为 32 或者 64，最大不超过 255。为了避免 IP 数据报进入循环回路而无休止地在网络中传输，IP 数据报每经过 1 个节点转发，生存时间的值就减小 1。当此字段降为 0 时，IP 数据报则会被丢弃。与此同时，向源节点发送 ICMP 数据报，以避免大量后续 IP 数据报不断进入循环回路中。

9) 上层协议标识

上层协议标识长度为 8bits，说明是哪种上层协议将数据传递给 IP 层的。这样，目的 IP 终端根据上层协议标识，将收到的 IP 数据报传送至相应的上层协议。

常用的上层协议标识编号如表 2-1 所示。

表 2-1　IPv4 常用的上层协议标识编号

编号(十进制)	协议	协议说明
1	ICMP	网络控制报文协议
2	IGMP	网络组管理协议
3	GGP	网关协议
4	IP	网际互联协议
5	ST	流
6	TCP	传输控制协议
8	EGP	外部网关协议
9	IGP	内部网关协议
11	NVP	网络声音协议
17	UDP	用户数据报协议
41	IPv6	IPv6 协议
86	DGP	异构网关协议
88	IGRP	内部网关路由协议
89	OSPF	开放最短路径优先协议

10) 报头校验

报头校验长度为 16bits，校验 IP 报头是否正确和完整。报头校验的数值是根据 IP 数据报头内容计算出的，不计算报头后面的数据。报头校验字段的计算分为以下几个步骤：

(1) 报头校验字段设为 0，并将 IP 报头部分设为多段 16 位二进制数；

(2) 对每一段 16 位二进制数进行反码运算；

(3) 所有的反码数值求和，并将结果保存在校验字段中。

以上是 IP 数据报源端的报头校验计算过程。网络中的每一个 IP 转发节点和接收终端都会按照上述的(2)和(3)步骤计算 IP 报头的校验值，并将计算出的结果与报头校验字段数据对比。一旦发现不同，则说明 IP 报头在传输过程中出现差错，而后丢弃此数据报。由于每经过一次转发，生存时间字段数值都会改变，因此转发节点不但要校验报头，还要重新计算报头校验值。

由于此校验字段只负责 IP 数据报头的校验，并不处理 IP 数据报的数据段，无形中减轻了网络中路由器的工作量，缩短了数据报的处理时间。

11) 源 IP 地址

源 IP 地址长度为 32bits，表示 IP 数据报发送终端的 IP 地址。

12) 目的 IP 地址

目的 IP 地址长度为 32bits，表示 IP 数据报目的终端的 IP 地址。

13) 可选项

可选项长度可变，属于 IP 数据报的可选项字段，包括安全和操作约束、路由记录、时间戳、松散源路由、严格源路由等内容的设置和说明。可选项字段的默认长度为 0 字节，最大值为 40 字节。1 个 IP 数据报可以有多个选项，每个选项主要包括 3 部分：选项类型、选项长度和选项数据。选项类型说明需要执行的操作；选项长度表示选项的长度；选项数据则是与选项类型相关的数据。

IPv4 数据报的结构就是在上层传送来的数据段(称为净荷)的前面加上 1 个 IPv4 格式报头，报头最少有 12 个字段，最短长度为 20 字节。若报头中存在可选项字段，则报头最长可达 60 字节。

3. IPv4 编址

IPv4 规定的 IP 地址为 32 位，每个 IP 终端都需要 1 个区分其他终端的地址。因此，互联网上的 2 个终端永远不会具有相同的地址。如果 1 个网络设备负责将 1 个或者多个局域网与互联网相连，那么这个设备就可能有 2 个以上的 IPv4 地址，1 个用于和局域网内部设备相连，另 1 个则负责与互联网相连，通常这种网络设备称为"网关"[16-18]。

1) 地址标记

IPv4 地址通常有 3 种标记方法：二进制标记法、点分十进制标记法和十六进制标记法。二进制标记法是将 32 位长的二进制 IPv4 地址直接表示出来，为了便于读写，一般会每 8 位增加一个空格；点分十进制标记法是最常用的 IPv4 地址表示方法，是将 32 位 IPv4 地址分成了 4 个字节，每个字节用十进制表示，并且 4 个十进制数之间用小数点分隔；十六进制标记法则是将 IPv4 地址每 4 位分隔，并用十六进制表示，这样 1 个 IPv4 地址就有 8 个十六进制数。

2) 地址分类

为了实现全球 IPv4 地址的分配和管理，IPv4 协议一经出现就采用了分类编址的方法。所谓分类编址，就是按照地址空间的容量将 IPv4 地址分为 5 个类别，分别记为 A、B、C、D 和 E。其中，A 类地址空间的容量为 2^{31}，即占整个 IPv4 地址空间的一半；B 类地址空间的容量为 2^{30}，为整个 IPv4 地址空间的 1/4；C 类地址空间的容量为 2^{29}，为整个 IPv4 地址空间的 1/8；D 和 E 类地址空间的容量为 2^{28}，则是整个 IPv4 地址空间的 1/16。

区分这几类 IPv4 地址的方法非常简单，图 2-4 区分了二进制和十进制标记的地址分类。很明显，只需要观察第 1 个字节的数值变化就可以判断 IPv4 地址具体属于哪类。例如，A 类地址，二进制中的第 1 位为 0，十进制中的第 1 字节值不大于 127；B 类地址，二进制中的前两位为 10，十进制中的第 1 字节值在 128～191。

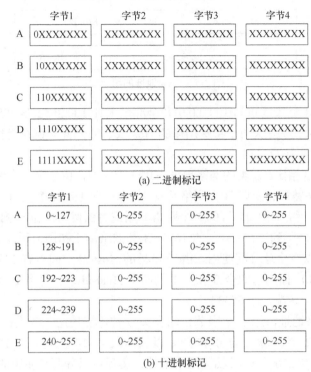

图 2-4　IPv4 地址分类

3) 地址组成

上述 A、B、C 三类 IPv4 地址的组成，一般分成两部分，即网络地址(Net-id)和主机地址(Host-id)。Net-id 用于指出 IP 终端属于哪一个网络(属于同一个网络的终端使用相同的 Net-id)。Host-id 则是终端地址的唯一表示，即使处于同一个网络，终端的 Host-id 也相互不同。

如图 2-5 所示，A 类地址中 Net-id 占 1 个字节，Host-id 则占 3 个字节；B 类地址中 Net-id 占 2 个字节，Host-id 也占 2 个字节；C 类地址中 Net-id 占 3 个字节，Host-id 则占 1 个字节。可以看出，主机地址空间容量越大，表示网络地址的 Net-id 占用的空间就越小。

由于 A 类的网络地址占用 1 个字节，而且二进制的第 1 位为 0。因此，A 类地址的网络共有 2^7 个，即 128 个。除了 Net-id 为十进制的 "0"、"10" 和 "127" 的 3 个网络专用或者保留之外，其余的 125 个 A 类网络可以在全球分配使用。由于 A 类的 Host-id 占 3 个字节，所以主机地址的空间非常大。在 A 类地址的主机

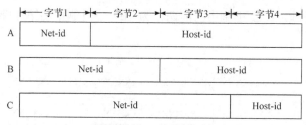

图 2-5 IPv4 地址的组合

地址中，Host-id 全部是 0(如 100.0.0.0)和全部是 1(如 100.255.255.255)，分别表示网络和广播用途。除去这两个特殊用途的 Host-id，每个 A 类网络都能容纳(2^{24}–2)个 IPv4 终端，即 16777214 个。

和 A 类网络相比，B 类的网络地址占用 2 个字节。由于第 1 个字节中的头两位用来表示网络类型，所以 B 类网络共有 2^{14} 个，即 16384 个。由于 Net-id 为十进制的"128.0"和"191.255"的 2 个网络专用或者保留，再加上 RFC-1918 规定 Net-id 从"172.16"到"172.31"的 16 个 B 类网络用于私用，所以剩下的 16366 个 B 类网络可以在全球分配使用。由于 B 类的 Host-id 空间占有 2 个字节，除去分别表示网络和广播用途的全 0 和全 1 的两个 Host-id 外，每个 B 类网络都能容纳(2^{16}–2)个 IPv4 终端，即 65534 个。

C 类的网络地址占用 3 个字节，除去头 3 位不能使用，C 类的网络共有 2^{21} 个，即 2097152 个。除去全 0 和全 1 以及 RFC-1918 规定从"192.168.0"到"192.168.255"的 256 个 C 类私用网络地址，实际可以分配和使用的 C 类网络有 2096894 个。由于 Host-id 只占 1 个字节，除去分别表示网络和广播用途的两个全 0 和全 1 的 Host-id 后，每个 C 类网络能容纳(2^{8}–2)个 IPv4 终端，即 254 个。

与 A 类、B 类和 C 类 IPv4 地址分为 Net-id 和 Host-id 两部分的划分方法不同，D 类和 E 类 IPv4 地址没有网络部分和终端部分的划分。D 类和 E 类两种网络都各自只有 1 个网络，其作用和用途如下：

(1) D 类网络的目的是用来实现互联网中的多播。每个 D 类 IPv4 地址都用来定义互联网中的 1 组 IPv4 终端。当 1 组 IPv4 终端被指派 1 个 D 类地址时，该组中的每个终端都会在拥有正常地址(A 类、B 类、C 类地址)的基础上增加 1 个多播地址。当信息在同一个时间内需要广播到多个 IPv4 终端时才会使用到 D 类地址。因此，在视频和远程会议时会应用 D 类地址。另外，路由器在相同的基础上以相同信息更新时，使用 D 类地址就非常方便。

(2) E 类网络地址属于保留地址，用于试验目的。当在网络上执行与 IPv4 相关的开发和实验时，才会用到 E 类地址。

4) 掩码

掩码是 1 个特殊的 32 位二进制数，由一连串的"1"和一连串的"0"组合而成，并且"1"处于高位，"0"处于低位，其目的是区分 32 位 IPv4 地址中的 Net-id 和 Host-id。具体的实现方法很简单，如图 2-6 所示，掩码和 IPv4 地址逐位相"与"，就可得出该地址的 Net-id 和 Host-id。具体的位"与"操作：掩码中为 1 的部分，其输出的对应 IPv4 地址位的数值保持不变；掩码中为 0 的部分，其输出的对应 IPv4 地址位的数值为 0。

例如，IPv4 地址为 128.100.1.19，掩码为 255.255.0.0。IPv4 地址与掩码逐位相与，则可得出：128.100.0.0 便是 Net-id，相应的 1.19 则是 Host-id。

对于上述的 A、B、C 三类 IPv4 地址，由于已经明确划分了 Net-id 和 Host-id，所以对应的掩码数值如表 2-2 所示。

图 2-6　掩码原理

表 2-2　三类 IPv4 地址的掩码

IPv4 地址类别	二进制掩码	点分十进制掩码
A	11111111 00000000 00000000 00000000	255.0.0.0
B	11111111 11111111 00000000 00000000	255.255.0.0
C	11111111 11111111 11111111 00000000	255.255.255.0

上述的三类 IPv4 地址掩码也成为默认掩码。

5) 子网的划分和子网掩码

对于像 A 类和 B 类 IPv4 地址容量大的网络，很多情况下终端用户数量显得较少，造成 IPv4 地址的浪费，同时又使得其他用户无法得到 IPv4 地址。通常解决这个问题的方法就是划分子网，即将一个容量大的网络分割成几个容量小的子网。

划分子网仍然采用掩码的方式，如图 2-7 所示。子网掩码比默认掩码长，划分出的 Net-id 也就长，子网的 Host-id 也就短了。

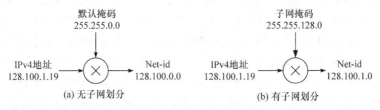

图 2-7　子网的划分

6) 无分类编址

直到 20 世纪 90 年代中期，IPv4 地址的分配都是依照前述分类方式，即 IPv4 地址的分配和划分范围是 A 类、B 类或 C 类。因此，给 1 个网络分配 IPv4 地址的最小数量是 256 个(C 类)，而最大数量是 16777214 个(A 类)。在这两个极限之间的地址分配方法是一个机构可以分配到一个 B 类地址或几个 C 类地址。显然，这样的 IPv4 地址分配不仅造成了局部地区的 IPv4 地址浪费，同时也造成了其他地区的 IPv4 地址匮乏。

在 20 世纪 90 年代，互联网服务提供商(ISP)开始流行。ISP 可以给个人、小公司和中等规模机构提供互联网的接入。1 个 ISP 可分配到几个 B 类地址块或者 C 类地址块，然后把这些地址块进一步划分，把其中的 1 组分配给 1 个家庭或者 1 个小公司。为了促进这种演变，1996 年互联网管理机构宣布了一种新的地址编排方式，叫无分类编址。

无分类编址实际上就是不再将整个 IPv4 地址按照类别划分，而是采用不属于任何类的可变长度的 Net-id 方式划分。由于长度可变，所以地址范围可以从很小到非常大。1 个无分类编址网络内的终端用户数量可以只有 2 个，也可以达到几万个。

在无分类体系结构中，整个地址空间被划分为不同大小的地址块。1 个家庭、1 个公司都可以分配到适合自己需要的地址块。由于 IPv4 地址采用二进制的方式，因此 1 个地址块中的地址数量必然满足：地址数是 2 的整数次方。

另外，每个无分类 IPv4 地址块中，开始的 IPv4 地址必须能够被地址数整除。如果 1 个地址块有 4 个 IPv4 地址，那么开始的地址必须能够被 4 整除。例如，包含 8 个 IPv4 地址的地址块的起始地址可以是 192.168.2.32，也可以是 100.250.30.64，但不能是 80.232.16.14。在判断时，要根据 IPv4 地址数量选择计算的 IPv4 地址长度。如果地址块中的地址数小于 256 个，那么仅需要检查最右边的 1 个字节；如果地址块中的地址数小于 65536 个，那么就需要检查最右边的 2 个字节，以此类推。

当在分类编址中分配到 1 个地址块时，可以用分配到的开始地址和默认掩码完全确定这个地址块。在划分子网时，当分配到 1 个子地址块时，它也是分配到了第 1 个地址和掩码。同样，当分配到 1 个无分类地址块时，也是分配到了第 1 个地址和掩码。起始 IPv4 地址和掩码这两个信息就能够完整定义 1 个分配的地址块。

由于掩码是由一些左边的"1"和一些右边的"0"连接组成，所以对于无分类编址，在表示 4 字节的掩码时，可以直接说明"1"的个数。例如，对于掩码 255.255.255.128 而言，可以直接说明掩码有 25 个"1"。因此，将掩码中"1"的个数表示在具体 IPv4 地址后面，两者之间用斜线分开。例如，192.168.10.15/24 表示掩码中有 24 个"1"，Net-id 的长度是 24 位，IPv4 地址数量有 256 个。这种表示方法称为斜线记法，或无分类域间路由(classless inter domain routing，CIDR)法。CIDR 表示了两个概念：IP 地址是无分类的；路由选择是采用无类别域间路由选择算法。根据斜线后面掩码中"1"的数量信息，可以很容易找出块的 Net-id、IP 地址数和最后 1 个地址。

CIDR 规范定义在 RFC-1517、RFC-1518 和 RFC-1519 文档中，它允许 A 类、B 类或 C 类中的 IPv4 地址合并成一个更大的地址空间，或者根据需要被任意拆分。

CIDR 可用于合并多个 C 类地址，也能用于细分 A 类、B 类、C 类地址，使任何可用地址空间发挥最有效的作用。目前，普遍认为 CIDR 在互联网中最积极的作用是减少必须确认的专用 C 类地址数量。

4. IPv4 的局限性

20 世纪 80 年代美国政府首次将互联网私营化时，只有有限的 213 台互联网终端。到 20 世纪 80 年代末，IPv4 终端数量已经增加到了 2000 台，并且还在迅速增长。20 世纪 90 年代开始，互联网无论在技术上，还是在商业上都取得了巨大成功，全球规模一直保持爆炸式的增长速度，数据流量以每年 1 倍以上的速率增长。2002 年初，全球上网用户超过 5 亿个；之后，全球网络用户继续增长；2015 年起，地面 4G 移动通信网络迅猛发展，互联网用户再一次爆炸性增长；2019 年，随着 5G 移动通信网络的诞生，互联网开始步入物联网时代，各种各样的信息终端通过各种形式连接到互联网中。

显然，早期研究人员并没有预见到如今互联网的发展，所设计的互联网协议存在很大的局限性。互联网 TCP/IP 族已经显现出了缺点和不足，主要体现在以下几个方面：

1) 地址空间不足

IPv4 采用 32 位地址，理论上能够支持 40 亿台终端设备的互联。但由于 A 类、B 类、C 类等地址类型的划分以及用于其他特殊规定和用途的保留地址，整个地址空间的利用率只能达到理论值的 10%左右。随着上网人数和 IPv4 终端的增加，截至 2010 年末，全球 IPv4 地址资源已经全部分配使用。另外，由于历史的原因，全球 IPv4 地址分配严重不均匀，绝大多数 IPv4 地址资源分配给了少数几个发达国家，仅美国就拥有了全部地址的 70%，发展中国家得到的很少。这又导致了大量 IPv4 地址的浪费，加剧了 IPv4 地址资源的不足。2019 年 11 月 26 日，全球 IPv4 地址空间储备池完全耗尽，所有 43 亿个 IPv4 地址分配完毕。

2) 传输性能差

由于 IPv4 的设计是在网络层实现"尽力而为"的分组交换和传输，并不是以达到在不同网络中可靠、健壮、高效数据传输和交换为目的。这样，在针对不同类型、不同要求的业务传输，特别是服务质量(quality of service，QoS)传输和控制等方面存在很多问题。

3) 安全性能低

网络的商业应用对安全性提出了很高的要求，而 IPv4 只具备最少的安全保护选项，把安全问题交给上层协议来处理。

4) 移动性能差

在 IPv4 协议设计之初，主机都是放置在固定的地点，与网络的连接是静态的，因此没有考虑终端的移动。随着移动通信技术的迅猛发展,手机、掌上电脑、笔记本电脑等便携式移动设备广泛应用,生活节奏的加快也使得人们需要在移动过程中办公。于是,用户希望在任何时候、任何地点无须更改计算机配置就能方便地访问互联网。这要求网络服务具有很强的移动性,而 IPv4 在这方面显得力不从心。

面对互联网的巨大变化,IPv4 协议表现出很大的局限性,其中最突出的问题就是对互联网资源的巨大需求与 IPv4 地址空间不足之间的矛盾。除此之外,选路问题、网络管理和配置问题、服务类型和服务质量保证问题、移动性支持和安全性问题等都迫切要求得到根本性的解决。

2.2.3 IPv6 协议

IPv6 又称下一代 IP,是为适应互联网中 IP 终端数量和业务量的快速增长并解决 IPv4 中的关键技术问题而提出的[19-20]。

1. IPv6 协议的产生

为了解决 IPv4 存在的问题,早在 20 世纪 90 年代初期,互联网工程任务组(IETF)就开始着手 IPng 的制定工作。IETF 通过 RFC-1550 发布了征求新的 IP 的呼吁,并公布了新协议需要实现的主要目标,其中包括支持几乎无限大的地址空间、减小路由表的大小、使路由器能更快地处理数据报、提供更好的安全防护、提高网络层的安全、支持多种服务类型、支持组播、支持地址自动配置、允许主机不更改地址的异地漫游、允许新旧协议共存一段时间、协议必须支持可移动主机和网络等。

在 IETF 公布了 IPng 设计原则之后,出现了许多 IPng 提案,其中包括一种称为简单互联网协议+(simple internet protocol plus,SIPP)的提案。该提案去掉了 IPv4 报头中的一些字段,使得报头变小,并且采用 64 位地址。与 IPv4 将选项作为 IP 头的基本组成部分不同,SIPP 把 IP 扩展选项与报头进行了隔离,扩展选项放在基本报头后传输层协议头前。采用这种方式,路由器只在必要时才处理扩展选项头,提高了数据处理的效率。

1994 年 7 月,IETF 决定以 SIPP 作为 IPng 的基础,同时把地址长度由 64 位增加到 128 位,新的 IP 称为 IPv6,其版本在 1994 年 IETF 批准的 RFC-1752 中发布。随后,在 RFC-1883 中明确指定 IPv6 是 IPv4 的替代协议。制定 IPv6 的专家充分总结了早期制定 IPv4 的经验以及互联网的发展和市场需求,认为下一代互联网协议应侧重于网络的容量和网络的性能。

IPv6 继承了 IPv4 的优点,摒弃了其缺点,除了拥有超大的地址空间外,还考虑了 IPv4 未能解决好的一些问题,其性能优势主要体现在提高网络的整体吞吐量、改善服务质量、提升安全性、支持移动性和增强组播功能等。IPv6 与 IPv4 不兼容，但它与 TCP/IP 族中的其他协议兼容，即 IPv6 完全可以取代 IPv4。

2. IPv6 发展现状

从 IPv6 协议标准发布至今，IPv6 从起步到商用已经走过了二十余年，涉及 IPv6 的国际组织主要有 IETF、ICANN、IPv6 Forum 等。

1) 国外发展现状

IPv6 受到越来越多的重视，特别是地址紧缺的亚洲在对待 IPv6 上比欧美更加积极。日本从 1992 年着手 IPv6 的研发和标准化工作，已经制定了 "e-Japan" 战略，明确了 IPv4 向 IPv6 过渡的时间表和路线，并在 2001 年就将 IPv6 引入了商用领域，日本各主要网络运营商和 ISP，如 NTT、Japan Telecom、KDDI 等都提供了 IPv6 的商用接入服务。在网络设备方面，2000 年 NEC、日立、富士通三家公司分别推出了 IX/CX、GR2000、GeoStream 等系列的 IPv6 骨干路由器产品，面向家居办公/家庭的小型路由器也已问世。

欧洲发展 IPv6 的基本战略是 "先移动、后固定"，希望在 IPv6 方面掌握先机，通过 3G 标准的部署来实现在未来互联网领域与美国并驾齐驱的目标。欧盟委员会在欧盟行政系统下成立了 IPv6 工作小组，为欧洲勾勒整体的 IPv6 发展蓝图。欧洲已经建立了 Euro IX 和 6NET 等 IPv6 实验网络进行有关推广，欧洲各大厂商也都加快了 IPv6 开发和产品化的进程。

美国由于在 IPv4 地址资源上的优势，在向 IPv6 的商业过渡方面并没有多大进展，主要集中在理论研究上，如 IPv6 开发组织 IETF、6Bone 等都位于美国。即便这样，Cisco 等从事网络开发、应用的公司也很早就推出了 IPv6 相关产品。对于 IPv6，美国军方和政府却表现出了很强的紧迫感和危机意识，因而在向 IPv6 过渡方面，美国军方和政府都出台了相应政策。

2) 国内发展现状

我国的 IPv6 研发始于 1998 年启动的 CERNET-IPv6 实验床项目。同年 11 月，中国教育和科研计算机网(CERNET)加入 6Bone 并成为其骨干节点。2004 年 3 月，第 1 个全国性的下一代互联网，也是世界上最大的纯 IPv6 实验网——第二代中国教育和科研计算机网(CERNET2)开通。此实验网以 2.5～10Gbits/s 的高速网络连接全国 20 个主要城市，为全国 200 余所高校和主要科研机构提供下一代互联网的高速接入，在实验网上所进行的测试显示出了 IPv6 的巨大性能优势。

1999 年 9 月，由清华大学、东南大学、东北大学和中国科学技术大学联合承担的 "IPv6 演示系统" 项目建设完成。基于 CERNET-IPv6 实验床的一般互联网应用，如 DNS、FTP、WWW、Email 等得以支持。另外还进行了从 IPv4 过渡到 IPv6、网络管理、安全和 QoS 等方面的研究。1999 年 11 月，国家自然科学基金委员会启动了"中国高速互联研究试验网络"(NSFCNET)重大联合研究项目,由清华大学、北京大学、北京邮电大学、北京航空航天大学等几所大学参与。此项目采用 IPv6 作为网络层协议,建成了我国下一代高速示范网络。2003 年底,中国科学院计算技术研究所首次以"技术开放日"的形式向公众展示 IPv6 网络关键技术。

另外,还有一些 IPv6 项目,如国家高技术研究发展计划(863 计划)支持的 IPv6 关键技术开发,原国家教育委员会支持的 CERNET2 和 2002 年开始的中国和日本合作的联合项目 IPv6-CJ 等。其中,CERNET2 已建设成为采用纯 IPv6 技术的下一代互联网主干网,并于 2004 年正式向用户提供 IPv6 下一代互联网服务。CERNET2 已经初具规模,接入 100 多所国内高校,并与谷歌实现基于 IPv6 的 1Gbits/s 的高速互联。

除了科学研究,我国也已经开展了 IPv6 的商业应用。2000 年,北京天地互联信息技术有限公司(BII)建立了国内第一个面向商用的 IPv6 实验床。2002 年,BII 与中华人民共和国信息产业部联合发起成立 IPv6 通信实验网,并联合当地运营商建立了中国第一个商用的电信级 IPv6 实验网。2003 年,中国科学院计算技术研究所与中国网通合作,建立了重庆网通信息港 IPv6 实验网,这是世界上首次基于 IPv6 协议的大规模城域网试运营。2003 年底,中华人民共和国信息产业部在第 2 次中国互联网大会上宣布实施名为"中国下一代互联网示范工程"的新一代互联网计划。中国科学院计算技术研究所与北京邮电大学、诺基亚、华为和联通等举行了 IPv6 合作签字仪式,并建立了我国第一个 IPv6 推进开放实验室,中国科学院计算技术研究所、华为、中兴、思科、诺基亚、惠普等成为这个开放实验室的第一批加盟成员。目前,在中国参与 IPv6 商用网建设的有中国电信、中国网通、中国联通、中国移动、中国铁通、中国教育和科研计算机网共六家运营商及组织。

3. IPv6 数据报格式

最早描述 IPv6 协议规范的 RFC 文档发表于 1996 年,包括 RFC-1883～RFC-1887 等。后经修改,发表了多个 IPv6 协议文档,如 RFC-2460、RFC-3513 等。RFC-2460 定义的 IPv6 数据报格式如图 2-8 所示,包括版本、业务类型、流标签、载荷长度、随后报头、转发门限、源地址和目的地址[21-22]。

与 IPv4 相比,IPv6 的报头格式更加简洁。首先,报头长度由可变长度改为固定长度,共 40 个字节;其次,报头中的字段由 IPv4 中最多 13 个减少为 8 个。IPv6 报头中各个字段的具体含义和功能如下:

1) 版本

版本长度为 4bits,说明当前 IP 数据报的版本,二进制表示为"0110"。

2) 业务类型

业务类型长度为 8bits,说明 IP 数据报的业务类型,用来支持传输的优先级,

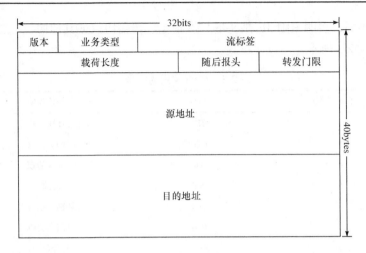

图 2-8　IPv6 数据报格式

最初被命名为 "Priority"。业务类型字段如图 2-9 所示，由延迟(delay，D)、优先级(precedence，PR)和预留(reserved，RE)三个域组成。

图 2-9　业务类型字段

字段中的 D 域占 1bit，用来标明数据报是否对延迟敏感。如果此位设为 1，则数据报对延迟敏感；反之，则对延迟不敏感。

字段中的 PR 域占 3bits，与 IPv4 中服务类型字段的优先级功能类似，允许应用程序区分基于优先级的传输类型。网络中的转发节点可以参照 PR 域决定如何处理数据报。

字段中的 RE 域占 4bits，目前没有定义具体含义，默认值为 0。

3) 流标签

流标签长度为 20bits，标识特定的数据流。流的具体含义：需要路由器进行特殊处理的集合。目前，没有明确此字段的具体使用，默认值为 0。

4) 载荷长度

载荷长度为 16bits，说明 IP 数据载荷的字节长度。在 IPv4 的报头中，有报头长度和数据报总长度两个字段。要确定数据的有效载荷，则要将两个字段的数值相减。IPv6 中的载荷长度字段表明了紧跟在 IP 报头后的数据长度，与 IPv4 相比，减少了在 IP 报头执行的计算数量。

5) 随后报头

随后报头长度为 8bits，说明紧随 IP 报头的报头类型，与 IPv4 报头中的协议字段功能相似，表明紧随 IP 报头的扩展报头、传输协议或其他协议。IPv6 常用的编号如表 2-3 所示。

表 2-3　IPv6 常用的编号

编号(十进制)	协议	协议说明
0	HH	逐跳选项
3	GGP	网关协议
4	IPv4	IPv4 协议
5	ST	流
6	TCP	传输控制协议
8	EGP	外部网关协议
9	IGP	内部网关协议
11	NVP	网络声音协议
17	UDP	用户数据报协议
41	IPv6	IPv6 协议
43	RH	路由报头
44	FH	碎片报头
45	IDRP	域间路由协议
51	—	报头验证
58	ICMPv6	网络控制报文协议 6 版
59	—	无下一个报头
60	—	目的地址选项报头
86	DGP	异构网关协议
88	IGRP	内部网关路由协议
89	OSPF	开放最短路径优先协议
255	—	预留

　　虽然 IPv6 取消了 IPv4 报头中的可选字段,但为了涵盖网络层的信息,在 IPv6 报头和上层协议报头之间增加了扩展报头。1 个 IPv6 报头可能设有 1 个或者多个扩展报头。扩展报头需要以 64 位作为边界分割,如果需要,则使用填充保持结构。在 IPv6 中,扩展报头必须插在 IPv6 报头和更高层协议报头之间。在 RFC-2402 和 RFC-2406 中定义了以下 6 种扩展报头:逐跳(hop-by-hop, HH)选项、路由选择、分段、验证、封装载荷、目的选项。下面,简单介绍这几种扩展报头。

　　(1) 逐跳选项报头。

　　逐跳选项报头记录了分组转发路径上每个节点都必须处理的可选项信息,用来承载影响路径中路由器的信息。例如，如果多播传输需要在网络上提供一些特殊的路由选择指令，那么这些指令可以通过逐跳选项报头承载。路径中涉及的路由器可以如定义一样检查这个报头。

(2) 路由选择报头。

路由选择报头列出了数据报在到达目的节点途中所须经过的中间节点，类似IPv4 中松散路由选项。数据发送终端计算希望数据报的所有路由器之间的路径，除了第一个访问的路由器地址外，其余路由器地址依次放入路由选择报头中，接收终端的路由器地址放在列表的末尾。最先访问的路由器地址放在 IPv6 报头中的目的地址字段中。当数据报到达第一个路由器时，路由器检查这个数据报并找到路由选择报头。如果一切正确，路由器用下一个路由器的地址替代第一个路由器地址，并存放在 IPv6 报头中的目的地址字段中。中间路由器依照以上的过程继续，直到数据报到达接收终端。路由选择报头中的路由列表最多能包含 255 个路由器地址。

(3) 分段报头。

分段报头说明数据报的分段情况。虽然 IPv4 报头也有此类字段，但 IPv6 规定网络中的数据报转发节点不能对数据报分段。因此，IPv6 中只能由源节点对数据报分段，所有数据报实际上设置了 1 个隐含的不能分段位。为了为源节点提供路径支持的最大数据报规格，与 IPv4 相似，IPv6 也使用路径最大传输单元发现机制。

在实际应用中，当源 IP 终端需要发送比路径最大传输单元更大的数据报时，就会使用 IPv6 分段报头。分段报头中的各个域与 IPv4 报头几乎一致。

(4) 验证报头。

验证报头指定数据报的真实来源。此报头的作用是阻止地址欺骗和虚假连接的非法连接传输。终端设备如果做了这方面的设置，会拒收没有正确验证的数据报。验证报头也为在传输过程中没有改变的数据报部分提供完整性检查。

(5) 封装载荷报头。

封装载荷报头用于数据加密，往往是 IPv6 报头中的最后一个。封装载荷报头表明了加密数据的起始部分。封装载荷报头后面会跟着一个校验和，以应对攻击者的破坏或对加密数据进行保护。

(6) 目的选项报头。

目的选项报头用于记录仅由目的节点检查的可选信息，是唯一能出现在多个位置的报头。它可以放置在路由选择报头的前面，也可以放置在高层协议数据前面的最后一个报头位置，即放置在封装载荷报头和验证报头的后面。若放置在报头靠前的位置，则是为了中间转发节点使用；若放置在封装载荷报头的后面，则只能在接收终端进行检查。目前，只定义了一种使用方法，就是与路由选择报头一起使用。

6) 转发门限

转发门限长度为 8bits，说明数据报在网络中经过路由转发的门限。与 IPv4

数据报中生存时间字段的含义相同，每经过 1 次路由，数值减 1，当数值为 0 时，数据报则被丢弃。

7) 源地址

源地址长度为 128bits，表示 IPv6 数据报发送终端的 IPv6 地址。

8) 目的地址

目的地址长度为 128bits，表示 IPv6 数据报目的终端的 IPv6 地址。

与 IPv4 报头相比，IPv6 报头具有以下优势：

(1) IPv6 报头的简化使在硬件中对解析逻辑的编码变得简单，加快了对扩展报头和数据报的解析，很大程度上提高了 100Mbits/s、1Gbits/s 或者更快速率运行网络的吞吐量。

(2) 不再需要互联网报头长度域，也不再需要它在数据报各部分之间建立边界。新的有效负载长度域给出了遵从 IPv6 报头本身的所有长度。有效负载长度域也包含了存在的任何选项或扩展报头的长度。

(3) IPv6 不再允许数据报在传输过程中的碎片分割。如果数据报对下一跳的路径最大传输单元来说太大了，这个数据报就会被放弃。最初的发送方必须检查到目的地址的路径最大传输单元，并在发送数据报前对数据进行碎片分割，以适应匹配。碎片报头接管了在 IPv4 报头中由碎片域处理的剩余支持功能。

4. IPv6 编址

1) 地址标记

IPv4 一般采用二进制、十进制和十六进制三种方式标记地址。其中，十进制的表示方式最普遍。由于 IPv6 采用 128 位地址长度，是 IPv4 地址长度的 4 倍，采用低进制的标记方式会给书写和表达带来很多不便。因此，在表示 IPv6 的地址时，往往采用十六进制的标记方式，具体的方法如下：

(1) 每 4 位地址组成 1 个十六进制表示的数，这样 128 位的 IPv6 地址就由 32 位十六进制数表示；

(2) 将 32 位十六进制数每 4 位分成 1 组，并用 ":" 分隔。

通过上述十六进制方法标记，如图 2-10 所示，IPv6 的 128 位二进制地址最终表示成 8 组 4 位十六进制的数，组与组之间用 ":" 分隔。显然，这种标记方式比较简短，利于书写和表达。

238A:0:0:906B:8:300:704C:417D

图 2-10 IPv6 标记方法

为了进一步简化书写，IPv6 地址的标记还可采用以下简化方式：

(1) 若 1 组中的 4 位十六进制数全部为 0，则用 1 个 0 标记；

(2) 若 1 组中的高位为 0、低位非 0，则高位的 0 可省略。

如图 2-10 中的"0:0"就是采用了简化方式(1)的规则，而"8:300"则是采用了简化方式(2)的规则。

另外，为了进一步简化标记，若几组连续为 0，则直接省略。例如，图 2-10 所示的 IPv6 地址标记，可进一步简化为图 2-11 所示的地址标记。

238A::906B:8:300:704C:417D

图 2-11　IPv6 简化标记方法

由于 IPv4 在互联网中得到了广泛使用，从 IPv4 到 IPv6 的演变还需要很长的过渡时间。在过渡过程中，IPv6 和 IPv4 会并存于互联网中。因此，实际应用中还会仿照 IPv4 的标记方式，采用前 96 位用十六进制书写，后 32 位用十进制书写的格式。例如，图 2-11 所示的 IPv6 地址还可以如图 2-12 标记。

238A::906B:8:300:112.76.65.125

图 2-12　IPv6 混合标记方法

需要注意的是，连续两个冒号"::"只能在 1 个 IPv6 地址中使用 1 次；否则，就不能确定"::"之间有几组全 0 的地址内容。

由于 IPv6 地址中的":"被大多数浏览器用来表示从 IPv4 地址中分出 1 个端口号，因此所有由":"表示的 IPv6 地址可能会出现表达不明确的问题。IETF 提议采用"["和"]"来替代":"，以达到与 HTTP URL 兼容的目的 IPv6 地址。当然这个建议只适用于表示 IPv6 地址的 URL 中。

2) 地址的组成

同 IPv4 一样，IPv6 的地址也分为两部分：网络地址和主机地址。这两部分的作用与 IPv4 中一样。在区分这两部分地址时，IPv6 仿照 IPv4 的 CIDR 符号表示方式，即在 IPv6 地址后添加 1 个十进制数说明 IP 地址中最左边连续的几位为网络部分。十进制数与 IP 地址之间用斜杠分隔，如 238A::906B:8:300:704C:417D/80 表示 Net-id 的长度是 80 位，即 238A::906B:8 是 Net-id，其余的 300:704C:417D 为 IP 终端的主机地址。需要注意的是，斜杠后面表示网络地址的十进制数是以二进制位单位计算的。

3) 地址分类

IPv6 允许几种地址类型，包括专用地址、单播地址、集中全局单播地址、任播地址、多播地址、链路本地地址和地区本地地址等。与 IPv4 相比，IPv6 不再分配广播地址。

(1) 专用地址。

专用地址是指被保留以备专用的地址。IPv6 中的专用地址有未指定地址和回环地址。

未指定地址是指全部为 0 的地址，可以用两个冒号"∷"表示。未指定地址实际上是没有地址的地址，它不可以被用作目标地址。未指定地址应用于还没有得到分配地址的节点。在未获得确定的 IP 地址之前，节点会向本地路由器发送查询请求。通过这种方法可以知道新的节点在什么地方。在查询时，必须定义源地址。

回环地址是指除了最后 1 位是 1 外，其他位都是 0 的 IP 地址。它的标记形式为"∷1"。回环地址只是简单的诊断工具，不能传输，也不能当作网络中的源地址和目标地址。如果数据报以回环地址作为它的目的地址发送，就意味着发送终端的 IPv6 协议只是将信息发送给自己，数据报不出本地链接就直接返回。也就是说，在应用层产生的报文，先发送到传输层，再传递给网络层。但是，数据报不传送到网络层上，而是返回到传输层，最终回到应用层。IPv6 的回环地址与 IPv4 中的 127.X.X.X 的作用相同。然而，IPv6 仅从地址空间中抽取出了 1 个地址作为回环地址，与 IPv4 将 1 个 A 类网络地址全部作为回环地址相比，节约了近 2^{24} 个地址空间。

(2) 单播地址。

单播地址是 IPv6 中最基本和最普遍使用的地址之一，是给每个 IP 终端分配的地址。发送单播地址的分组将会被转发到由该地址标识的 IP 终端上。单播地址的 128 位中，前 64 位作为网络地址，后 64 位作为主机地址。其格式可以表示为"N:N:N:N:H:H:H:H"，其中"N"代表网络地址，"H"代表主机地址。

(3) 集中全局单播地址。

为了便于 IPv6 地址的路由选择和管理，IPv6 创建了一种集中全局单播地址的特殊单播地址。这种地址将地址最左边的 64 位分割成几个域，也就是把地址中的网络地址部分进行了特殊划分，以达到路由选择更加简单的目的。另外，在应用过程中，这种地址在路由器处理时可以组合并生成单独的路由表。

(4) 任播地址。

任播地址是 IPv6 引入的一种新的地址类型，其含义是带有任播地址的数据报将会被传送给距离最近的 IPv6 节点上。这里的"距离最近"是指从路由器的角度到网络距离最近的节点。因此，任播地址的数据并不是在 IPv6 源端就已经确定的目的地址，而是由中间路由器根据网络连接节点的状况决定将数据报传送到哪个节点。

RFC-2373 要求所有的子网支持子网路由器任播地址。同样，所有在给定子网上的路由器也必须支持子网路由器任播地址。子网路由器任播地址的格式为地址中的主机部分全部为 0。使用任播地址有利于移动用户寻找与其网络连接最近的路由器。

(5) 多播地址。

多播地址是指同一个数据报分发给多个 IPv6 终端地址。这种分发并不是处于同一网络的终端都能够接收，而是要事先通过申请获得接收批准才能接收。在本地以太网上，IPv6 终端可以侦听其订阅的多播数据报。

多播地址的格式：128 位地址中前 8 位全部为 1。在多播地址中，第 2 个 8 位包含了两个字段，一个字段用作标志，另一个字段则专门用来限定多播地址的作用范围，以避免多播数据报的无限定传播而造成网络数据传输的混乱。

(6) 链路本地地址和地区本地地址。

仿照 IPv4，IPv6 设立了链路本地地址和地区本地地址。与 IPv4 的 10.X.X.X 或 192.168.X.X 地址相似，这类地址属于私有地址，只在本地网络中使用。这两种地址的格式如图 2-13 所示，链路本地地址的前 10 位为 1111111010，后面紧跟 54 位 0；地区本地地址的前 10 位为 1111111011，后面紧跟 38 位 0。

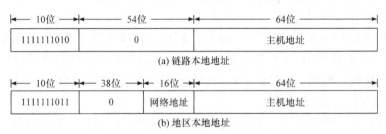

图 2-13　链路本地地址和地区本地地址的格式

5. IPv6 的新增特性

与 IPv4 相比，IPv6 具有一些新增的特性，主要包括支持终端自动配置、强制的安全机制、增强的 QoS 传输服务、更优的移动支持技术等。

1) 终端自动配置

终端自动配置就是允许终端自动寻找自身需要的网络信息，建立自身的 IPv6 网络参数。终端自动配置有两种基本方法，即无状态法和有状态法。

无状态法是当终端初始化时，首先计算自己的本地链接地址，并将这个地址添加到众所周知的本地链接网络地址中，形成普通形式的 IPv6 本地链接地址。在计算自己的本地地址时，为核实这个地址是本地链接的唯一地址，终端以这个地址作为目标发送 1 个查询数据报。如果有其他终端做出响应，则必须重新计算本地链接地址，直到找到没有重复的地址。

有状态法是指采用动态主机配置协议(dynamic host configuration protocol，DHCP)的第 6 个版本实现终端 IPv6 地址配置的方法，与 DHCPv4 相似。大致实现过程：终端与 DHCPv6 服务器连接并下载配置信息，为自己配置合适的本地 IP 地址。

除了地址长度和格式明显不同外，DHCPv6 与 DHCPv4 有许多明显区别，主

要是以下几方面:

(1) IPv6 节点在没有 DHCP 帮助的情况下，可以获得至少 1 个能在本地正常工作的地址。

(2) IPv6 终端可以在本地段使用分程传递服务器，以接收来自脱机服务器的配置信息。

(3) 因为所有的 IPv6 节点必须支持验证(使用 IPv6 验证报头)，所以 DHCPv6 服务器和路由器都配置为以验证形式发送自己的通告，这就增加了配置信息的有效性。

(4) 可以设置 DHCPv6 为动态修改 DNS 记录，这是维持有效路由选择的关键。网络可以重编号，并且重编号很快会在 DNS 中得到反映。

2) 强制的安全机制

从 IPv4 到 IPv6 的转变过程中，最大的变化是使互联网安全协议(internet protocol security，IPsec)成为 IPv6 中必须的部分。IPsec 提供的安全机制有访问控制、非连接完整性检查、数据来源验证、重放避免保护、内容加密、路由加密等。

3) 增强的 QoS 传输服务

IPv6 报头重新定义了 QoS 相关的字段，并增加了扩展选项报头以增强 QoS，如逐跳选项报头、路由选择报头和目的选项报头等，以更加灵活的方式实现 QoS 传输方案。通过创建这些扩展选项报头，IPv6 还可以在数据传输过程中，对每个节点的数据传输和处理行为进行精确的控制。

4) 更优的移动支持技术

虽然 IPv4 和 IPv6 中支持移动用户的方法有一些相同的地方，但 IPv6 还具有 IPv4 所没有的功能。与 IPv4 一样，IPv6 中的移动用户需要位于归属地的路由器帮助。与移动 IPv4 不同，移动 IPv6 在被访问网络上不需要访问代理。相应地，移动用户将它的当前位置作为关心地址(care-of-address，CoA)，和它的主代理一起注册。移动用户不需要通过主代理发送任何信息，而是直接发送和接收信息。当移动用户移动到新的位置时，移动 IPv6 允许发向第一个 CoA 的信息直接转发到新的 CoA，或者通过用户的主地址发送。

6. IPv4 到 IPv6 的过渡

如图 2-14 所示，从 IPv4 过渡到 IPv6 大致经过 IPv4 主导阶段、共存阶段和 IPv6 主导阶段 3 个阶段。在 IPv4 向 IPv6 过渡的初期阶段，互联网的状况是 IPv6 孤岛陷在 IPv4 的海洋之中。共存阶段则是 IPv4 网络和 IPv6 网络长期共存，此消彼长。IPv6 主导阶段则是 IPv6 占据主导地位。

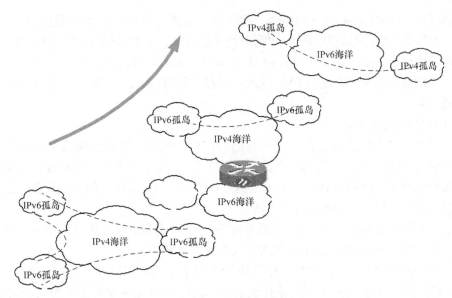

图 2-14　IPv4 到 IPv6 的过渡

从 IPv4 过渡到 IPv6 是一个庞杂和渐进的过程，不可能在短时间内全部转换完成。为了实现 IP 的平滑过渡，防止在 IPv4 和 IPv6 的系统之间出现问题，IETF 发布了 3 类过渡方法，分别是双协议栈技术、隧道技术和首部转换技术。

1) 双协议栈技术

解决 IP 版本的过渡问题，最直接的方法就是在同一个节点上既运行 IPv4 协议，又运行 IPv6 协议。在此期间，首先应实现网络中的主要服务器和路由器的双协议栈工作模式，而后不断推广，最终达到所有节点都能够运行 IPv6 协议的目的。

在双协议栈工作中，最关键的节点就是网络中的路由器，它可以提供基于 IPv4 的互联网服务，同时也可以为已经转向使用 IPv6 的节点提供服务。

支持双协议栈工作的 IP 终端在发送分组信息时，必须明确使用的是哪个版本的 IP。IP 终端首先应向 DNS 查询，若 DNS 返回 IPv4 地址，则发送 IPv4 数据报；若 DNS 返回 IPv6 地址，则发送 IPv6 数据报。

2) 隧道技术

在实际 IP 过渡应用中，为了减小对现有互联网的影响，往往会采用从局部、边缘开始，并逐渐扩展到整个互联网的方式向 IPv6 转换。换句话说，IPv6 首先会被带有实验性质和很大灵活性的子网采用，而且这些子网之间并不能直接相连，这就像是在 IPv4 协议的互联网中存在一些使用 IPv6 的小型网络，形成一个个 IPv6 孤岛。

隧道技术就是解决 IPv6 孤岛之间的连通问题。具体方法：当从 IPv6 网络进入 IPv4 网络时，IPv6 数据报要经过拆分和封装，使之成为 IPv4 格式的数据报；

当离开 IPv4 网络进入 IPv6 网络时，拆除 IPv4 报头，并拼装成 IPv6 数据报。

要实现 IPv6 数据报穿越 IPv4 网络的隧道技术，关键在网络边界的路由器上。这些边缘路由器必须都是支持 IPv4 和 IPv6 协议的双栈路由器。

根据接收终端是否支持 IPv6 的地址兼容，隧道技术可以采用自动隧道和配置隧道两种技术。

3) 首部转换技术

当互联网中的大部分节点已经过渡到 IPv6 协议，只有少数终端或者网络仍使用 IPv4 协议时，就可以考虑采用首部转换技术。例如，当发送端使用 IPv6 协议，但接收端仍然只能识别 IPv4 协议时，隧道技术显然已经无法工作，而采用首部转换技术却是一种简便有效的解决办法。

首部转换技术的实现思路：在接收端将 IPv6 数据报的报头转换为 IPv4 报头；反之，亦然。IPv6 报头与 IPv4 报头之间的转换规则如下：

(1) 提取 IPv6 的 128 位地址中的最右边 32 位，并将其转变为 IPv4 地址；

(2) 丢弃 IPv6 报头中的业务类型字段，设置 IPv4 报头中的服务类型字段值为 0；

(3) 丢弃 IPv6 报头中的流标签字段；

(4) 将 IPv6 报头中的扩展字段转换为 IPv4 报头中的扩展选项，并填充到 IPv4 报头中；

(5) 计算 IPv4 报头长度，并将此值填充到报头长度字段中；

(6) 计算 IPv4 数据报的总长度，并将此值填充到报头数据报总长度字段中；

(7) 计算 IPv4 报头的校验和，并将此值填充到报头校验字段中。

7. IPv6 的特点和优势

与 IPv4 相比，IPv6 的优势主要包括：

(1) 地址容量充分扩展，由原来的 32 位扩充到 128 位，彻底解决了 IPv4 地址不足的问题；

(2) 支持分层地址结构，更易于寻址；

(3) 扩展支持组播地址和任播地址，使数据报可以发送给任何一个或一组节点；

(4) 大容量的地址空间能够实现无状态地址自动配置，使 IPv6 终端可以快速连接到网络上，无须人工配置，实现了真正的即插即用；

(5) 报头格式简化，减少了路由器对报头处理的开销，这对设计硬件报头处理的路由器十分有利；

(6) 报头的选项和基本首部分开，并且插入到基本首部与上层数据之间，省去了因为大多数的选项造成的路由器不必要的检查，简化和加快了路由选择过程；

(7) 加强了对扩展报头和选项部分的支持，除了让转发更加有效外，还对将来网络承载新的应用提供了充分的支持；

(8) 流标签的使用可以为数据报所属类型提供个性化的网络服务，并有效保障相关业务的服务质量，使得源端可以请求对分组进行特殊的处理；

(9) IPv6 把 IPSec 作为必备协议，保证了网络层端到端通信的完整性和机密性；

(10) IPv6 在移动网络和 QoS 传输保证方面也做了很多改进。

可以这么说，IPv6 为互联网换上了一个简捷、高效的引擎，不仅可以解决 IPv4 地址短缺的问题，而且可以使互联网摆脱日益复杂、难以管理和控制的局面，从而变得更加稳定、可靠、高效和安全。

2.3　传输层 TCP 和 UDP

2.3.1　TCP

1. TCP 的提出和发展

1) TCP 的提出

最初，ARPAnet 使用的 NCP 实质上是一个设备驱动程序，不能使不同类型的计算机和不同类型的操作系统连接起来。另外，NCP 没有纠错功能，无法保证可靠的通信传输。

为了实现不同结构、不同操作系统终端之间的互联互通和可靠传输，曾经设计 NCP 的 Kahn 和 Cerf，于 1973 年提出了新型的传输控制协议——TCP。这个 TCP 并不是现在所指的 TCP，但它是现代 TCP 发展的开始。

通过使用验证，大家发现这种 TCP 存在数据报纠错上的问题。为了明确协议的分工，修正协议存在的问题，并为以后协议的更新提供便利，Kahn 和 Cerf 两人将 TCP 一分为二，一个专门负责数据报在网络上的传输，取名为 IP；而另一个则负责数据的可靠传输，取名为 TCP。这个负责数据可靠传输的 TCP，就是通常所指的 TCP[23]。

与其他网络协议方案相比，TCP/IP 的优越性能逐渐体现出来，并被 Unix 系统采用。由于 TCP/IP 具有良好的跨平台特性，经过实验人员对 TCP/IP 的改进，将其移植到了互联网的前身——ARPAnet 中，并于 1983 年 1 月 1 日正式规定连入 ARPAnet 的计算机都必须采用 TCP/IP。从此以后，TCP/IP 取代了 ARPAnet 最初使用的 NCP。

随着 ARPAnet 逐渐发展成为目前的互联网，TCP 也就成为目前互联网中使用最广泛的传输控制协议。根据 MCI 的统计，在互联网中总字节数的95%和总数据报数的90%以上都是通过 TCP 实现端到端的可靠传输。

2) TCP-Tahoe 协议版本

早期的 TCP 只有基于窗口的流控制机制，并没有拥塞控制机制。这种接收端管理发送端数据发送的流控制机制主要是为了防止接收端可用数据缓存空间的溢出。

这种流控制机制是一种局部控制机制，参与者仅是发送端和接收端，也只考虑了接收端的接收能力，忽略了网络的传输和承受能力。当网络中存在大量的报文时，路由和交换节点的数据处理负担就会增大。当所传输的数据量超过网络节点的承受能力时，数据就会拥堵在一起，导致网络整体性能明显下降，即网络拥塞[24-26]。

显而易见，网络产生拥塞的根本原因在于终端提供给网络的负载大于网络的容量和处理能力。当网络发生拥塞时，数据传输的端到端时延会急剧增加。与此同时，大量的分组数据会被丢弃。这些都直接导致了端到端的业务吞吐量下降。严重时，网络还会出现拥塞崩溃的现象。1986 年 10 月，就是由于网络出现了拥塞崩溃，美国劳伦斯伯克利国家实验室(Lawrence Berkeley National Laboratory, LBL)到加州大学伯克利分校(University of California, Berkeley, UC Berkeley)的数据吞吐量从 32kbits/s 跌落到了 40bits/s。

1988 年初，Jacobson 在 TCP 上开发了带有拥塞控制机制的新型 TCP 版本。运行在终端上的拥塞控制机制，使得网络发生拥塞时，TCP 执行数据发送速率的回退算法，也就是发送端会对网络发出的拥塞指示(如丢包、重复的应答等)做出降低数据发送速率的响应。这种拥塞控制机制注重的是网络的整体性能，属于一种全局控制机制。

这种拥塞控制机制仅仅是在发现丢失后进行简单的流量控制，没有考虑 TCP 连接初期以及传输过程中如何避免拥塞的发生。

在随后的研究中，Jacobson 发现 TCP 报文段(TCP segment)的丢失有两种原因：报文段的损坏和网络拥塞。

对于地面互联网来说，由于主要采用有线传输介质，不易出现报文段损坏的情况。因此，网络拥塞成了报文段丢失的主要原因。

Jacobson 对 TCP 中的拥塞控制机制又进行了改进，并于 1988 年提出了慢启动(slow start)、拥塞避免(congestion avoidance)和快速重传(fast retransmit)算法。自此，TCP 中的拥塞控制机制不仅考虑了连接初始阶段的数据传输流量控制，而且也考虑了传输过程中的流量控制。这种具有比较完备的拥塞控制机制的 TCP 版本，取名为 TCP-Tahoe[27-28]。

TCP-Tahoe 主要通过重传计时器是否超时和是否收到重复确认应答信息这两种丢包监测机制来判断是否发生数据丢失，并以此为依据启动拥塞控制机制。

3) TCP-Reno 协议版本

为了避免网络拥塞不严重时慢启动策略过度减小发送窗口值,造成 TCP 吞吐量过低的现象出现,1990 年提出了 TCP-Reno 协议版本[29-30]。

TCP-Reno 是在 TCP-Tahoe 版本基础上的改进版本,即增加了快速恢复(fast recovery)策略。它与 TCP-Tahoe 的主要区别在于:在执行完快速重传策略之后,并不马上返回到慢启动阶段,而是进入快速恢复阶段。因此,避免了每次重传导致数据发送窗口回退到初始值的情况发生。加上在 TCP-Tahoe 中的 3 个控制策略,TCP-Reno 协议的拥塞控制机制主要由慢启动策略、拥塞避免策略、快速重传策略和快速恢复策略 4 个核心策略构成[31]。

由于 1990 年以后互联网飞速发展,TCP-Reno 也被迅速推广,到目前为止,互联网中使用最广泛的 TCP 版本便是 TCP-Reno。

4) TCP-NewReno 协议版本

为了进一步提高协议吞吐量,解决在 1 个发送窗口中出现多个数据段丢失时,数据发送速率下降过快的问题,又提出了 TCP-NewReno 协议[31-33]。

此协议修改了 TCP-Reno 中的快速恢复策略,即当 1 个发送窗口中出现多个数据丢失时,数据发送端并不是重复地启动快速重传和快速恢复策略,而是停留在快速恢复阶段。当完成所有丢失数据的重传后,协议才退出快速恢复阶段,并进入拥塞避免阶段。

5) TCP-SACK 协议版本

为了进一步提升协议性能,解决当 1 个发送窗口中多个数据段丢失后,TCP 必须重传此窗口中所有数据段的问题,1994 年提出了选择性应答(selective acknowledgement,SACK)机制。SACK 机制并不是取代原有的确认应答机制,而是作为可选机制增加到 TCP-Reno 和 TCP-NewReno 协议版本上,也就出现了 TCP-Reno SACK 和 TCP-NewReno SACK 协议版本,统称为 TCP-SACK[34-35]。

TCP-SACK 可以在 1 个应答数据段中包含多个丢失数据段的信息。因此,发送端可以只重传丢失数据段,避免了不必要的数据重传,减少了端到端的数据传输时间,提高了整个网络的资源利用率。

和 TCP-Reno 与 TCP-NewReno 一样,TCP-SACK 逐渐被大家所接受,并嵌入到 Windows、Unix 等系统中。

6) TCP-Vegas 协议版本

在畅通的网络中,TCP 传输信息的时间短,ACK(acknowledgment)信息的回传时间也非常短。相反,在负载较重的网络中,TCP 传输信息的时间就会增加,ACK 信息的回传时间也会延长。这就是说,TCP 的数据段发送返回时间(round-trip time,RTT)与网络运行状况之间存在一定的联系,RTT 的变化在某种程度上反映了当前网络的数据负荷状况。

基于上述思想，Brakmo 等于 1994 年提出了一种新的 TCP 版本——TCP-Vegas[36-37]。其基本工作原理：若 RTT 值增大，则认为网络出现拥塞，于是减小拥塞窗口值；若 RTT 值减小，则认为网络拥塞解除，于是增加拥塞窗口值。这样，拥塞窗口在理想情况下就会稳定在一个合适的值上，端到端的数据传输也就维持在一个相对平稳的速率上。

由于 TCP-Vegas 协议版本出现较晚，并且改变了 TCP 应答驱动的传输控制思想，对原有 TCP 改动较大，一直没有得到广泛应用。

20 世纪 70 年代初问世以来，通过研究人员几十年的努力，TCP 得到不断的改进和完善，先后出现了 TCP-Tahoe、TCP-Reno、TCP-NewReno、TCP-SACK 和 TCP-Vegas 等版本。目前，在互联网中应用最广泛的是 TCP-Reno 和 TCP-NewReno。另外，TCP-SACK 也已经作为可选方案植入到终端中。

随着互联网的不断发展和壮大，TCP 的应用还会更加广泛，应用的范畴还会不断扩大。同时，针对不同网络环境和应用需求，特别是在无线、卫星和具有不同 QoS 应用需求的网络环境下，TCP 还会出现很多问题和不足，TCP 的改进和完善工作还会继续进行下去。

2. TCP 格式

对于 IP 来说，TCP 属于上层协议。如图 2-15 所示，TCP 在 IP 数据报的 IP 数据段内。在 IP 数据报的报头中，对应 TCP 的上层协议标识字段值为 6(表 2-1)[5,7]。

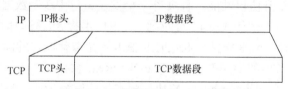

图 2-15　IP 数据报中的 TCP 封装

TCP 的数据封装格式如图 2-16 所示，包括源端口号、目的端口号、序列号、确认号、头长度、保留、标识、窗口大小、校验和、紧急指针、选项和数据段等字段。除了数据段外，其他字段统称为 TCP 头。

TCP 头中各个字段的具体含义和功能如下：

1) 源端口号

源端口号长度为 16bits，说明 TCP 数据段的发送方通信进程端口号。

2) 目的端口号

目的端口号长度为 16bits，说明 TCP 数据段的接收方通信进程端口号。知道源端口号和目的端口号与 IPv4 报头中源 IP 地址和目的 IP 地址，就可以唯一确定 1 个 TCP 连接。

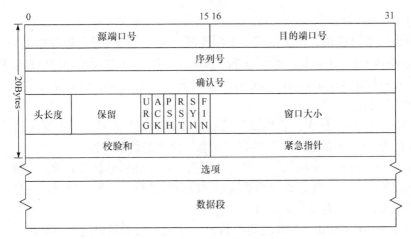

图 2-16　TCP 的数据封装格式

3) 序列号

序列号长度为 32bits，用来标识 TCP 发送端向 TCP 接收端发送数据字节流的序列号。序列号是指本次 TCP 连接发送数据的偏移量，是初始序列号加上此报文段中第 1 个字节在整个数据流中的序列号。可以看出，序列号是以字节为单位，而且整个数据中的所有字节均有对应的序列号。由于 TCP 为应用层提供的是全双工通信服务，这意味着数据能在两个方向上独立传输。因此，连接的每一端必须保持每个方向上传输数据的序列号到达 $2^{32}-1$ 后又从 0 开始。

TCP 头中的序列号保证了发送数据流的顺序，在 TCP 的可靠数据传输中起着重要作用。

4) 确认号

确认号长度为 32bits，与序列号对应，用来表示 TCP 接收端希望接收的下 1 个 TCP 数据段的起始字节序列号。由于确认号表示发送确认的一端希望收到的下 1 个字节的序列号，因此确认号应当是在已成功接收数据字节的序列号上增加 1。只有当 TCP 头中标识字段的 ACK 位为 1 时，确认号字段的数值才有意义。

5) 头长度

头长度为 4bits，表示 TCP 头的长度。头长度的计算是以 32 位二进制数为 1 个计数单位，即若头长度为 24 字节，则头长度的值为 6。一般情况下，TCP 头没有变长的选项字段，这样头长度为 20 字节，因此通常头长度的值为 5。由于头长度为 4bits，所以 TCP 头的最大长度为 60 字节。

6) 保留

保留长度为 6bits，保留字段为将来定义 TCP 新功能时使用。此字段数值必须为 0。

7) 标识

标识长度为 6bits，每 1 位代表 1 项控制功能，分别为紧急指针标识(urgent，URG)、确认号标识(ACK)、推操作标识(push，PSH)、连接复位标识(reset，RST)、同步序列号标识(synchronize，SYN)、连接终止标识(finish，FIN)等。这些标识的具体含义如下：

URG——用来标识紧急指针字段是否有效，置 1 为有效，否则无效。URG 位置 1 标志 TCP 数据段中存在具有"紧急"含义的数据内容。

ACK——用来标识确认号字段是否有效，置 1 表示确认号有效，否则无效。若此标识位为 0，则 TCP 头中的确认号字段应被忽略。一般情况下，一旦 1 个连接建立起来，ACK 标识位总为 1。

PSH——用来标识推操作是否有效，置 1 表示要对数据进行推操作。一般情况下，TCP 要等到数据缓冲区满时才发送数据段。若数据发送端进行推操作，则 TCP 必须立即发送数据段，而不用关心数据缓冲区是否填满；同样，当数据接收端收到 PSH 位为 1 的 TCP 数据段时，则必须立即将此数据段上传给应用进程。

RST——用来标识由于终端崩溃或其他原因而出现错误时的连接，也可以用来表示非法的数据段或拒绝连接的请求，置 1 有效，否则无效。一般情况下，产生并发送一个 RST 置位的 TCP 报文段的一端总是发生某种错误或操作无法正常进行下去。例如，当源端请求建立连接的目标端口上没有服务进程时，目标端产生 1 个 RST 置位的 TCP 报文，或当连接的一端非正常终止时，也会产生 1 个 RST 置位的报文。

SYN——用来标识是否进行新的 TCP 连接，置 1 为有效，否则无效。当有 1 个新的 TCP 连接请求时，发起连接请求的 TCP 头中的 SYN 位置为 1，其他情况的数据传输 SYN 均为 0。

FIN——用来标识 1 个 TCP 连接是否终止，置 1 为有效，否则无效。当 TCP 连接的一端需要结束连接时，则发送 FIN 位为 1 的 TCP 报文以告知 TCP 连接的另一端。

8) 窗口大小

窗口大小长度为 16bits，用来说明接收端的数据接收能力，在实际操作中表示 TCP 接收数据可用缓冲区的字节大小。由于窗口大小字段数值的计算起始于确认号值，所以当连接的一方通过窗口大小字段通知对方当前的接收能力后，对方的窗口控制应以累计发送而未得到确认的数据量不能超过窗口大小字段值为准。由于缓冲区的可用空间是不断变化的，所以窗口大小字段的值也会不断改变。另外，窗口大小字段为 16bits，可表示的最大能力一般为 65535 字节。若要提供更大的传输窗口，可通过设置 TCP 头部的扩展选项来实现。

9) 校验和

校验和长度为 16bits，用于进行差错校验。此字段的功能虽然与 IP 报头中的报头校验功能类似，但两者有明显区别。TCP 头中的校验和字段不是仅对 TCP 头的校验，而是对整个 TCP 报文段的校验。此字段属于强制字段，是保证数据可靠传输的重要环节，必须由发送端计算填入，并由接收端验证。

在对 TCP 校验和字段进行计算时，除了包含 TCP 头部和 TCP 数据段外，还包含了一个 12 字节长的伪头部(pseudo header)。这个伪头部是为了在差错校验时可以把更多信息包含进去而附加上的。如图 2-17 所示，伪头部的构成包括：源 IP 地址、目的 IP 地址、填充、协议和 TCP 报文长度等字段。源 IP 地址和目的 IP 地址都是 32 位长，包含了 TCP 报文发送和接收的终端 IP 地址。目前，TCP 伪头部中的 IP 地址仍以 IPv4 的格式为依据。若采用 IPv6，则这两个字段的长度还会变化。填充字段长度为 8 位，只是为了将伪头部补足 16 位的整数倍，在校验时数值为 0。协议字段长度为 8 位，数值为 6，代表 TCP。TCP 报文长度字段长度为 16 位，表示包括 TCP 头和数据段的实际传输的 TCP 报文总长度。

图 2-17　TCP 伪头部

TCP 校验和的具体计算方法：首先，构造 TCP 伪头部；其次，将 TCP 报文连接在 TCP 伪头部之后，设置校验和字段为 0；再次，将整个报文长度补足为 16 位的整数倍(与伪头部中填充字段的作用相同)，补充部分填充为 0；从次，按照 IP 报头校验字段的计算方法，计算校验和字段的值并填入校验和字段；最后，去除伪头部和填充部分，传输 TCP 报文。

目的端在收到 TCP 报文后，同样要构造 TCP 伪头部，并按照上述方法计算校验和。

10) 紧急指针

紧急指针长度为 16bits，只有当标识字段中的 URG 标识位为 1 时，此字段才生效。紧急指针的字段值是"紧急"数据在 TCP 数据段中的偏移位置，即"紧急"数据的最后 1 个字节相对于该数据段起始的位置。若将此值与 TCP 头部中的序列号相加，则得到"紧急"数据最后 1 个字节在本次 TCP 连接的数据流中的序列号。在有些具体实现中，紧急指针指向的是最后 1 个字节的下 1 个字节位置。

TCP 虽然提供了这种"紧急"方式，但 TCP 仅负责告知接收端"紧急"数据处于数据流中的位置，而不对"紧急"数据做更多的工作，对于"紧急"数据的定义和处理方式则由上层的应用进程来决定。

11) 选项

选项长度不固定，为 TCP 提供一些额外的功能。如图 2-18 所示，选项字段中的每条选项大概包括 3 部分：选项类型、选项长度和选项值。其中，选项类型和选项长度分别占 1 个字节，选项值长度不固定。选项长度表示 1 条选项的总长度。

选项类型	选项长度	选项值

图 2-18　TCP 选项格式

目前，已经定义的 TCP 选项及其说明如表 2-4 所示。其中，选项结束和无操作两条选项仅有选项类型和选项长度两部分，长度占 1 字节；SACK 启动选项也仅有选项类型和选项长度两部分，长度占 2 字节。

表 2-4　TCP 选项及其说明

名称	选项类型	选项长度	选项值	说明
选项结束	0	字节	—	选项结束标志
无操作	1	字节	—	用于补足不足 4 字节长度的选项
最大报文长度	2	4 字节	默认值为 536，以太网不超过 1460	目的是限制另一端发送 TCP 报文中数据段的最大长度
窗口扩展因子	3	3 字节	取值范围为 0～14	用于扩展最大接收窗口值
SACK 启动	4	2 字节	—	用于启动 SACK 应答机制
SACK	5	可变	数据块左边界和数据块右边界	用于确认非连续、已成功接收的 TCP 数据段
时间戳	8	10 字节	时间戳值	用于计算 TCP 报文的 RTT

最大报文长度(maximum segment size，MSS)选项，是目前最常用的选项，仅在建立连接时(SYN = 1)使用，在 RFC-793 文档中规范说明。

窗口扩展因子选项，只在建立连接的 TCP 报文中使用。在连接建立过程中，两个方向的扩展因子值可以不同，但在连接建立后，每个方向的扩展因子值不再改变。若取值为 0，则表示没有扩展窗口的操作，最大接收窗口值为 65535；若取值为 14，则表示接收窗口值为 $65535×2^{14}$。一般是主动建立连接的一端首先发送这条选项，被动建立连接的一端在收到带有这个选项的报文后，回传此选项。若主动建立连接的一端发送了一个非零的窗口扩展因子选项，却没有收到窗口扩展因子选项，则此选项失效。此选项在 RFC-1323 文档中规范说明。

SACK 启动选项，只在建立连接的 TCP 报文中使用，在 RFC-2018 文档中规范说明。

SACK 选项，在设置 SACK 启动选项之后生效。在使用 SACK 应答机制之前，接收端仅能确认收到连续数据的最新确认号。启用 SACK 应答机制后，接收端可继续使用 ACK 确认号进行确认，也可以确认收到的其他非相邻数据块。这样，当传输中丢失 1 个或多个数据段时，接收端可以通过使用 SACK 选项确切通知发送端已经成功接收了哪些 TCP 数据段。因此，发送端可以有选择地重传丢失的 TCP 数据段，无须重发已成功收到的数据段。以下举例说明具体的选项操作：若接收端收到序列号为 5972841 之前的数据段，也收到了 5972844 到 5972849 之间的数据段，接收端就可以发送 1 个带 SACK 选项的 ACK 报文，其确认号为 5972841，SACK 选项的长度为 10，数据块左边界为 5972844，数据块右边界为 45972849。此选项和 SACK 启动选项一起在 RFC-2018 文档中规范说明。

时间戳选项，由发送端启动。发送端在要发送的 TCP 报头增加时间戳选项，并记录发送报文的时刻，接收端在确认应答报文中返回这个数值。包含这个选项的 TCP 头部长度会从正常的 20 字节增加到 32 字节(包括 TCP 头部的 20 字节、时间戳选项的 10 字节和无操作的 2 字节)。此选项在 RFC-1323 文档中规范说明。

除了以上字段外，TCP 还会在 TCP 头的最后增加 1 个无意义的填充字段，其值为 0。其目的就是保证 TCP 头的长度满足 32 位整数倍的要求。对于无选项的 TCP 头来说，其长度为 20 个字节，满足长度要求，所以不用增加填充字段。

3. TCP 的基本原理

TCP 是一个面向连接的传输控制协议，提供了一种面向连接、可靠的字节流服务。

IP 是一个面向无连接的网络层协议，TCP 要在无连接的协议上建立连接，实现面向连接的数据传输。实际上就是在源端和目的端之间建立一条逻辑连接，使源端和目的端在数据传输过程中彼此达成某种共识，相互可以识别对方及其传输的数据。TCP 层内部表现为一些缓冲区和一组传输控制机制，外部表现为具有高可靠性的数据传输。因此，TCP 通信双方在正式交互数据之前建立连接，结束数据传输时关闭连接。在数据传输过程中，为了保证数据传输的正确、可靠和稳定，TCP 采用超时重传、流量控制和数据确认、重排乱序数据、计算校验和等机制。

TCP 的规程、状态变化以及协议采用的相应动作，如图 2-19 所示[5]。

图 2-19 描述了 TCP 从连接请求到数据传输，再到连接拆除等各个不同状态的变化，以及各个状态的相互关系、条件触发和状态变化过程中的数据发送和接收。

从图 2-19 可以看出，TCP 包括了 3 个主要阶段，即连接建立阶段、数据传输阶段和连接关闭阶段。TCP 的连接建立需要"三次握手"来实现；TCP 连接建立完成后，进入 ESTABLISHED 状态，进行正常的数据传输；TCP 连接关闭包括发送 FIN 和接收相应的 ACK，由于 TCP 连接是全双工的，每个方向必须单独关闭，这样完全关闭 1 个 TCP 连接就需要"握手"四次。

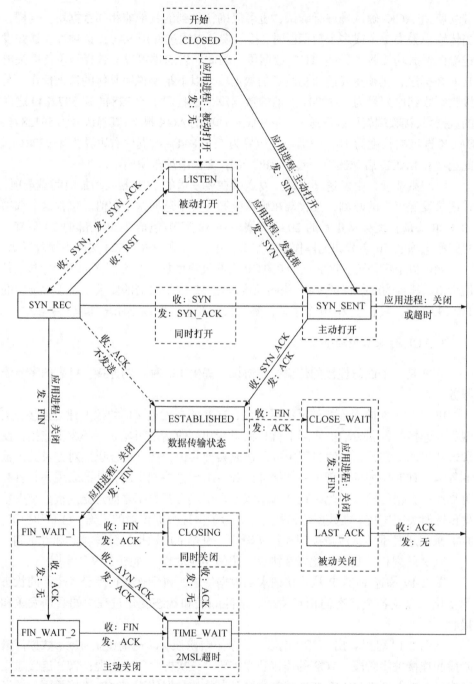

图 2-19 TCP 状态图

实线箭头：客户的正常状态变迁；虚线箭头：服务器的正常状态变迁；应用进程：应用执行某种操作时发生的
状态变迁；收：收到 TCP 报文时的状态变迁；发：为了某个状态变迁所发送的 TCP 报文

其中，在 TCP 连接建立成功后，即进入 ESTABLISHED 阶段。TCP 会采用滑动窗口、慢启动、拥塞回避、快速重传、快速恢复等传输控制机制实现对信息的流量控制，在尽量降低网络拥塞和信息重传可能的前提下，实现信息传输吞吐量的最大化。

1) TCP 的连接建立

在互联网中有两个要进行通信的 IP 终端，一般情况下，总是其中的一个终端提出通信的请求(一般称为客户端)，另一个终端被动地响应(一般称为服务器端)。如果传输层使用 TCP，则通信双方首先要建立连接。这条连接的建立，TCP 采用"三次握手"的方式实现。"三次握手"就是通信双方要交换 3 次报文才能完成连接的建立。如图 2-20 所示，1 个正常 TCP 连接建立的具体流程包括如下几个步骤：

(1) 第一次握手。

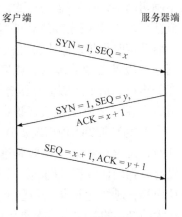

图 2-20　TCP 的连接建立

当客户端 TCP 接收到来自应用层的建立连接请求，TCP 向服务器端发送 1 个请求建立连接的 TCP 报文。此报文 TCP 头中设置的源端口号和目的端口号，表明了对应此次连接的双方端口。TCP 头中设置了序列号字段的初始值 x，并将标识字段中的 SYN 位置为 1。为了避免不同连接的序列号重复而造成数据传输紊乱，初始序列号的值是由 1 个随时间变化的计数器在建立连接时刻取值确定。

(2) 第二次握手。

服务器端收到建立连接的请求报文后，发送 1 个确认应答报文。和第一次握手一样，TCP 头中的序列号字段设置初始值 y。同时，设置确认号字段值为 $x+1$，并将标识字段中的 SYN 位置为 1。

(3) 第三次握手。

客户端收到服务器端传来的应答报文后，向服务器端发送确认应答报文。应答报文头的序列号字段值在第一次握手时 x 值的基础上增加 1，即 $x+1$，并将确认号设为 $y+1$。在发送确认应答报文的同时，客户端的 TCP 通知应用层进程，表明 TCP 连接已经成功建立。

通过以上"三次握手"的连接建立交互，两个 IP 终端之间就成功建立了 1 条 TCP 连接，相互知道对方的哪个进程在与自己通信，通信时对方传输数据的序列号应该是多少。连接建立后通信双方可以相互传输数据，并且双方的地位是平等的。建立连接过程中，传输的 3 个 TCP 报文只有 TCP 头，并不包含数据段。

以上是 TCP 连接建立的最基本过程和基本参数配置。在很多情况下，TCP

在连接建立过程中还会增加一些扩展选项，并在建立过程中得到确认，主要包括最大报文长度、窗口扩展因子、SACK 启动等。对于最大报文长度选项来说，每一方发送的最大报文长度值都是说明本方需要接收的 TCP 报文长度，若双方的最大长度值不同，则以较小的值作为双向传输的报文最大长度。

以上所述的是连接建立阶段的正常交互过程。但是，网络和终端都存在很多不确定因素，连接建立过程中往往会因为这些不确定的因素导致连接失败。以下概括介绍 TCP 在连接建立过程中出现异常的处理方式：①握手报文丢失，则 TCP 会启动定时重传机制重传连接请求报文；②若服务器端链路中断，客户端无法得到来自服务器端的确认，则客户端将会启动定时重传机制重传连接请求报文；③若客户端请求的服务在服务器端没有对应的端口提供，则服务器端以 1 个复位报文应答，即 TCP 报头标识字段中的 RST 位置为 1，终止此次连接。

上述①和②两种情况提到的定时重传机制的基本操作：发送请求报文后开始计时，大约 6s 后若没有收到确认应答，则重传请求报文，并重新计时；若 24s 后没有收到确认应答，则继续重传请求报文，并重新计时；若 45s 后仍没有收到确认应答，则终止重传，并通知应用进程。这样，从发送请求报文到最后放弃连接，在大约 75s 的时间内 2 次重传请求报文。

2) TCP 的连接拆除

对于全双工的 TCP 来说，一旦建立了连接，通信过程中的两个终端都可以发送数据。任何一方在完成数据的发送后，无须关心另一方的数据传输状态，就可以提出关闭连接的请求。这意味着虽然一方关闭了连接，但由于另一方的数据还没有传送完毕，双向传输的 TCP 连接并没有完全拆除，关闭连接的一方仍能够接收数据并发送确认应答数据。直到另一方也完成了数据传输，整个 TCP 连接就可以完全拆除了。

这种半关闭的连接拆除方式实际上要经过"四次握手"。仍假设首先发送请求报文的一端为客户端，如图 2-21 所示，TCP 连接拆除的具体操作流程如下。

(1) 第一次握手。

当客户端 TCP 接收到来自应用进程的终止连接请求，向服务器端发送 1 个请求终止连接的 TCP 报文。此报文 TCP 头序列号依照前 1 个 TCP 报文的编号顺序加 1，且标识字段中的 FIN 位置为 1。由于客户端主动发起终止连接请求，所以如图 2-19 中的左下部分所示，客户端为主动关闭并进入 FIN_WAIT_1 状态。

(2) 第二次握手。

当服务器端收到关闭连接的 TCP 请求报文，如图 2-19 的右下部分所示，服务器端进入被动关闭状态，向客户端发送 1 个确认应答报文。同时，TCP 向其上层通告，告诉此次连接的应用进程客户端已经终止了数据发送。当客户端接收到确认应答报文后，由 FIN_WAIT_1 状态进入到 FIN_WAIT_2 状态。至此，TCP 终

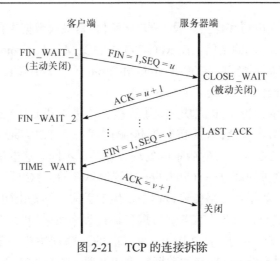

图 2-21　TCP 的连接拆除

止了一个方向的连接。客户端虽然结束了数据的传输，但仍能够接收数据并发送确认应答报文。

（3）第三次握手。

当服务器端的应用进程完成了向客户端的数据发送，便向其传输层 TCP 发出终止连接的命令。这时，TCP 从 CLOSE_WAIT 状态进入到 LAST_ACK 状态，并向客户端发送 1 个请求终止连接的 TCP 报文，TCP 头标识字段中的 FIN 位置为 1。

（4）第四次握手。

当客户端收到关闭连接的 TCP 请求报文后，客户端从 FIN_WAIT_2 状态进入到 TIME_WAIT 状态，并向服务器端发送 1 个确认应答报文。同时，TCP 向其上层通告，告诉此次连接的应用进程服务器端已经发送了终止连接的请求。当服务器端收到此应答报文，则关闭连接。至此，TCP 终止了另一方向的连接，整个 TCP 连接就此拆除。

以上描述的是通信双方异步申请终止连接的 TCP 处理过程。在实际应用中，通信双方往往会同时申请终止连接。这种情况下的 TCP 拆除连接方式与异步的处理方式相似。

为了确保 TCP 的连接拆除不会因为网络中某些异常情况的出现而导致失败和造成其他不良后果，TCP 在进入到 TIME_WAIT 状态之后，还采取了 1 个延时等待的处理措施，就是在发送了关闭连接的确认应答报文后，应答报文发送端还要等待一段时间，这是为了避免确认应答报文在传输过程中丢失后，关闭连接的请求报文重传却无法得到确认应答的情况发生。这样做还有另一个目的，就是 TCP 连接虽然已经拆除了，但为了避免造成 TCP 连接的混乱，直到超出了这个等待时间，具有相同连接特性(源端口、目的端口、源 IP 地址、目的 IP 地址四项完全相同)的连接才能够被申请和建立。设置的等待时长是最大数据生存时间(maximum segment lifetime，MSL)的 2 倍。在 RFC-793 中建议 MSL 为 2min，但在实际应用中，MSL 的取值却不固定，在 30s、1min 和 2min 三个值中选取一个[25]。

3) TCP 的数据传输

如图 2-19 所示，当 TCP 成功建立了连接，就进入到 ESTABLISHED 状态，通信双方开始传输有效数据。在数据传输过程中，TCP-Tahoe、TCP-Reno、TCP-NewReno 和 TCP-ACK 等版本的处理方式不尽相同。这也是 TCP 在发展变化过程中，不断改进的部分。TCP-Tahoe 协议版本开始，TCP 的设计就一直基于这样的一个思想：数据在网络传输过程中发生的丢失，均是由网络拥塞或者终端接收缓存溢出造成的。因此，TCP 在数据传输过程中所采用的控制机制，也都是以这个思想为依据。由于 TCP-Reno 在目前的互联网中应用最广泛，所以以 TCP-Reno 为例分析和研究 TCP 的数据传输和处理。如图 2-22 所示，TCP 主要采用了滑动窗口、慢启动、拥塞回避、快速重传和快速恢复等流量控制机制。其中，滑动窗口控制机制没有在图 2-22 中表现出来，这是因为滑动窗口控制机制贯穿于数据传输的各个阶段[27,29,31]。

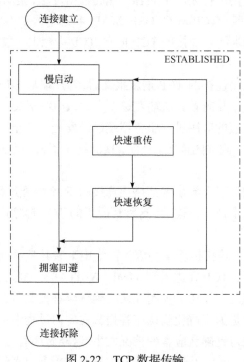

图 2-22　TCP 数据传输

(1) TCP 的确认应答。

TCP 的确认应答机制在保证数据可靠传输和流量控制中起着非常重要的作用。TCP 所采用的流量控制机制都与 TCP 的确认应答机制密不可分。

确认应答机制的基本思想：接收端接收到 TCP 报文后，发送应答报文，发送端通过应答报文的信息来确认数据是否得到正确接收，并以此重传丢失数据，以达到数据的可靠传输以及采取相应的流量控制机制。可以看出，TCP 是一种应答驱动类型的传输控制协议。

TCP 的确认应答报文如图 2-23 所示，标识字段的 ACK 位为 1，确认号字段的值为期望接收的下一个数据段的序列号值，同时根据当前接收缓存的大小设置窗口大小字段的值。由于没有数据的发送，因此序列号字段没有值，同时报文中没有数据段。

图 2-23　TCP 的确认应答报文

由于 TCP 连接往往是双向数据传输的，因此很多情况下带有应答功能的 TCP 报文还会携带发送的数据。这样，应答报文在图 2-23 的基础上增加数据段，并在序列号字段表明数据段的起始序列号。这种情况下，TCP 的应答报文和普通的报文没有区别。

TCP 的应答一般采用两种方式，即逐段应答和延迟应答。逐段应答就是接收端每成功接收到 1 个 TCP 报文，就立即发送 1 个 ACK 报文；延迟应答则是接收端在成功接收到 1 个 TCP 报文后，并不马上发送 ACK 报文，而是等待一段时间或者在接收到 n 个 TCP 报文后，发送 1 个 ACK 报文对以上连续收到的 n 个 TCP 报文进行一次性确认应答。目前，TCP 的默认配置采用延迟应答，其中，$n=2$ 或者延迟时间为 0.2s。

(2) TCP 的滑动窗口。

在数据发送过程中，TCP 采用了滑动窗口的传输控制机制。滑动窗口的具体工作流程以图 2-24 为例进行说明。

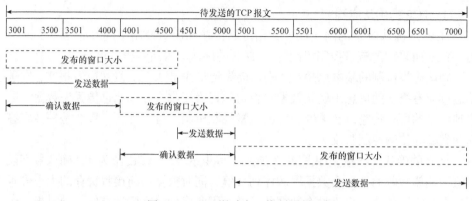

图 2-24　TCP 滑动窗口控制机制示例

数据发送端待发送的 TCP 数据从 3001 字节开始到 7000 字节，MSS 为 500 字节，因此一共分为 8 个 TCP 报文段。

当发送端收到 1 个 ACK 报文后，通过 TCP 报头的窗口大小字段得知目前接收端的接收缓存允许接收的数据量为 1500 字节，因此发送端发送涵盖 3001 字节至 4500 字节数据的 3 个 TCP 报文，并等待 ACK 报文。

当收到 ACK 报文后，通过 TCP 报头的确认号字段得知已有 2 个报文被成功接收，并通过窗口大小字段得知接收端的接收缓存允许接收的数据量为 1000 字节。由于发送端还没有获得第 3 个 TCP 报文是否接收的信息，所以发送端只能发送涵盖 4501 字节到 5000 字节的 1 个 TCP 报文。

当收到 ACK 报文后，通过 TCP 报头的确认号字段得知从 4001 字节到 5000 字节的 1 个报文已被成功接收，并通过窗口大小字段得知接收端的接收缓存允许接收的数据量为 2000 字节。由于发送的数据都已经得到了确认，所以发送端可以立即发送涵盖 5001 字节到 7000 字节的 4 个 TCP 报文。

可以看出，滑动窗口虽然表示的是接收端能够接收的数据量。但在具体执行时，发送端还要考虑已经发送但尚未得到确认的数据量。因此，如图 2-25(a)所示，发送端实际能够发送的数据量为接收窗口与尚未得到确认的数据量之差。虽然数据在 TCP 头中都是以字节为单位，但在实际的传输控制中，可以等价为报文段，图 2-25 就是以报文段为单位表示的。在本书的后续章节中都按照这种方式阐述，不再赘述。

如图 2-25(b)所示，发送端根据接收的 ACK 报文确定接收窗口大小和已经得到确认的报文段，并将接收窗口的起始滑动到尚未得到确认的报文段位置。窗口的终止则表示目前可以发送的报文段的最大值。以此类推，凡接收到 1 个 ACK 报文，则根据确认的报文段滑动接收窗口。

从上述分析可以看出，滑动窗口控制机制是从接收端控制发送数据的端到端流量控制机制，其目的是防止接收缓存的溢出而导致传输数据在接收端丢失。

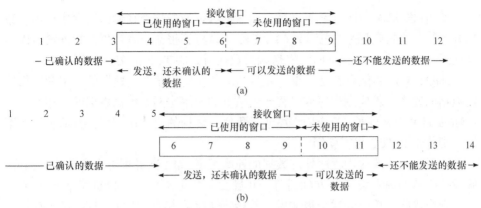

图 2-25　TCP 的滑动窗口控制机制

　　滑动窗口控制机制能够有效解决终端之间的数据传输溢出问题,但是又会引起一个比较严重的问题,即导致 TCP 的传输流量过小,网络资源利用率过低。这个问题通常称为"糊涂窗口症"。

　　实际上,这个问题的产生原因并不是滑动窗口自身的问题,而是与上层的应用程序直接相关。当发送端的应用程序或进程产生数据的速率很慢,或者接收端的应用程序或进程消耗数据的速率很慢,都会造成发送数据的 TCP 报文很短。例如,若发送端发送的 TCP 报文数据段只有 1 个字节的数据,这就意味着传送 1 个字节的数据,要发送的 IP 数据报的长度为 41 个字节(20 个字节的 TCP 头和 20 个字节的 IPv4 报头),数据传输的开销是 41/1,这无疑导致了网络资源的利用效率非常低。

　　如果 TCP 发送端的应用层产生数据的速率很慢,如每次只产生 1 个字节的数据信息。这样,应用层每次只能将 1 个字节的数据写入 TCP 发送端的缓存中。因此,TCP 发送端也就只能产生只包括 1 个字节数据信息的 TCP 报文,导致很多41 个字节的 IP 数据报在网络中传输。

　　很明显,要解决发送端引起的"糊涂窗口症"问题,防止 TCP 发送端逐个字节发送数据信息,提高网络资源的利用率,就应该使 TCP 发送端在接收到来自上层的数据时,并不马上发送数据,而是等待一段时间,当收集到足够长度的数据后,再封装成 TCP 报文发送出去。要实现上述想法,就要解决 TCP 等待时间长短的控制问题。如果等待的时间过长,就会使整个数据传输过程耗时很长;如果等待的时间不长,就可能导致"糊涂窗口症"没有有效解决。

　　目前,在解决发送端引起的"糊涂窗口症"问题上,Nagle 提出的解决方法非常简单和有效,其具体算法的实现包括以下 2 个步骤:

　　① 发送端接收到来自应用层的第 1 组数据段后,不论数据段的大小,立即封装成 TCP 报文并发送出去。

② 在发送第 1 个 TCP 报文后，后续的数据发送端都在输出缓存中积累的数据并等待。当接收到来自接收端的 ACK 确认应答报文或者积累的数据量可以封装成最大长度的 TCP 报文时，发送端将数据封装成 TCP 报文并发送。

Nagle 算法的优点就是简单，并且考虑了应用程序产生数据的速率和网络传输数据的速率。若应用程序或进程产生数据的速率比网络传输数据的速率快，则传输的 TCP 报文就长；若应用程序或进程产生数据的速率比网络传输数据的速率慢，则传输的 TCP 报文就短。

如果接收端的应用程序处理数据的速率很慢，如 1 次处理 1 个字节的数据量。假设接收端的输入缓存为 4000 字节，并且发送端发送了 1 个 4000 字节的 TCP 报文，则当接收端接收到这个报文后，其接收缓存被占满。因此，接收端会在发送的 ACK 报文中设置窗口大小字段值为 0，表示发送端必须停止发送数据。在接收应用程序从接收缓存中读取了第 1 个字节的数据后，接收缓存出现了 1 个字节的存储空间，接收端便会发送 1 个 ACK 报文，并在报文中设置窗口大小字段值为 1，表示接收端希望接收 1 个字节大小的数据。因此，发送端在接收到此 ACK 报文后，会发送数据段只有 1 个字节长度的 TCP 报文。如此下去，接收端的应用程序处理了 1 个字节的数据后，发送端才能发送 1 个字节长度数据段的 TCP 报文。

在解决接收端引起的这个问题方面，目前有 2 种较好的解决方法。

① Clark 方法：接收端接收到 TCP 报文后，就立即发送 ACK 报文。若接收缓存的空闲空间不够 TCP 报文最大长度或者不到整个缓存空间的一半，则 ACK 报文的窗口大小字段值设为 0，否则设置空闲空间的大小。

② 延迟确认方法：当接收到 TCP 报文时，接收端并不立即发送 ACK 确认应答报文，而是等待一段时间，直到接收缓存有足够的空闲空间才发送 ACK 确认应答报文。

以上这两种方法都能有效防止 TCP 发送端滑动它的发送窗口，当发送端发送完允许的数据量后就会停下来，从而避免了“糊涂窗口症”的发生。另外，Clark 方法会使接收端每接收 1 个报文就发送 ACK 确认应答，无形中增大了网络的数据流量；虽然延迟确认方法没有这个缺点，但有可能引起发送端的数据重传。为了防止发送端的数据重传问题出现，规定确认应答的延迟不能超过 500ms。

(3) TCP 的慢启动。

在收发两端实现 TCP 连接后，如图 2-22 所示，TCP 首先进入到数据发送的慢启动阶段。在此阶段，TCP 主要采用慢启动策略对流量进行控制。

慢启动策略是在不清楚网络状况的情况下，缓慢地提高数据发送速率来探测网络运行状态并确定网络可用流量的机制，其目的是减小 TCP 立即向网络发送大量数据，导致网络中的路由器和交换机缓存空间耗尽而产生网络拥塞的可能。

假设当新的 TCP 连接建立成功后，如图 2-26
所示，客户端与服务器端之间的数据传输为单向
传输，即客户端传输数据报文，服务器端返回应
答报文。在慢启动阶段的数据传输和应答过程如
下：客户端首先发送 1 个 TCP 报文，服务器端采
用逐段应答的方式，即收到报文后返回 1 个 ACK
报文；客户端收到第 1 个 ACK 报文后，紧接着发
送 2 个 TCP 报文；服务器端收到这 2 个 TCP 报文
后，立即返回 2 个 ACK 报文。以此类推，客户端
每收到 1 个表明成功接收数据的 ACK 报文后，就
提高数据的流量，数据流量的提升恰好是以 RTT
为周期的。

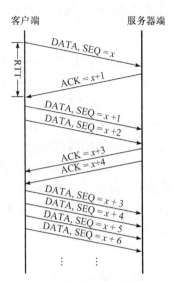

图 2-26　慢启动阶段的数据传输

图 2-26 的慢启动阶段的数据传输示例充分说
明了 TCP 的慢启动流量控制机制。在慢启动阶段，
TCP 主要通过拥塞窗口(congestion window, cwnd)
参数控制数据的发送速率。cwnd 的初始窗口(initial window, IW)值为 1 个 MSS
单位，即 1 个 TCP 报文。cwnd 的增长是以 MSS 为单位，就是数据发送端每接收
到 1 个 ACK 报文，就将 cwnd 值增加 1 个 MSS 单位，即 $cwnd = cwnd + MSS$。因
此，在第 1 个 RTT 之后，cwnd 值就会增加到 2 个 MSS；第 2 个 RTT 之后，cwnd
值就会增加到 4 个 MSS。这样，TCP 在慢启动阶段的数据流量实际上是由 ACK
报文驱动的"指数方式"增长。显而易见，要使 cwnd 值达到 W 个 MSS 单位值，
则需要 $\lceil RTT \cdot \log_2 W \rceil$ 长的时间。

以上都是假设 TCP 采用逐段应答的方式，若 TCP 采用延迟应答，则在接收
到第 1 个 TCP 报文的 0.2s 后，发送第 1 个 ACK 报文。因此，cwnd 的增加会延
迟 0.2s，要使 cwnd 值达到 W 个 MSS 单位值，则需要 $(\lceil RTT \cdot \log_2 W \rceil + 0.2)$s 时间。

除 cwnd 参数外，慢启动阶段的另外 1 个重要参数是慢启动门限(slow start
threshold, ssthresh)。ssthresh 是控制 TCP 慢启动阶段数据流量的上限值，即当 cwnd
达到了 ssthresh 之后，如图 2-22 所示，TCP 会从慢启动阶段转入到拥塞回避阶段。

通过上述的分析可以看出，慢启动控制机制是由应答驱动的。因此，慢启动
阶段的数据流量控制不仅与 ssthresh 和 RTT 有着密切关系，而且与接收端的应答
方式紧密相关。若采用逐段应答方式，发送端处于慢启动阶段的时间可以用式(2-1)
计算得出：

$$T_{ss} = RTT \cdot \log_2 ssthresh + 1 \tag{2-1}$$

若采用每 2 个 TCP 报文返回 1 个 ACK 报文的延迟应答方式，发送端处于慢

启动阶段的时间则可以通过式(2-2)计算得出：

$$T_{ss} = RTT \cdot \log_{1.5} ssthresh + 1 \qquad (2-2)$$

ssthresh 的初始参数值为最大发送窗口值(Win_{max})。一般情况下，Win_{max} 为 65535 字节，若考虑 TCP 选项中的扩展因子字段，则 Win_{max} 最大可达到 2^{30} 字节。但是，ssthresh 值并不是一成不变的，当网络出现拥塞时，作为对网络拥塞的响应，ssthresh 值会减小，具体的控制方式将在后续内容分析和介绍。

(4) TCP 的拥塞回避。

在 cwnd 达到 ssthresh 后，TCP 结束慢启动控制机制，启动拥塞回避控制机制并进入到拥塞回避阶段[38]。在拥塞回避阶段，cwnd 不再以"指数方式"增长，而是以"线性方式"增长，即每收到 1 个 ACK 报文，cwnd 就按照式(2-3)增加：

$$cwnd = cwnd + 1/cwnd \qquad (2-3)$$

cwnd 数值的变化示例如图 2-27 所示，客户端的 $cwnd_0$ 值为 4 并发送了 4 个 TCP 报文；服务器端每收到 1 个报文就返回 1 个 ACK 报文；客户端每收到 1 个 ACK 报文，其 cwnd 值就增加 $1/cwnd_0$ ，这样，$cwnd_1$、$cwnd_2$、$cwnd_3$ 和 $cwnd_4$ 分别为 4.25、4.5、4.75 和 5。cwnd 值从 4 增加到 5 正好经过了 1 个 RTT。

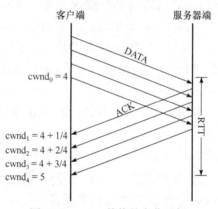

图 2-27　cwnd 数值的变化示例

上述示例可以看出，拥塞回避阶段 cwnd 值按照"线性方式"增长，即每经过 1 个 RTT，cwnd 就增加 1 个 MSS 单位。

上述分析都是基于逐段应答方式计算分析的。同慢启动机制一样，拥塞回避机制也受到应答方式的影响。如果采用每 2 个 TCP 报文返回 1 个 ACK 报文的延迟应答方式，则每经过 2 个 RTT 长度，cwnd 值才能增加 1 个 MSS 单位。

在拥塞回避阶段，cwnd 值并不会无限制增长，而是当其达到 Win_{max} 值后就不再增加，即数据发送速率保持不变。

(5) TCP 的快速重传和快速恢复。

前面所述的滑动窗口、慢启动和拥塞回避流量控制机制，都是为了避免数据在传输过程中丢失或乱序。快速重传和快速恢复则是当出现数据丢失或紊乱后的处理机制。

如图 2-22 所示，当 TCP 处于慢启动和拥塞回避阶段时，若所传输的数据出现了丢失或紊乱，则 TCP 进入到快速重传和快速恢复阶段。

顾名思义，快速重传机制负责重传丢失或乱序的数据，快速恢复机制则是负责在重传数据之后将 TCP 恢复到正常的数据传输状态。

假设客户端向服务器端发送数据，服务器端采用逐段应答的 ACK 方式。如图 2-28 所示，序列号为 2 的 TCP 报文在网络传输过程中发生差错而被丢弃。此时 TCP 的 cwnd 值为 8，ssthresh 值为 32，即 TCP 处于慢启动阶段，服务器端的接收窗口(rwnd)远大于 cwnd 值。服务器端在接收到序列号为 3 和 4 的 TCP 报文时，由于没有接收到序列号为 1 的报文，发送确认号为 2 的 ACK 报文。

如图 2-29 所示，客户端接收到对应序列号为 1、3、4 的报文的 ACK 报文时，每接收到 1 个应答报文，cwnd 值就增加 1。在接收到对应序列号为 4 的报文的 ACK 报文后，cwnd 值增加到 11。与此同时，服务器端不断收到来自客户端的报文，但由于没有接收到序列号为 2 的报文，所以每接收到 1 个报文，返回的 ACK 报文的确认号仍为 2。

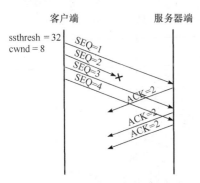

图 2-28　传输过程中出现数据丢失

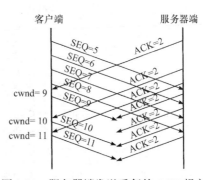

图 2-29　服务器端发送重复的 ACK 报文

如图 2-30 所示，客户端接收到对应序列号为 5 的报文的 ACK 报文，表示已接收到了第 4 个确认号为 2 的应答报文，即接收到了 3 个重复应答报文。此时，客户端重传序列号为 2 的 TCP 报文，并将 ssthresh 和 cwnd 的值分别设置为 5 和 8。客户端接收到对应序列号为 6 的报文的 ACK 报文，cwnd 值增加 1。以此类推，每接收 1 个新的应答报文，cwnd 值就增加 1。另外，将已发送还未得到应答的报文数量与已经更新的 cwnd 值比较。由于报文数量小于更新的 cwnd 值，所以开始发送新的 TCP 报文。例如，客户端接收到对应序列号为 6 的报文的 ACK 报文后，将 cwnd 的数值由 8 增加到 9，已发送还未得到应答的报文有 2、7、8、9、10、11 共 6 个报文，小于目前 cwnd 的值 9，因此开始发送序列号为 12 的新的 TCP 报文。

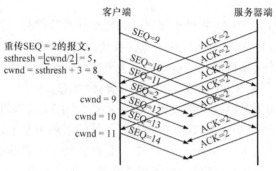

图 2-30　客户端重传丢失数据

如图 2-31 所示，客户端继续接收到重复的 ACK 报文，仍然按照前述的方式增加 cwnd 值，并继续将已发送还未得到应答的报文数量与已经更新的 cwnd 值进行比较，并发送新的 TCP 报文。服务器端在收到序列号为 2 的报文后，更新当前按顺序成功接收的报文序列号为 11。因此，发送 ACK 报文的确认号为 12。在这之后发送的 ACK 报文的确认号则逐一增加。

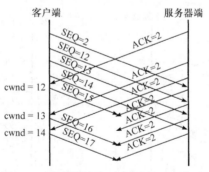

图 2-31　客户端接收到重复的 ACK 报文

如图 2-32 所示，客户端接收到确认号为 12 的 ACK 报文，表明重传序列号为 2 的报文已经被成功接收。此时，设置 cwnd 值为当前的 ssthresh 值，即 cwnd 值为 5。自开始重传 TCP 报文到接收到重传报文的确认应答，恰恰是 1 个 RTT 周期。

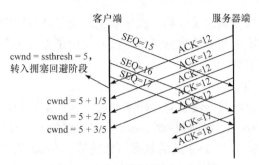

图 2-32　客户端恢复数据正常传输

由于 cwnd 与 ssthresh 的数值相等,根据拥塞回避的判断准则,客户端直接进入到拥塞回避阶段。因此,在接收到后续的 ACK 报文后,cwnd 的值只增加 1/cwnd。将已发送还未得到应答的报文数量与已经更新的 cwnd 值进行比较,由于已发送未得到应答的报文有 6 个,超过当前的 cwnd 值,因此不发送新的 TCP 报文。在此之后的数据传输,完全是前面拥塞回避阶段的数据传输方式。

从以上的例子可以看出,在传输过程中出现数据丢失或者紊乱后,TCP 会进入到快速重传和快速恢复状态,并执行一系列数据重传和参数设定的工作。在数据重传成功后,cwnd 值和 ssthresh 值都会减小。快速重传和快速恢复机制的原理归纳为以下几个步骤。

① 当接收到第 3 个重复的 ACK 报文后,重传丢失的 TCP 报文,并按照式(2-4)和式(2-5)计算 ssthresh 值和 cwnd 值:

$$ssthresh = min\{\lfloor cwnd / 2 \rfloor, \lfloor rwnd / 2 \rfloor\} \tag{2-4}$$

$$cwnd = ssthresh + 3 \tag{2-5}$$

② 每接收 1 个重复的 ACK 报文,cwnd 值就增加 1,如果更新的 cwnd 值大于已发送但还未得到应答的报文数量,则发送新的报文,否则不发送;

③ 当接收到确认重传报文的应答后,按照式(2-6),将 cwnd 值设置为 ssthresh 值:

$$cwnd = ssthresh \tag{2-6}$$

④ 由于 cwnd 值与 ssthresh 值相等,因此转入到拥塞回避阶段,执行拥塞回避控制机制;

⑤ 若发现还有数据丢失,则再次重复①至②的步骤。

以上分析可以得出:如不考虑接收窗口的限制,数据重传成功后,cwnd 值将变为重传之前的一半,TCP 的数据流量也因此降为数据丢失之前的一半。

值得注意的是,TCP 并不是在收到重复 ACK 报文后立即重传报文,而是在连续接收到 3 个重复 ACK 报文后才执行重传机制。这主要是考虑到 IP 数据报在网络中传输时,每个数据报的传输路径有可能不同,并且网络传输状态也在发生变化，往往会导致数据到达接收端的次序紊乱。为了减少由于轻微的次序紊乱造成发送端不必要的重传和降低数据流量，TCP 采用了连续 3 个重复应答的判断准则来触发快速重传策略。

(6) TCP 的拥塞窗口。

通过对数据传输阶段的慢启动、拥塞回避、快速重传和快速恢复等传输控制机制的分析，TCP 实际上是通过控制 cwnd 值实现对数据流量的控制。因此，cwnd 值的变化也直接反映了 TCP 所处的数据传输阶段。cwnd 值在各个传输阶段的变化如图 2-33 所示。

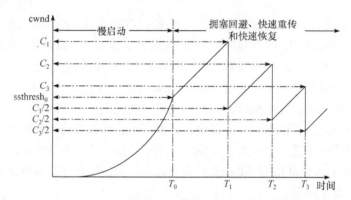

图 2-33　cwnd 值在各个传输阶段的变化示意图

自慢启动开始到 T_0 时刻，cwnd 值按照"指数方式"增长。由于在此期间没有数据丢失和发生紊乱，当 cwnd 值一直增长到 $ssthresh_0$ 时，TCP 进入到拥塞回避阶段。在 $T_0 \sim T_1$ 阶段，cwnd 值按照"线性方式"增长。在 T_1 时刻，由于有多个重复的 ACK 报文，TCP 由拥塞回避阶段进入到快速重传和快速恢复阶段，cwnd 值也因此改变为 cwnd = $C_1/2$。在此之后，TCP 又一次进入到拥塞回避阶段，cwnd 值按照"线性方式"增长。在 T_2 和 T_3 时刻，由于又出现了多个重复的 ACK 报文，cwnd 值分别于 T_2 和 T_3 时刻减为原来的一半。

(7) TCP 的超时处理。

前面分析的快速重传和快速恢复机制，都是针对 TCP 报文丢失或紊乱进行的流量处理。但在数据传输过程中，除了报文丢失，往往还会出现 ACK 报文迟迟不能到达发送端的情况。

TCP 的确认是对收到的字节流进行累计确认。接收端发送的 ACK 应答报文中头部的确认号表明了接收端希望接收的下 1 个字节的序列号，其含义就是在此之前的所有数据已成功收到，请发送端发送从确认号开始的数据。因此，如果 ACK 报文不能及时到达发送端，发送端就不能确定数据是否成功接收，新的数据也就不能正常发送。

　　依据 TCP 采用拥塞是数据丢失的唯一原因这个思想来判断，如果一直无法获知报文是否到达接收端，就意味着网络出现了比较严重的拥塞现象，大量数据在传输路径上由于拥堵而被丢弃。因此，对于这种情况，TCP 选择了比较"严厉"的流量控制机制，具体执行步骤如下：

　　① 根据 RTT 值设置重传超时(retransmission timeout，RTO)等待时间；

　　② 当发送端的等待时间超过 RTO，即出现报文传输等待超时，执行后续步骤；

　　③ 重传 TCP 报文，重新设置 RTO 值，等待 ACK 报文；

　　④ 若等待超过 RTO，则执行步骤③，若成功接收，则执行步骤⑤；

　　⑤ 将 ssthresh 值降为当前 cwnd 值的一半，cwnd 值则重新设置为初始值，即 1 个 TCP 报文，具体计算如式(2-7)和式(2-8)：

$$ssthresh = cwnd / 2 \qquad\qquad (2\text{-}7)$$

$$cwnd = 1 \qquad\qquad (2\text{-}8)$$

　　⑥ TCP 进入到慢启动阶段，开始执行慢启动控制机制。

　　不论当前的连接处于什么阶段(慢启动、拥塞回避)，一旦出现超时等待情况，TCP 都会回退到慢启动阶段。与 TCP 中的其他控制机制相比，cwnd 值下降得最快，传输速率下降也就最快。cwnd 和 ssthresh 在超时等待过程中的变化如图 2-34 所示。

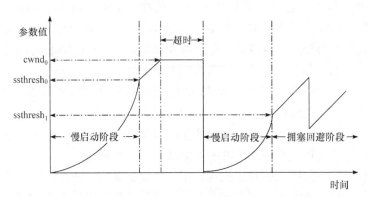

图 2-34　cwnd 和 ssthresh 在超时等待过程中的变化

　　实现超时重传的关键是超时重传策略，即怎样决定 RTO 和如何确定重发的频率。显然，使用固定的 RTO 有很大的不足之处。例如，局域网发送出去的数据可能在几个毫秒之内就可以到达目的端，如果 RTO 设得太大，则即使网络空闲也无法重传数据，网络的利用效率降低；而在广域网中，数据的传输需要较长的时间才能到达目的端，因而如果 RTO 设置太小，可能目的端发送的 ACK 确认应答报文还没有到达，就已经进行了数据的多次重传，造成网络中存在大量无用的 TCP 报文，不仅浪费网络资源，而且会影响网络中正常数据的传输。另外，一些突发的大量数据传输可能会引起网络的拥塞,使数据传输在某个阶段产生较大的延时。如果 RTO 不能根据网络状态的变化而改变,则会引起不必要的多次重传。

显然,TCP 在执行超时重传控制机制时,最主要的参数就是 RTO。如何计算 RTO,对于 TCP 的重传超时判断、TCP 的传输性能以及网络资源的利用率都有直接的影响。一个好的超时重传方案应该是 RTO 可以随网络的通信状况而自动调整,即 RTO 应具有一定的自适应性。TCP 所采用的 RTO 就是基于这样的思想,通过计算 RTT 值来不断调整 RTO 值。

发送端在发送 1 个 TCP 报文的同时启动 1 个定时器。当收到此报文的 ACK 确认应答报文后测量出本次传输的 RTT 值,然后根据式(2-9)计算出新的 RTT 加权平均值:

$$\overline{\mathrm{RTT}}_n = \alpha \cdot \overline{\mathrm{RTT}}_{n-1} + (1-\alpha) \cdot \mathrm{RTT}_n \tag{2-9}$$

再依据式(2-10)计算 RTO 值:

$$\mathrm{RTO}_n = \beta \cdot \overline{\mathrm{RTT}}_n \tag{2-10}$$

式中,α 和 β 都是加权因子,α 取值为 0~1。α 决定本次传输的 TCP 报文对 $\overline{\mathrm{RTT}}$ 的影响程度。α 接近 1 时,$\overline{\mathrm{RTT}}$ 主要由历史记录决定,RTT 测量值的波动对 $\overline{\mathrm{RTT}}$ 的影响较小;α 趋近 0 时,$\overline{\mathrm{RTT}}$ 则主要由当前的测量值决定,RTT 测量值的波动对 $\overline{\mathrm{RTT}}$ 的影响较大。β 的取值应大于 1,取值接近 1 时,RTO 比较小,虽然可以减少重传等待时间,但会增加不必要的重传可能;β 取值较大时,则 RTO 较大,虽然可以减少不必要的重传可能,但会因为等待时间过长而降低网络资源的利用率。α 和 β 这两个加权因子的推荐值分别为 0.9 和 2。

以上是 RFC-793 推荐的 RTO 计算方法。Jacobson 理论分析了这种 RTO 计算方法,并指出其问题所在:RFC-793 推荐的 RTO 计算方法在 RTT 大范围起伏波动时 $\overline{\mathrm{RTT}}$ 变动缓慢,不能及时、有效地跟踪网络的状态变化,最终导致大量不必要的数据重传。这种无谓的重传进一步加剧了网络的拥塞。

为了解决这个问题,Jacobson 提出了一个新的 RTO 计算方法,其思想就是 RTO 的计算不仅要考虑 RTT 的加权平均值,还要考虑 RTT 的方差。RTO 的计算为

$$\mathrm{Err} = \mathrm{RTT}_n - \overline{\mathrm{RTT}}_{n-1} \tag{2-11}$$

$$\overline{\mathrm{RTT}}_n = \overline{\mathrm{RTT}}_{n-1} + g \cdot \mathrm{Err} \tag{2-12}$$

$$D_n = D_{n-1} + h \cdot \left(\left| \mathrm{Err} \right| - D_{n-1} \right) \tag{2-13}$$

$$\mathrm{RTO}_n = \overline{\mathrm{RTT}}_n + 4 \cdot D_n \tag{2-14}$$

式中,Err 为 RTT 测量值与其加权平均值的差;D 为 $\overline{\mathrm{RTT}}$ 方差的加权平均值;$g = 1/8$;$h = 0.25$,h 值越大,RTO 随着 RTT 的变动就越快。下面分析介绍 Jacobson

算法的具体实现步骤。

① RTO 初始值的计算。$\overline{\text{RTT}}$ 和 D 的初始值分别设为 0 和 3s，RTO 的初始值按照式(2-15)计算得出：

$$\text{RTO}_0 = \overline{\text{RTT}}_0 + 2 \cdot D = 6\text{s} \tag{2-15}$$

这里需要注意：只有在计算 RTO 的初始值时，采用 2 倍的 D 值计算；之后的 RTO 的计算均采用 4 倍的 D 值计算。

② 第 1 个 ACK 报文的 RTO 计算。当发送端接收到对应第 1 个 TCP 报文的 ACK 报文后，$\overline{\text{RTT}}$ 和 D 的计算分别如式(2-16)和式(2-17)所示：

$$\overline{\text{RTT}}_1 = \text{RTT}_1 + 0.5 \tag{2-16}$$

$$D_1 = \overline{\text{RTT}}_1 / 2 \tag{2-17}$$

根据以上结果采用式(2-18)计算 RTO 值：

$$\text{RTO}_1 = \overline{\text{RTT}}_1 + 4 \cdot D_1 \tag{2-18}$$

③ 第 2 个 ACK 报文之后的 RTO 计算。从发送端接收到第 2 个 ACK 报文开始，RTO 的计算就按照 Jacobson 提出的算法实现。

4. 几种 TCP 版本的特点

TCP-Tahoe 提出以来，TCP 不断发展变化，提出的版本主要有 TCP-Tahoe、TCP-Reno、TCP-NewReno、TCP-SACK 和 TCP-Vegas[39]。

1) TCP-Tahoe

TCP-Tahoe 是 1988 年提出的，其他几种 TCP 版本都是在其基础上的发展和改进。如图 2-35 所示，TCP-Tahoe 包括了 3 个最基本的流量控制机制，分别是慢启动、拥塞回避和快速重传[27]。

与 TCP-Reno 相比，TCP-Tahoe 没有快速恢复机制。因此，不论是出现数据传输超时，还是接收到多个重复 ACK 报文，TCP 发送端都会降低 ssthresh 值，将 cwnd 设为初始值 1，并回退到慢启动阶段。

显而易见，TCP-Tahoe 没有区分网络拥塞处于什么程度，只是一味地减少数据传输流量，所以限制了协议吞吐量，降低了网络资源的利用率。

2) TCP-NewReno

当网络出现拥塞时，往往会造成多个 TCP 报文被丢弃。在 TCP-Reno 版本中，发送端成功重传 1 个丢失的 TCP 报文后，就退出快速恢复阶段。这样，当 1 个发送窗口中出现多个 TCP 报文丢失时，TCP-Reno 就会不断启用快速重传和快速恢复控制机制，cwnd 值和 ssthresh 值都会一遍一遍地减少。显而易见，多次按照"指数方式"降低 cwnd 值和 ssthresh 值，虽然可以有效地缓解网络负荷，但会造成数

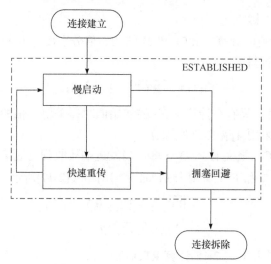

图 2-35　TCP-Tahoe 的数据传输

据流量的无谓下降，在降低 TCP 吞吐量的同时也造成了网络资源的浪费。

TCP-NewReno 则是在 TCP-Reno 的基础上，考虑了 1 个发送窗口内出现多个 TCP 报文丢失的情况，并修正了快速恢复控制机制，即只有当同 1 个发送窗口中的所有丢失报文都成功重传后，才退出快速恢复阶段[29,40]。具体的实现方法如下：

(1) 完成了 1 个丢失报文的重传后进入到快速恢复阶段，等待重传报文的 ACK 信息；

(2) 若有其他报文丢失，则继续重传丢失报文并停留在快速恢复阶段；

(3) 若没有其他报文丢失，则按照 TCP-Reno 中快速恢复的控制机制设置 cwnd 值和 ssthresh 值，并退出快速恢复阶段进入拥塞回避阶段。

3) TCP-SACK

TCP-SACK 可以分为 TCP-Reno SACK 和 TCP-NewReno SACK 两类，其核心思想是 ACK 报文可以包含多个成功传输的数据段区间。这样，TCP 发送端可以在接收到 1 个 ACK 报文后，获得多个 TCP 报文丢失的信息。因此，可以在 1 个 RTT 内连续重传多个丢失报文，缩短了整个数据重传和恢复的时间[33,41]。

4) TCP-Vegas

与其他版本相比，TCP-Vegas 不再把数据的丢失作为网络是否拥塞的判断条件，而是将 RTT 的变化作为度量尺度，即通过观察 RTT 的变化来判断网络的拥塞状况。如果 RTT 增长，则认为网络出现拥塞；反之，则认为网络通畅[36-37]。

TCP-Vegas 的具体实现方法如下：

(1) 慢启动阶段。

TCP-Vegas 采用一种更为谨慎的方法来增加窗口的大小，即每收到 2 个 ACK

应答确认报文, cwnd 值加 1。这就是说每经过 2 个 RTT, cwnd 值增长 1 倍, cwnd 值的增长速度仅为其他协议版本的一半。

除 cwnd 和 ssthresh 两个参数外, TCP-Vegas 还增加了另外 1 个重要参数: diff。 diff 的具体计算如式(2-19):

$$diff = (cwnd / base\_RTT - cwnd / RTT) \tag{2-19}$$

式中, base_RTT 为发送端观测到的最小 RTT 值; RTT 为当前观测到的往返路程时间。diff 可以理解为在网络中占用的缓冲大小。

当计算的 diff 值大于 1 个已经设定的门限值 λ 时, 则 TCP-Vegas 退出慢启动阶段进入到拥塞回避阶段。

(2) 拥塞回避阶段。

TCP-Vegas 在此阶段增加了 2 个参数, 分别为 α 和 β。α 取值较小, 表示连接占用的最小缓冲大小; β 取值较大, 表示连接占用的最大缓冲大小。在拥塞回避阶段, 每隔 1 个 RTT 计算 1 次 diff 值。当 diff 值小于 α 值时, 则在下 1 个 RTT 中将 cwnd 值增加 1; 当 diff 值大于 β 时, 则在下 1 个 RTT 中将 cwnd 值减少 1; 当 diff 值处于两者之间时, 则 cwnd 值保持不变。

(3) 数据丢失判断。

在数据丢失判断方面, 计算每个 TCP 报文的 RTT, 并将引发重传的重复 ACK 报文数量从 3 个减少到 1 个。当接收到重复的 ACK 报文时, 检查当前 RTT 是否超过门限值 λ, 若大于此门限值, 则认为有报文丢失。

TCP-Vegas 采用的这种数据丢失判断方法, 仅仅需要 1 个重复的 ACK 应答报文就可以判断是否需要重传丢失的 TCP 报文, 能够做出更快的响应。

(4) 数据的快速重传和快速恢复。

在判断有数据丢失后, TCP-Vegas 就立即重传相应的 TCP 报文, 而不必等到第 3 个重复的 ACK 报文到来。当接收到非重复的 ACK 报文时, 如果它是重发之后的第 1 或第 2 个确认, 那么 TCP-Vegas 将再次检测第 1 个未被确认 TCP 报文的发送时间和此时的时间间隔是否大于超时门限值 λ, 如果是, TCP-Vegas 则将重传该 TCP 报文。

在重复 ACK 报文之前发送的所有数据被确认后, 即所有丢失的数据已经重传成功, 则 cwnd 值恢复到报文丢失发生前的 3/4。

(5) 超时重传阶段。

和 TCP-Reno 一样, TCP-Vegas 在每发送 1 个 TCP 报文后或者接收到 1 个新的 ACK 报文后, 都会启动超时重传定时器。当等待应答的时间超过超时重传定时器设置的时间, 则 TCP-Vegas 进入超时重传阶段, 将 ssthresh 值设置为当前 cwnd 值的 3/4, 并将 cwnd 值设置为 2。

综合以上的分析，与其他的 TCP 版本相比，TCP-Vegas 主要做了以下改进：①采用了新的数据丢失判断机制，即接收 1 个重复 ACK 报文就启动超时判定程序，可以更加迅速地检测到网络拥塞的发生；②在慢启动阶段采用了更加谨慎的方式来增加窗口大小，减少了不必要的报文丢失；③改进了拥塞回避阶段的窗口调整算法，并非像其他 TCP 版本一样只有出现数据丢失才会减小 cwnd 值，而是根据 RTT 的变化灵活调节 cwnd 值的大小；④加速了 TCP 传输的恢复，不论在数据重传还是超时等待之后，cwnd 和 ssthresh 的值仅减小为原来的 3/4，缩短了传输恢复时间。

TCP-Vegas 也存在一些不足：与未使用 TCP-Vegas 的 TCP 连接相比，在竞争带宽方面存在严重的不公平现象。

2.3.2　UDP

1. UDP 格式

UDP 和 TCP 一样，也属于处于 IP 层上的传输层协议[5,8-9]。如图 2-36 所示，UDP 在 IP 数据段内。在 IP 数据报头中，对应 UDP 的上层协议标识字段值为 17[42]。

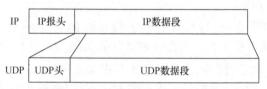

图 2-36　IP 数据报中的 UDP 封装

UDP 的数据封装格式如图 2-37 所示，包括：源端口号、目的端口号、UDP 长度、UDP 校验和等字段。除了数据段部分外，其他字段统称为 UDP 头。与 TCP 相比，UDP 头的长度非常短且固定，只有 8 个字节。而且，UDP 头包含的字段也很少，只有源端口号、目的端口号、UDP 长度和 UDP 校验和 4 个字段。另外，UDP 校验和字段属于可选字段。

图 2-37　UDP 的数据封装格式

UDP 头中各个字段的具体含义和功能如下：

1) 源端口号

源端口号长度为 16bits，表明发送端应用程序或进程端口号。若发送端的应用程序或进程不需要接收从接收端返回的数据，则可以设置源端口号为 0。

2) 目的端口号

目的端口号长度为 16bits，表明接收端应用程序或进程端口号。通过源端口号、目的端口号、IP 头中的源 IP 地址和目的 IP 地址这 4 个参数，可以唯一确定从源端到目的端的 UDP 连接。

因为端口号字段长度为 16 位，所以一共可以使用从 0～65535 的端口号。端口号在 0～1023 为知名端口号；端口号在 1024～49151 为注册端口号；端口号在 49152～65535 为动态端口号。这三类端口号的具体含义和用途如下：

知名端口号——分配给系统的主要服务和核心服务，表 2-5 列出了几个 UDP 的常用知名端口号；

注册端口号——分配给行业应用程序和进程，如端口号 1433 分配给了 Microsoft SQL Server 进程；

动态端口号——又称为短期端口号，用作某些连接的临时端口。

表 2-5　UDP 的常用知名端口号

UDP 端口号	说明
67	引导程序协议服务器端或 DHCP 服务器端
68	引导程序协议客户端或 DHCP 客户端
161	SNMP
162	简单网络管理协议陷阱
520	RIP

尽管 IANA 把 49152～65535 定义为动态端口号，但在实际应用中，一些 TCP/IP 系统却把这些端口号当作临时端口号使用。

在使用端口号时，有些情况下，客户端和服务器端进程的源端口号和目的端口号相同；有些情况下，客户端和服务器端进程(如 DHCP)的端口号各不相同；还有一些情况下，连接的客户端使用动态端口号，而服务器端使用知名端口号或者注册端口号。

大多数情况下，采用 UDP 或者 TCP 不同的传输层协议，但具有相同功能的应用程序或进程都用同一个端口号。但是在极少数情况下，UDP 和 TCP 端口号的服务对象会有不同。例如，UDP 端口 520 分配给 RIP，而 TCP 端口 520 分配给扩展文件服务进程。

3) UDP 长度

UDP 长度为 16bits，表示整个 UDP 数据封装字节长度，即包括 8 字节长度的 UDP 头和 UDP 数据段。例如，UDP 长度字段的值为 108 字节，则除去 UDP 头的 8 个字节，UDP 数据段的长度为 100 个字节。由于 UDP 长度字段为 16 位长，所以一个 UDP 报文的总长度最小值为 8，最大值不会超过 65535。

4) UDP 校验和

UDP 校验和长度为 16bits，用于差错校验。此字段与 TCP 头中的校验和字段作用相同，不仅校验 UDP 头，而且还校验数据段。UDP 校验和字段属于可选项，如果发送端为了提高 UDP 的工作效率，可以不计算该字段的值，将 UDP 校验和字段值设置为 0 即可。

与 TCP 校验和字段的计算方法相同，在对 UDP 的校验和字段进行计算时，除了包含 UDP 头部和 UDP 数据段外，还包含了 1 个 12 字节长的伪头部。如图 2-38 所示，UDP 伪头部的构成包括：源 IP 地址、目的 IP 地址、填充、协议和 UDP 报文长度等字段。源 IP 地址和目的 IP 地址都是 32 位长，包含了 UDP 报文的发送 IP 地址和接收 IP 地址。目前，UDP 伪头部中的 IP 地址仍以 IPv4 的格式为依据，若采用 IPv6 作为网络层的传输协议，则这两个字段的长度还会变化。填充字段长度为 8 位，只是为了将伪头部补足 16 位的整数倍，在校验时数值为 0。协议字段长度为 8 位，数值为 17，代表 UDP。UDP 报文长度字段长度为 16 位，表示包括 UDP 头和数据段的实际传输 UDP 报文总长度。

图 2-38　UDP 伪头部

UDP 校验和的具体计算方法：①构造 UDP 伪头部；②将 UDP 报文连接在 UDP 伪头部之后，设置校验和字段为 0；③将整个报文长度补足为 16 位的整数倍(与伪头部中的填充字段作用相同)，补充部分填充为 0；④按照 IP 报头校验字段的计算方法，计算 UDP 校验和值并填入校验和字段；⑤去除伪头部和填充部分，传输 UDP 报文。

目的端在收到 UDP 报文后，同样要构造 UDP 伪头部，并按照上述方法计算校验和。在计算时需要注意：如果校验和的计算结果为 0，则将此结果进行反码运算，得到全 1(即 65535)。这样计算是为了区别没有计算校验和时直接填入的 0 值。

从 UDP 的数据封装格式可以看出，UDP 对数据的封装非常简单，就是增加了端口号与校验和，然后就可以直接通过 IP 层进行传输了。因此 UDP 具有以下特点：①UDP 没有连接建立和连接拆除字段，UDP 不与远端的 UDP 模块保持端对端的连接；②UDP 没有应答字段，不能通过反馈的方式来保证数据的可靠传输，唯一的措施就是进行差错校验，如果发生差错，也只是简单地丢弃数据。

2. UDP 的基本原理

UDP 作为 TCP/IP 族中的重要组成部分，提供了一种面向无连接的、非可靠的字节流服务。最早规范 UDP 的国际标准文档是 1980 年发布的 RFC-768 文档[42]。

与 TCP 相比，UDP 非常简单，仅仅实现数据的发送。在数据传输过程中，UDP 不考虑网络的状态，也不关心接收端的状态，其工作过程包括以下 4 个步骤：

1) 信息的封装

从应用程序或进程的缓冲区接收产生的信息，将信息进行分段，针对应用程序或进程设置 UDP 头的源端口值、目的端口值，根据报文段长度和校验和要求设置 UDP 长度字段和校验和计算。

2) UDP 报文的发送

在执行完第 1 个步骤之后，将 UDP 报文传送给网络层。

3) UDP 报文的接收

网络层接收 IP 数据报，传输层提取 UDP 报文。

4) 信息的拆分

根据传输需求，对接收到的 UDP 报文进行校验和计算，提取报文中的数据段，并依据报头的目的端口值，将信息传送给上层对应的应用进程或程序。

以上工作过程可以看出：UDP 非常简单，仅负责传输层的数据传递；发送端没有发送缓存，只要有数据需要发送，就立即将数据封装并传递给网络层；不需要收发双方的连接建立，也不需要收发双方的连接拆除；不负责数据的可靠传输，没有数据的应答确认；差错校验仅是检查接收的数据是否出错，如果发生差错，则抛弃 UDP 报文，而无其他动作；不关心网络状态，不论传输路径是否存在、网络是否出现拥塞，都会执行数据的发送。

3. UDP 的特点

UDP 和 TCP 是互联网中传输层使用的两个主要协议。通过比较这两个协议，能够更清晰地理解 UDP 的特点。协议的具体区别如表 2-6 所示。

表 2-6　UDP 与 TCP 的区别

比较项目	TCP	UDP
连接的建立与拆除	有	无
数据传输效率	低	高

续表

比较项目	TCP	UDP
确认应答	有	无
流量控制	有	无
丢失报文的重传	有	无
协议复杂性	复杂	简单
发送端缓存	有	无
报文排序	有	无
重复报文的检测	有	无
校验和	有	可选
在低层被分片的情况	可能性小	可能性大
广播与多播	不支持	支持
适用场合	可靠性要求高，实时性要求低	可靠性要求低，实时性要求高

从表 2-6 可以得出，UDP 与 TCP 有着很大的区别，这些区别实际上是由以下几方面决定的。

1) 协议的连接属性

TCP 是面向连接的传输层协议，而 UDP 则属于面向无连接的协议。在具体协议的执行上，TCP 需要连接的建立和拆除过程，而 UDP 则无需这些过程，可以直接传输数据，这就会有数据虽然已经发出但接收端无法接收的可能。TCP 在连接建立阶段，收发双方可以相互通告各自的报文 MSS 值。这种方式可以减小TCP 报文在传输过程中报文过长而导致分段和切分的可能。UDP 则无法进行这样的工作，这也导致了 UDP 报文在传输过程中往往会被网络层或者链路层分段和切分。

2) 协议的数据传输属性

TCP 是保证数据可靠传输的协议，而 UDP 则没有这样的功能。在具体协议的执行上，TCP 需要检查所有传输的数据和 ACK，明确数据是否正确接收，同时还要对接收的数据进行排序，对于丢失的数据，TCP 还要负责数据的重传。因此，TCP 的发送端必须要有数据的发送缓存。对于 UDP 来说，仅仅负责数据的发送，并不负责数据是否能够安全到达接收端，在具体协议的执行上，UDP 只需要单方向的传输，没有数据的检查和反向 ACK，不需要对接收的数据排序，对于丢失的数据也不负责重传。因此，UDP 的发送端无需数据的发送缓存，这也说明 UDP 一次只能严格处理 1 个报文。

3) 协议的流量控制属性

TCP 在负责数据可靠传输的同时，不仅考虑了终端之间的数据传输接收能力，还考虑了网络在数据传输过程中的承受能力，据此控制数据的流量。在具体协议的执行上，TCP 采用滑动窗口的控制机制，实现接收端对发送端的流量控制，TCP 还采用了慢启动、拥塞回避、快速重传和快速恢复、等待超时等控制机制，实现了针对网络传输状态的流量控制。UDP 则不考虑接收方和网络的运行状态，只要有数据传输，就立即将其发送到网络上。在具体协议的执行上，UDP 只是简单地将数据封装和传输，没有针对终端和网络的流量控制机制。

4) 协议的多播属性

TCP 不仅是面向连接的传输协议，而且这种连接只能是一对一的连接。在具体协议的执行上，TCP 没有办法实现一对多的广播或者多播数据传输。对于面向无连接的 UDP 来说，就不存在这种限制。在具体协议的执行上，UDP 不仅可以实现一对一的数据传输，同时也支持一对多的广播和多播数据传输。

从表 2-6 和以上的分析可以看出：TCP 的设计比较复杂，通过连接的对话、窗口控制、检验排序、传输反馈等多种控制机制，在实现数据端到端可靠传输的同时，尽力保证网络的传输通畅；UDP 的设计相对比较简单，仅仅实现数据的快速传输，没有控制机制，数据在传输过程中几乎不做处理，收发双方的传输连接、数据的排序和重组、数据的校验和可靠传输，都需要应用程序或者进程负责完成。另外，TCP 的业务性能不会非常高，总是需要经过一定时间才能达到最大的吞吐量，并且业务传输的效率和网络资源的利用率也不会很高；UDP 在网络通畅的情况下，业务性能能够不受限制地达到最大，并且业务传输的效率和网络资源的利用率也会达到很高，一般比 TCP 的运行速度快 40%。

TCP 更加适合可靠性要求高，对延时和延时抖动的要求不高的业务传输，如电子邮件或者文件传输等业务；UDP 则更加适合于可靠性要求较低，延时和延时抖动都敏感的业务传输，如 DNS、交互式视频或话音、流媒体等业务。同时，对于向多个终端、节点传送相同数据的广播或者多播业务需求来说，UDP 也比 TCP 更加适合。

第 3 章 卫 星 通 信

20 世纪 40 年代提出利用人造地球卫星进行通信的设想，历经 20 年探索、试验，人造地球卫星投入使用。在随后几十年的技术研究和应用推广过程中，卫星通信获得了巨大的成功和长足发展。到目前为止，卫星通信已是人们普遍采用的通信手段，特别在特殊地区或者执行特殊任务时，卫星通信已经成为必然的选择。

从发展来看，不论是应用领域还是技术演进，卫星通信都已经步入成熟阶段。目前，占用各个频段、采用各种通信方式和各种用途的几千颗通信卫星，都时刻在为人们的工作、生活提供着服务。随着信息时代的到来，卫星通信还要为互联网中的各种业务提供传输服务。

本章研究讨论的主要内容：首先，从理论的提出、试验探索和应用发展等几方面介绍卫星通信的发展；其次，介绍卫星通信的基本概念，包括卫星通信的定义、工作频段和轨道划分；再次，从地面段、控制段和空间段三方面讨论卫星通信系统的组成；从次，介绍卫星通信系统的网络架构，并讨论卫星通信的网络接入技术；最后，通过与其他通信技术的对比，分析卫星通信的特点和不足。

3.1 卫星通信的发展

3.1.1 卫星通信的提出

英国空军雷达军官 Clarke 于 1945 年 10 月发表了著名的论文 *Extra-Terrestrial Relays*。论文首次揭示了人类使用人造卫星进行通信的可能性。如图 3-1 所示，他设想在一个特定的卫星轨道上，近似等间隔地分布 3 颗人造卫星，实现与地球的同步旋转。他还设想在卫星上安装定向天线，通过发射无线电或光波束将这些卫星连接起来，构成一个卫星星座系统。Clarke 所提出的卫星相对于地面位置不变，这也就是所说的同步地球轨道(geostationary earth orbit，GEO)卫星。从图 3-1 可以看出，3 颗同步卫星的通信范围非常大，几乎覆盖了地球表面。虽然 3 颗卫星的覆盖范围有重叠的部分，也有无法覆盖到的极小区域(中间三角形区域)，但可以实现地球绝大部分区域的直线通信，所以利用它们可以实现接近覆盖全球的双向通信和广播通信。

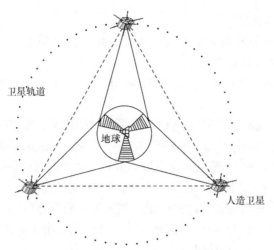

图 3-1　利用 3 颗人造卫星实现全球通信的设想

3.1.2　最初的太空通信试验

通过构建卫星实现全球通信的设想一经提出，就引起了广泛的注意，随即发达国家开始了试验探索。

最早的研究试验并不是要实现卫星通信，而是从实践的角度证实卫星通信的可行性。1946 年，美国开始向月球发射雷达信号，并尝试接收从月球表面反射的回波。这次尝试并不是完整意义上的通信试验，世界上第一次太空通信试验应是 1954 年美国开展的试验。美国海军研究所利用月球作为天然无源反射中继站，成功建立了地球—月球—地球的空间话音通信链路。在试验成功之后，美国于 1955 年在华盛顿和夏威夷之间建立了跨越大陆的通信业务。

这种利用月球表面将信号简单反射而实现的远距离通信，虽然存在很大的问题，如回波信号太弱、延时很长、提供通信时间短、带宽窄、干扰和信号失真都很大，没有进一步深入探索研究的价值，但试验的成功证明了在太空构建卫星网络实现全球通信的设想是完全可以实现的。

3.1.3　卫星的试验探索

20 世纪 50 年代，发达国家在火箭、导弹等航天领域的技术已经发展到了相当高的水平。根据当时航天技术的发展水平，1954 年召开的国际地球物理会议建议有关国家于 1957 年至 1958 年间发射卫星。

这个时期正好是世界两大阵营之间的冷战时期，美国和苏联都早已认识到了太空技术在军事上的重要性。由此，两个超级大国便开始了发射卫星的竞争，开启了人类探索人造通信卫星的时代。

1) 第一颗卫星的诞生

美国于 1955 年宣布将采用先锋号火箭发射卫星。然而，美国 1957 年的全球首次卫星发射却以失败宣告结束。

苏联抓紧时间研制卫星，并于 1957 年 10 月第一次将人造地球卫星送入太空轨道。

这颗取名为"Sputnik"的人造地球卫星，结构简单，即将两个铝合金制半球体对接而成，直径 58cm、约 84kg，环绕地球一圈约需 96min，距离地球表面 215～947km，轨道倾角为 65°，是超低轨道微小卫星。星上通信设备简单，工作在短波 20MHz 和 40MHz 频段上，星上有 4 个 2.4～2.9m 长的天线。实际上，这颗卫星的发射目的并不是进行通信，而是测量大气密度和研究地球电离层特性。星上没有太阳能电池等维持运行的设备，因此在运行 21 天后，由于能源耗尽而停止工作，在环绕地球 92 天后，卫星坠毁。

与现在动辄几吨、功能强大的卫星相比，此卫星显得简陋很多，其功能也仅仅是向地球发回间断的"哺哺"声，但这颗卫星确定了卫星的基本结构，为以后的卫星设计和建造奠定了基础。

2) 国家之间的竞争

苏联卫星发射的成功，极大地刺激了美国。美国迅速组建了国家航空航天局(National Aeronautics and Space Administration, NASA)，加速其在卫星方面的研究。与此同时，为应对太空领域危机，美国组建了 DARPA，并在之后建立了 ARPAnet，为互联网的起步和发展奠定了基础。

1958 年 1 月，美国弹道导弹研究中心采用丘比特 C 型火箭，成功发射了名为探险者1号的卫星。卫星质量为 13.97kg，运行周期为 114.8min，轨道高度为 360.4～2531.4km，轨道倾角为 33.34°，是低轨道微小卫星。其任务是测量宇宙射线、流星和卫星自身的温度等。

在成功发射探险者 1 号卫星后，美国军方不断加快卫星技术研究。截至 20世纪 60 年代中期，先后成功发射了多颗创造世界纪录的卫星，列举如下：

(1) 1958 年 12 月，世界上第一颗军事试验性通信卫星斯科尔发射成功；

(2) 1959 年 2 月，世界上第一颗试验性照相侦察卫星发现者 1 号卫星发射成功；

(3) 1960 年 4 月，世界上第一颗军民合用的气象卫星泰罗斯 1 号卫星发射成功；

(4) 1960 年 4 月，世界上第一颗导航试验卫星子午仪 1B 号卫星发射成功；

(5) 1960 年 10 月，世界上第一颗无线电传输型照相侦察卫星萨莫斯发射成功；

(6) 1961 年 7 月，世界上第一颗预警卫星麦达斯 3 号卫星发射成功；

(7) 1962 年 10 月，世界上第一颗专用测地卫星安娜 1B 号卫星发射成功；

(8) 1963 年 10 月,世界上第一颗核爆探测卫星维拉发射成功;

(9) 1963 年 12 月,世界上第一颗实用导航卫星子午仪 5B-2 号卫星发射成功;

(10) 1965 年 1 月,世界上第一颗实用性军用气象卫星布洛克 1 号卫星发射成功。

虽然苏联最早实现了卫星的发射,但美国在卫星领域的研究和取得的成绩,使得美国在卫星及其应用技术的综合水平一直处于世界领先位置。

除了世界上第一颗卫星之外,苏联于 1967 年 12 月 27 日成功发射了世界上第一颗试验性海洋监视卫星宇宙 198 号。

在两个超级大国的带动下,包括我国在内的世界多个国家开始了卫星的研究和探索,部分国家发射的第一颗卫星情况如表 3-1 所示。

表 3-1 部分国家发射的第一颗卫星情况

国家	卫星	日期	质量/kg	高度/km	倾角/(°)	周期/min	目的
法国	A-1	1965.11.26	42	526.2~1808.8	34.24	108.61	试验火箭性能
日本	大隅号	1970.02.11	9.4	339~5138	31.07	144.2	试验火箭和卫星入轨
中国	东方红一号	1970.04.24	173	441~2368	68.44	114	测量卫星工程参数、探测空间环境、播放乐曲
英国	Prospero	1971.10.28	66	537~1482	82.1	105.6	试验太阳能电池等设备、测量宇宙尘埃
印度	Rohini	1980.07.18	40	306~919	44.8	96.9	测试火箭和卫星性能、监测地面测控系统
以色列	Ofeq-1	1988.09.19	155	250~1150	142.9	98.9	测量大气层、磁场、地球重力和空间技术试验

我国航天技术始于 20 世纪 50 年代后期。1958 年,发射人造卫星列入国家发展规划。1964 年,成功发射第一枚中程弹道导弹,为我国卫星发射奠定了基础。1965 年,开始实施第一颗人造卫星的工程研制。1970 年,中远程导弹发射成功。1970 年 4 月 24 日,长征一号运载火箭成功将我国研制的第一颗人造地球卫星东方红一号送入太空。东方红一号卫星如图 3-2 所示。

至此,我国成为世界上第五个具有设计和发射卫星能力的国家。

3.1.4 通信卫星的发展

各国在卫星领域的探索,特别是超级大国之间的空间竞赛,为通信卫星的迅速发展创造了非常好的条件。

图 3-2 东方红一号卫星

美国于 20 世纪 50 年代末就用阿特拉斯火箭发射了世界上第一颗军事试验性通信卫星——斯科尔。卫星质量为 68kg，轨道高度为 177～1480km，发射功率为 8W，射频为 150MHz，卫星播放了美国总统圣诞节祝词的录音。在工作 12 天后，卫星因电池能量耗尽而停止工作。

20 世纪 60 年代美国陆续发射了多颗试验性通信卫星。

1960 年，回声 1 号(Echo 1)卫星发射成功。严格地说，Echo 1 卫星实际上是一个用于信号反射的气球。Echo 1 体积巨大，由一个直径为 30 多米的塑料气球构成，其表面有一层铝膜，轨道高度大约为 1600km。由于 Echo 1 仅反射信号，需要地面发射强功率信号才能克服 180dB 的链路传播损耗。

1960 年，信使(COURIER)有源无线电中继卫星发射成功，此卫星可以接收和贮存 360000 个电传字符，并再转发回地球站，轨道高度为 965～1126km，功率为 3W，在轨运行了 17 天。

1962 年，Telstar Ⅰ卫星发射成功，工作频率为 4.16GHz，轨道高度为 1100～6480km。与 COURIER 卫星不同，此卫星是有源中继卫星，不再存储接收到的信号，而是直接转发给地面。通过卫星，美国成功进行了横跨大西洋的通信试验。由于卫星轨道处于范艾伦辐射带(环绕地球的带电粒子组成的高能粒子带，具有很强的电磁辐射)，所以卫星只工作了几个星期。

1962 年，中继号卫星发射成功，工作频率为 4.2/1.7GHz，轨道高度为 1500～8500km。卫星在美国、欧洲、南美洲之间进行了多次通信试验。

1963 年，Telstar Ⅱ卫星发射成功，工作频率为 4/6GHz，具有转发 1 路电视频道或者多个电话信道的能力，同时具有更强的抗电磁辐射能力。该卫星进行了大量美国、英国、法国、德国和日本之间的电话、电视、传真等通信试验。

1963 年，西福特铜针卫星发射成功。在进入高度为 3700km 的轨道后，将 4

亿根长 17.8mm、直径 0.017mm 的铜针均匀地撒在轨道上,在地球上空制造出了一条人工的"电离层",用来反射无线电信号。通过这个"电离层",成功进行了北美洲和大西洋的电话、传真、电视等信号传输试验。

1963 年 7 月开始,美国先后发射了 2 颗辛康姆(SYNCOM)卫星。其中,第 1 颗未能进入预定轨道,第 2 颗则被送入运行周期为 24h 的倾斜轨道。

1964 年 8 月,第 3 颗 SYNCOM 卫星发射成功。卫星位于东经 155°赤道上空,是世界上第一颗近似圆形静止同步地球轨道的卫星,标志着卫星技术的又一大突破。通过 SYNCOM 3 卫星,进行了电话、电视和传真试验,并实现了 1964 年东京奥林匹克运动会的实况转播。SYNCOM 3 卫星的成功发射,距 Clarke 提出构想还不到 20 年。

经过几年的研究探索,美国已经掌握了卫星通信的主要技术。为此,1966 年美国国防部(Department of Defense,DoD)制定了初级国防通信卫星计划,开始将通信卫星应用于军事目的[43]。

虽然卫星领域的探索最初是以军事为目的,但卫星所具备的独特优势,早已使人们看到了其在商业领域的发展空间,特别是卫星通信能够灵活方便地实现全球通信。因此,1961 年 Kennedy 提出了利用卫星开展商用通信服务的想法。1962 年,世界上第一个通信卫星商业公司——通信卫星公司(Communications Satellite Corporation,COMSAT)在美国成立。1964 年国际通信卫星组织(International Telecommunications Satellite Organization,INTELSAT)成立,并在一年后成功发射了世界上第一颗商用同步地球卫星晨鸟(Early Bird),又称 Intelsat-Ⅰ卫星。该卫星位于西经 35°赤道上空,功率为 40W,具有 480 个电话信道,能够为美国和欧洲地区之间提供 240 路电路交换的电话业务。

随后,INTELSAT 的卫星技术发展突飞猛进,接连发射了 Intelsat-Ⅱ和 Intelsat-Ⅲ同步地球卫星,并在短短 7 年的时间里,开发了 4 代 Intelsat 系列通信卫星。1971 年发射的 Intelsat-Ⅳ卫星具有 4000 个话音通路的电路交换能力。从此,INTELSAT 不断研制和发射新型通信卫星,到现在已经进行了十代 Intelsat 系列宽带多媒体卫星的研制和应用。

在美国的带动下,各国竞相研制和发射通信卫星,并开展了卫星通信业务的合作。到 20 世纪 90 年代末,部分国家和地区在卫星通信方面的工作如下。在 Early Bird 发射两周后,苏联成功发射了闪电(MOLNIYA)1 号通信卫星。卫星轨道为椭圆轨道,倾角为 65°,高度为 500~40000km,为其北方、西伯利亚、中亚地区提供电视、广播、传真和电话业务。

1966 年,INTELSAT 发射了第二代同步地球通信卫星——Intelsat-Ⅱ。该卫星具有多址通信能力,能够提供 240 路电路交换的电话业务。

1968 年,美国军方发射了 IES-6 试验卫星。

1969 年，美国发射了战术通信卫星——TACSAT-Ⅰ。该卫星能够提供 10000 条话音通路。

1969 年，INTELSAT 发射了第三代同步地球通信卫星——Intelsat-Ⅲ。该卫星能够提供 1200 条话音通路。

1971 年，INTELSAT 发射了第四代同步地球通信卫星——Intelsat-Ⅳ。该卫星具有 1 个全球波束天线和 2 个点波束天线，能够提供 4000 条话音通路。

1972 年，加拿大卫星通信公司发射了面向本国服务的区域性 ANIK-Ⅰ通信卫星，可以提供 5000 条话音通路。

1974 年，美国西联公司发射了 WESTAR 通信卫星。

1976~1982 年，3 颗用于移动通信的同步地球静止轨道卫星 Marisat 发射成功，1982 年国际海事卫星组织(the International Maritime Satellite Organization, Inmarsat)的第一代移动通信系统正式投入运营。

1990~1992 年，第二代 Inmarsat 移动通信系统的 4 颗同步地球静止轨道卫星相继发射成功，组成了覆盖三大洋的三大区域全球卫星移动通信网，为陆地、海洋和航空移动用户提供全方位服务。

1996~1998 年，第三代 Inmarsat 移动通信系统的 4 颗同步地球静止轨道卫星相继发射成功。与前两代的最大不同是，不仅有 1 个全球波束，还有 5 个点波束，提高了等效信号功率。

1996 年，美国与加拿大合作的 ORBCOMM 低轨星座移动通信系统投入运营。ORBCOMM 星座系统最初设计为 36 颗，分为 6 个轨道平面，无星际链路，采用处理转发器和单波束天线，可以提供寻呼、短数据、传真和定位等服务。

1998 年，铱星(Iridium)系统投入运营。该系统由 66 颗低地球轨道(low earth orbit，LEO)卫星组成，卫星轨道倾斜角度为 86.4°，轨道高度为 780km，运行周期为 100.5min，可视时间为 9min。星上有 48 条点波束，同时具有星间链路，星上采用电路交换方式，每条波束可提供 80 条全双工 2.4kbits/s 的话音服务。

1999 年，由 Loral 和 Qualcomm 公司联合开发的 Globalstar 低轨卫星通信系统投入运营。Globalstar 星座系统由 48 颗 LEO 卫星组成，轨道倾角为 52°，轨道高度为 1414km，运行周期为 113.8min，可覆盖北纬 70°~南纬 70°的地球表面。Globalstar 星座没有星际链路和星上基带处理功能，卫星波束为沿着卫星移动方向的长条形，以减少波束之间的切换，每颗卫星可提供 2800 路低速数字通信通道。

从 20 世纪 60 年代到 90 年代末，卫星通信的发展主要集中在同步地球卫星上。如表 3-2 所示，INTELSAT 开发的 Intelsat 系列卫星，已经从 1980 年发射的第五代迅速发展到了 1997 年发射的第八代。据不完全统计，人类已发射了几千颗卫星，位于静止轨道的卫星有 130 多颗，利用卫星通信的国家和地区有 170 多个，已建立 2000 多座卫星地球站和上百万以上的电视接收站。

表 3-2 Intelsat 系列卫星

Intelsat 系列	一代	二代	三代	四代	五代	六代	七代	八代
首次发射时间/年	1965	1966	1969	1971	1980	1989	1994	1997
质量/kg	68	86	293	1414	1928	4600	3300	3600
功率/W	40	75	134	480	1200	2250	3970	4800
频段	C	C	C	C	C、Ku	C、Ku	C、Ku	C、Ku
转发器数量/个	2	2	2	12	38	48	36	44
带宽/MHz	40	130	300	500	2144	3300	2600	2400
话音/条	240	240	1200	4000	12500	40000	90000	112500
电视通道/个	—	—	—	2	2	3	3	3

另外，在 20 世纪 90 年代末，随着地面移动通信的快速发展，卫星通信又有了新的发展，就是中、低轨道移动卫星通信。除了上述的 ORBCOMM、Iridium 和 Globalstar 等低轨星座系统外，还出现了多个中、低轨道星座系统方案。通信卫星正在向多元化方向发展，通信服务也更加广泛。

在 1970 年成功发射第一颗卫星之后，我国也积极开展卫星通信方面的研究和开发，截至 20 世纪 90 年代，我国的卫星通信研究历程如下。

1972 年，我国租用了 Intelsat-Ⅳ卫星，并在北京和上海建立了 4 座卫星地球站，从此开展了商业性国际卫星通信业务。

1975 年，我国第一个试验性卫星通信工程开始实施。

1976 年，我国加入了国际通信卫星组织，逐步建成了多座卫星地球站，先后利用法国、德国提供的交响乐卫星和国际 Intelsat-Ⅴ卫星进行了各种通信业务的传输试验，证明我国自行研制卫星地球站的主要技术性能达到了国际标准。

1984 年 1 月，长征三号运载火箭于西昌卫星发射基地发射卫星，但没有进入预定轨道。1984 年 4 月，成功发射了第一颗试验性同步地球通信卫星——东方红二号通信卫星，位于东经 125°赤道上空，2 个转发器，功率为 8W，工作频率为 6/4GHz 频段。在我国卫星通信的发展史上揭开了崭新的一页。

1986 年 2 月，成功发射了第二颗同步地球通信卫星——东方红二号，位于东经 103°赤道上空，在定点精度、通信容量和工作寿命等方面都比第一颗有明显的提高，有 4 个转发器，每个转发器的输出功率为 10W。通过这颗卫星，我国开通了北京至乌鲁木齐、昆明、拉萨 3 个方向的数字电话，并为新疆、西藏、云南等边远地区传送广播和电视节目。

1988 年 3 月，成功发射了一颗东方红二号甲同步地球通信卫星，位于东经 87.5°赤道上空。我国最早的中央电视节目传送，就是通过这颗卫星实现的。

1988 年 12 月，成功发射了中星二号同步地球通信卫星，位于东经 110.5°赤道上空。

1990 年 2 月，成功发射了中星三号同步地球通信卫星，位于东经 98°赤道上空。

1997 年 5 月，成功发射了东方红三号甲同步地球通信卫星，又名中星六号。该卫星位于东经 125°赤道上空，有 24 个 C 频段转发器，卫星波束可以覆盖 90% 以上的领土。

3.1.5　卫星通信的历程

从技术发展的演进来看，截至 20 世纪 90 年代，卫星通信的发展经历了 2 个主要阶段。

1. 卫星通信的试验阶段

从 1958 年起，大致截至 1964 年。这个阶段，卫星技术刚刚起步，卫星通信自然也处于尝试和探索过程中。在探索过程中，主要开展了 2 个方面的试验：无源卫星通信和有源卫星通信试验；中、低轨卫星通信和同步轨道卫星通信试验。

卫星通信的尝试，首先就是无源卫星通信试验。顾名思义，无源卫星就是对信号能量没有主动放大的功能，仅仅是信号的反射。以美国为例，先后利用月球、无源气球卫星、铜针无源偶极子带作为中继站，进行电话、电视信号传输等试验。1960 年发射的 Echo 1 卫星就属于这种类型的卫星。

由于信道干扰大、损耗高、反射效率低，要求地面设备信号发射功率大。同时信号质量差，不适合宽带通信，并要求地面设备接收灵敏度高。再加上卫星反射体面积大，容易受到流星的撞击。

试验证明，无源卫星通信的实用价值不大。之后，卫星通信转入有源卫星通信试验上，即卫星不再作为"镜面"反射信号，而是接收信号，放大并转发回地面。

有源卫星通信的尝试，首先开展的是中、低轨道有源卫星通信试验，包括如下 2 种类型：

1) 低轨道延迟式通信试验

世界上第一颗军事试验性通信卫星——斯科尔，就是采用延迟式通信方式。延迟式通信方式就是当卫星飞到某个地面站上空时，先接收地面站发送的信息(电话、电报)，当卫星飞到另一个地面站上空时，再将接收的信息转发给地面站。显然，卫星在不断重复"接收—记录—播放"的过程。1960 年美国发射的 COURIER 卫星也属于这种类型的卫星。

这种通信方式可以实现距离非常远(卫星不能同时覆盖)的地面站之间的通信，但要求星上具有巨大的信息存储空间，同时卫星的飞行高度不能过高，否则会导致一次信息的传递需要等待过长的时间。另外，延迟通信方式的致命问题是几乎不能实现地面站之间的实时信息交互。

2) 中、低轨道转发式通信试验

转发式通信方式就是卫星不再"记录"信息，而是在接收到信号后，立即进行信号的放大并转发给地面。美国 1962 年前后发射的 Telstar I 和中继号卫星都是这种类型的卫星。

试验证明，这种转发式通信方式可实现地面站之间的实时信息交互。但由于卫星轨道较低，通信时间很短。

在进行中、低轨道卫星通信试验的同时，火箭发射和测控技术也在不断提高，并开展了同步轨道卫星通信试验。1964 年 8 月发射的 SYNCOM 3 卫星标志着人类掌握了同步轨道卫星技术。至此，卫星通信早期的试验阶段也基本结束。

2. 卫星通信的实用和发展阶段

在掌握同步静止轨道卫星发射技术后，通过对各种轨道高度的有源通信卫星的试验对比，证明高轨道，特别是同步静止轨道对于远距离、大容量、高质量的通信极为有利。在随后的几十年里，卫星通信的发展主要集中在同步静止轨道卫星通信上，特别是在商业应用领域更是以惊人的速度发展。

到 20 世纪 90 年代，卫星通信已经遍布全球，并且卫星通信开始向多元化方向发展。除同步静止通信卫星外，中、低轨道通信卫星又开始受到重视。在 30 多年的发展过程中，卫星通信的发展变化可以归纳如下：

1) 卫星通信的初步应用

SYNCOM 3 同步地球卫星试验成功之后，美国军方正式开始了通信卫星在军事方面的应用。1965 年，INTELSAT 发射了 Early Bird 同步地球通信卫星，这也表明卫星通信技术开始应用于商业领域。

在 20 世纪 60 年代，INTELSAT 发射的同步地球通信卫星还有 Intelsat-II、Intelsat-III 等。一些国家相继建成了一批民用卫星地球站，初步构成了国际卫星通信网络，开始了国际卫星通信业务。

限于当时的技术条件，除了卫星寿命短、通信容量小、功率低外，地球站设备也十分庞大笨重，且耗资巨大，一般采用 30m 口径的大型天线、千瓦级行波管发射机、制冷参量放大器接收机等。

2) 卫星通信的区域服务

1972 年，加拿大发射了 ANIK-I 通信卫星，率先开展了国内卫星通信业务。这种专为某个地区提供通信服务的卫星通信模式，大大降低了地球站设备的耗资，使得地球站可以采用 21m、18m 甚至 10m 等较小口径天线、百瓦级行波管发射机和常温参量放大器接收机等。

另外, 20 世纪 70 年代末出现了专门面向海域的 Inmarsat 卫星移动通信系统, 通过大型岸上地球站的转接, 为海运船只提供通信服务。

将面向全球的卫星通信转向区域通信, 无疑增加了卫星的等效发射功率, 使地球站不再需要巨大的天线和功率, 成本大为下降, 获得了明显的经济效益。这种卫星通信应用模式很快就得到了推广, 从此卫星通信开始转向专为区域提供通信服务。

3) VSAT 卫星通信系统的应用

20 世纪 80 年代初, 微小口径终端(very small aperture terminal, VSAT)卫星通信系统问世, 卫星通信再一次进入突破性的发展阶段。

第一个民用 VSAT 系统是由美国赤道通信公司建成。系统使用 C 频段(6/4GHz), 并采用扩频技术以减少发送信号的功率密度。

VSAT 是集通信、计算机技术为一体的固态化、数字化、智能化小型无人值守地球站。通常情况下, C 频段的 VSAT 站的天线口径约为 3m, Ku 频段的天线口径为 1.8m、1.2m 或者更小。由于天线尺寸非常小, 可以建在楼顶或者车顶上, 投资少、周期短, 可随时安装和拆卸, 不用地面引接电路就可直接为用户服务。

VSAT 技术的出现, 为大量专业卫星通信网的发展创造了条件, 带动了各种专用卫星通信网的迅速发展。目前, 全世界已有上百万个 VSAT。VSAT 的出现使卫星通信走向普及, 是卫星通信发展的又一里程碑。

4) 全球个人移动通信的应用

20 世纪 90 年代末, 在通信、电子、航天等技术发展的推动下, 卫星移动通信发展十分迅速。除 80 年代已经投入运营的 Inmarsat 系统外, 还出现了多个卫星移动通信系统建设方案, 有几个系统已建成并提供商用。这些系统大体可分为 3 类: 第 1 类是 LEO 卫星移动通信系统, 如美国 Motorla 公司提出的 "铱" 系统、美国 Loral 和 Qualcomm 公司提出的 "全球星" (Globalstar)系统; 第 2 类是中地球轨道(medium earth orbit, MEO)卫星移动通信系统, 如全球个人卫星通信公司提出的中圆轨道(intermediate circular orbit, ICO)卫星移动通信系统; 第 3 类是 GEO 卫星移动通信系统, 如加拿大 TMI 与美国 AMSC 合作开发的北美 MSAT 系统和亚洲蜂窝卫星(asia cellular satellite, ACeS)系统。

这些移动卫星通信系统各有优缺点。中、低轨道移动卫星通信时延小, 易于实现手机通信, 可实现全球覆盖, 但需要十几颗、几十颗, 甚至数百颗卫星, 投资较大, 主要用于全球卫星移动通信。同步地球轨道卫星移动通信系统主要用于区域移动通信, 只需 1 颗卫星(最多再配 1 颗备份星)。因此, 无论是建网周期、发射费用, 还是整个系统造价, 都比前者小很多。区域同步地球轨道卫星移动通信系统不存在星际链接问题, 在网络控制上也比前者简单得多。其固有的问题是话音的时延长。

卫星移动通信系统的出现和发展开辟了全球个人移动通信的新纪元,加速了社会信息化进程。

以上介绍了卫星通信从起步到 20 世纪末的发展历程,可以看出卫星通信技术发展迅速,很多提出的设想在短短几十年里变成了现实。到 20 世纪末,卫星通信应用广泛,已经建立了上百个卫星通信系统,卫星通信系统种类繁多,可以按照卫星的覆盖范围、用户性质、通信制式、轨道高度、转发能力、基带信号体制、多址方式、通信业务和通信频段等来划分。下面列举几种常用的卫星通信系统分类方法:

(1) 按照卫星轨道划分,有 LEO、MEO、GEO 和高椭圆轨道(highly elliptical orbit,HEO)卫星通信系统;

(2) 按照覆盖范围划分,有国际卫星通信系统、国内卫星通信系统和区域卫星通信系统;

(3) 按照用户性质划分,有军事卫星通信系统、专用卫星通信系统和商用卫星通信系统;

(4) 按照业务性质划分,有固定业务卫星通信系统、移动业务卫星通信系统和广播业务卫星通信系统;

(5) 按照多址方式划分,有频分多址卫星通信系统、时分多址卫星通信系统、码分多址卫星通信系统和空分多址卫星通信系统。

3.2　卫星通信的基本概念

3.2.1　卫星通信的定义

卫星通信是指利用人造地球卫星作为中继站转发或反射无线电信号,实现地球表面(包括地面、海洋和大气等)2 个或多个无线电通信设备之间的通信[43-46]。用于实现通信目的的人造卫星称为通信卫星。

图 3-3 为卫星通信示意图,表示了在 1 颗通信卫星服务的区域内,各种通信设备通过卫星转发信号,实现相互间的通信。

由于通信卫星一般采用微波作为通信频段,所以卫星通信实际上是利用通信卫星作为中继站的一种特殊的微波中继通信。众所周知,微波频率很高,信号的传播为直线传播,所以对于卫星通信来说,1 颗卫星所能提供的通信服务对象,只能是能够被"看得见"的地面通信设备。

随着通信技术的不断发展和人类科学探索的不断深入,卫星通信不再局限于为地球表面的通信终端服务,进而拓展到了月球以及火星等超出地球范畴的通信服务。通信卫星使用的通信频率除了微波频段外,出现了利用激光的光波频段。

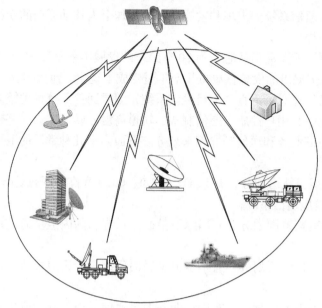

图 3-3　卫星通信示意图

另外，通信卫星也不再是简单地转发信息，还会对信息进行采集、处理，甚至成为通信终端。

3.2.2　卫星通信的工作频段

卫星通信属于无线通信。无线电波是一种电磁辐射，红外线、可见光、紫外线和 Y 射线均属此类。它们之间的不同之处是电波的频率。无线电频谱的划分如表 3-3 所示[47-48]。

表 3-3　　无线电频谱的划分

频率分配	频率范围 /Hz	波长范围/m	波长分配	应用
中频(MF)	300k～3M	100～1000	中波	AM 广播
高频(HF)	3～30M	10～100	短波	广播、通信
甚高频(VHF)	30～300M	1～10	超短波	FM 广播、电视
特高频(UHF)	300M～3G	1～0.1	微波	通信、广播、雷达
超高频(SHF)	3～30G	0.1～0.01		
极高频(EHF)	30～300G	0.01～0.001	毫米波	通信、广播、雷达

对于微波频段，又有更细致的划分，具体如表 3-4 所示。

表 3-4　微波频段的划分

命名	L	S	C	X	Ku	K	Ka
频率范围/GHz	1~2	2~4	4~8	8~12	12~18	18~26	26~40

选择合适的工作频段对于卫星通信非常重要，影响到整个通信系统的传输容量、质量、可靠性以及地面设备和卫星的发射功率，天线尺寸及设备的复杂程度等，还会影响与其他通信系统的协调。选择工作频段时，主要考虑的因素有天线系统接收的外界噪声要小；电波能够穿透大气层，传播损耗及其他损耗要小；设备质量要轻，耗电要小；可用频带要宽，满足通信容量需要；与其他无线通信系统(如微波中继通信系统、雷达系统等)之间的相互干扰要尽量小；能充分利用现有技术设备，便于与现有通信设备配合使用。

无线电波传播试验证实：波长处于微波范围的无线电波能够穿透大气层，而不会被电离层反射。而且，微波频率非常高，能够提供足够的通信带宽。另外，0.3~10GHz 频段的电波，大气损耗最小，有"无线电窗口"之称。在 30GHz 附近也有一个损耗低谷，通常称此频段为"半透明无线电窗口"。因此，选择工作频段时应考虑选在这些"窗口"附近。

综合以上，卫星通信的频率主要选择在微波频段中的 C、Ku、Ka 频段。1979 年世界无线电行政会议对卫星通信频率进行了分配，大致分配原则如下：

(1) 分配给同步地球轨道通信卫星的频率中，大约 3/5 分配给了固定通信业务，其余 2/5 分配给移动通信业务；

(2) 对于 L 频段的频率，主要分配给了各移动卫星(LEO、MEO)通信或特殊任务的卫星以及 GEO 卫星的运行控制。

目前，用于卫星通信的频段还在不断提高，已经有选择 EHF 频段的通信卫星出现。

3.2.3　卫星通信的轨道划分

由于卫星距离地球表面都非常远，近则近千公里，远则上万公里。卫星轨道高度的不同对卫星系统的影响非常大。因此，卫星的分类除了根据卫星的用途，还会根据卫星的轨道来划分。

目前，卫星轨道的高度主要分为 LEO、MEO、GEO 和 HEO。对于轨道的划分没有统一的界定，特别是 LEO 和 MEO 的轨道划分。不同类型卫星轨道位置如图 3-4 所示，按照相对于环绕地球辐射带的位置划分。

地球上空有两条辐射带，分布在地球上空的 1500~5000km 和 13000~20000km，并以赤道为中心延伸至地球南北纬的中纬度上空。这两条辐射带是带电粒子组成

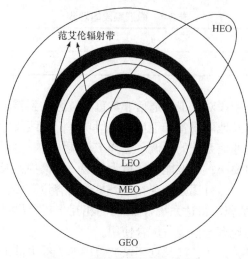

图 3-4　不同类型卫星轨道位置

的高能粒子带，具有很强的电磁辐射。由于这两条辐射带由范艾伦(Van Allen)首先发现，因此称为范艾伦辐射带。为了避免电磁辐射对卫星造成影响，在设计卫星轨道时，应尽量避开此辐射带。1962 年发射的 Telstar Ⅰ卫星，就落在了内层范艾伦辐射带内，卫星的工作时间也因此缩短到了几周。

从图 3-4 可以看出：LEO 卫星的轨道低于内层范艾伦辐射带，即高度不应超过 1500km；MEO 卫星的轨道处于两层范艾伦辐射带之间，即高度应在 5000～13000km；对于 GEO 卫星，其轨道为地球赤道上空的 35786km，从地面来看，GEO 卫星的位置固定不变；HEO 卫星的轨道则一般为椭圆形，其远地点比 GEO 轨道高度还要高。另外，考虑到地球大气层的氧化、大气扰动和大气阻力等因素，LEO 卫星的轨道一般不应低于 1000km。

目前，对于 LEO 和 MEO 的轨道划分还有：LEO 轨道高度不高于 10000km，运行周期不超过 6 小时；MEO 轨道高度则在 10000～20000km，运行周期在 6～12 小时。

不同轨道类型的卫星系统都有各自的特点和不足，具体的应用也会由此而不同，下面分析它们的特点。

1. GEO 卫星系统

GEO 卫星系统有如下的优点：

(1) 由于 GEO 卫星覆盖地球表面的面积非常广，可覆盖地球表面的 42.2%，只需要在同步地球轨道上适当地分布 3 颗卫星，就可建立除地球两极附近地区以外的全球不间断通信；

(2) 由于 GEO 卫星分布在地球赤道上空，且相对于地球静止不动，故 GEO

卫星一旦进入轨道,其飞行控制就相对简单,并且传播信号的多普勒频移也很小;

(3) 卫星数量少,构成的 GEO 卫星通信系统的结构简单,设计起来不复杂。

GEO 卫星系统存在着一些固有缺陷,主要体现在以下几方面:

(1) 信号传播时延很大,一跳(信号从地面发射,经过卫星转发并传回给地面的过程)的传播时延大约为 250ms,不利于互联网的业务接入;

(2) 信号能量损耗大,地面设备和卫星都需要较大的发射功率,或较大口径的天线,以提高信号的收发增益;

(3) GEO 卫星只能布置在赤道上空,为了避免 GEO 卫星之间的同频干扰,GEO 卫星之间必须保持一定的间隔,轨道资源非常有限,国际电信联盟(International Telecommunication Union,ITU)已将相同频率卫星之间的最小间隔从 4°减小到 1.5°~2.0°,但仍不能满足需求;

(4) GEO 卫星通信会出现日凌和星蚀现象,直接影响通信,甚至导致通信中断。

2. MEO、LEO 卫星系统

与 GEO 卫星对比,MEO、LEO 卫星属于非同步地球卫星,其特点和优势包括如下几点:

(1) 轨道高度相对较低,距离地球很近,仅是 GEO 卫星的几分之一,甚至几十分之一,信号传播时延小(MEO 一跳传播延时在 100ms 左右,LEO 一跳传播延时只有 10~20ms),有利于对实时性要求较高的通信;

(2) 信号传播路径短、能量损耗低,地面设备和卫星的发射功率都可以较小,同时天线可以做得很小,利于设备的小型化;

(3) MEO、LEO 的轨道相对于地球赤道可以垂直(极轨道),也可以倾斜(倾斜轨道),既可以覆盖 GEO 卫星系统覆盖的区域,还能覆盖 GEO 卫星系统的覆盖盲区——两极地区,真正实现全球的无缝覆盖。

MEO、LEO 卫星系统的问题主要包括以下几方面:

(1) 轨道高度较低,信号传播容易受到地球表面环境的影响,造成信号的遮蔽,并且卫星环绕地球的速度很快,信号多普勒频移明显;

(2) 卫星环绕地球的速度很快,再加上卫星的轨道往往与赤道存在夹角,相对于地球不是静止不变的,即对于地面上任何一点,有效的通信时间很短;

(3) 1 颗卫星的覆盖范围相对于 GEO 卫星来说小得多,且覆盖区域不断改变,要实现全球范围内的通信,就需要十几颗甚至上百颗卫星同时工作,而且还要对卫星进行精确的运行控制,不论在经济上,还是在技术上都比较困难。

3. HEO 卫星系统

HEO 轨道的最大高度高于 GEO 的,是非同步卫星轨道,并且一般为椭圆形轨道，地球则处于椭圆形轨道的一个焦点上。卫星有时会离地球很近，卫星链路特性与 MEO 和 LEO 相近；有时又离地球很远，卫星链路特性又与 GEO 接近。这种类型的卫星系统具有如下特点：

(1) 飞行角速度不固定，处于远地点时角速度非常慢，与地球表面某个点的通信保持时间较长，处于近地点时角速度非常快，与地球表面某个点的通信保持时间很短；

(2) 卫星处于远地点时，信号传播路径远、能量损耗大，地面设备和卫星都需要较大的发射功率，或者较大口径的天线，以提高信号的收发增益，卫星处于近地点飞行时，信号传播路径短、能量损耗低，不需要很大的信号发射功率。

通过以上对不同轨道卫星系统的分析，可以得出：GEO 卫星系统传输信号稳定，适合固定大区域广播和多址通信；LEO、MEO 卫星系统信号传播时间比较短且不稳定，适合实时性要求较高、可靠性要求相对较低的视频、话音等通信，并有利于地面侦察；HEO 卫星系统适合大区域多址通信和军事侦察。

对于 MEO、LEO 卫星系统来说，为了实现全球通信，往往会由多颗卫星构成星座系统。目前，已经投入运营的星座系统有 ORBCOMM、Iridium 和 Globalstar 等系统，还有 Teledesic、ICO、Skybridge 等系统设计方案。这些星座系统除了 ICO 为 MEO 星座系统外，其余均为 LEO 星座系统。为了克服不同轨道卫星系统的不足，还出现了多种混合轨道系统的设计方案。

3.3　卫星通信系统的组成

如图 3-5 所示，卫星通信系统一般包括空间段、地面段和控制段。空间段是以卫星为主体；地面段则是卫星通信系统的地面接入部分，包括用户终端、地面网关和服务中心；控制段则是卫星通信系统的控制中心[49-52]。

1. 控制段

控制段是整个卫星通信系统的控制中心，由所有地面控制和管理设施组成。控制中心的主要作用：卫星的跟踪、遥测和指令(tracking telemetry and command, TT&C)控制，以及通信业务和星上资源管理。

1) 跟踪、遥测和指令控制

在卫星发射过程中，TT&C 对卫星的运行数据及指标进行跟踪和测量，控制卫星准确地进入预定轨道，并控制天线和太阳能帆板的展开。

在卫星正常运行过程中，TT&C 对卫星在轨位置和姿态进行监视和控制，以便将轨道的漂移和卫星摄动控制在允许的范围内。

图 3-5　卫星通信系统的组成

在卫星寿命的最后阶段，TT&C 控制卫星离开轨道，并关闭星上设备。

另外，TT&C 还要监测通信干扰情况，迅速检测和探明通信干扰源，避免正常业务受到损害。

要实现 TT&C，除控制中心外，还需要分布在各个地区的测控站。

2) 通信业务和星上资源管理

在通信业务开通之前，对卫星通信系统参数进行测试和鉴定，并进行信道资源分配和通信业务的接纳控制。在通信业务开通之后，监控和管理卫星的通信资源。

2. 空间段

空间段一般是指通信卫星，主要由卫星天线分系统，卫星通信分系统，跟踪、遥测和指令分系统，控制分系统与电源分系统等组成。

1) 卫星天线分系统

卫星天线有两类：遥测指令天线和通信天线。遥测指令天线通常使用全方向性天线，通信天线则种类比较多。按其波束覆盖区域的大小，天线可分为全球波束天线、点波束天线和赋形波束天线。

全球波束是只要地球表面的通信站能够"看到"卫星，卫星就可以为此通信站提供通信服务。全球波束天线一般由喇叭天线和一个金属反射平面构成，波束的中心对准星下点。对于 GEO 卫星来说，天线的星下点位于赤道上，其经度与卫星的经度相同，其半功率角(波束最大夹角的一半)约为 17°，波束可以覆盖地球表面 42.2%的区域。

点波束天线与全球波束天线不同，半功率角很小，一般在几度范围之内，主要用于覆盖地球表面一个很小范围的特定区域。点波束天线一般采用偏馈天线，反射面为旋转抛物面的一部分，为了保证足够小的半功率角，反射面口径比较大。

赋形波束天线则是根据通信需要，调整覆盖地球表面的有效通信范围，通常呈不规则形状。赋形波束天线一般由几个馈源和 1 个反射面组成，每个馈源发出的电磁波经反射面反射后相当于 1 个点波束天线。不同馈源的辐射方向有所不同，同时每个馈源的辐射功率及馈电相位也不一定相等，因此赋形波束天线可以看作是 1 个天线阵。根据天线综合的方法，可以将天线的覆盖区域设计成所需的形状。通常，赋形波束天线反射面的曲率半径都比较大，也就是说反射面比较平，这样有利于在不同位置放置馈源。

这 3 种波束天线各有优缺点，适合的应用范围也不尽相同。全球波束天线可以为更多的用户提供通信服务。由于面积大、信号功率很低，需要更大的天线和发射功率，所以全球波束天线适合于广播业务。点波束天线能够将辐射能量集中在很小的服务区域内，仅为很小区域内的用户提供通信服务。由于辐射面积小、信号功率很大，天线尺寸和发射功率都可以很小，并且减少了对其他区域的干扰，具有比较好的电磁兼容特性。点波束天线适合于大容量多址通信。另外，采用点波束天线还可以减小卫星间隔，可在同步轨道之上放置更多的通信卫星。赋形波束天线覆盖的范围大小在全球波束天线和点波束天线之间，波束的形状更加灵活，同样具有比较好的电磁兼容特性和利于减小卫星间隔的优点，适合于国内或者区域内通信。

2) 卫星通信分系统

卫星通信分系统负责接收、处理并转发地球站信号，一般是指卫星转发器。大致工作流程：接收来自地面的信号，进行一系列信号处理(低噪声放大、混频等)，发射回地面。

在卫星通信中，从地面发向卫星的信号称为上行信号，相应的通信链路称为上行链路；从卫星发向地面的信号称为下行信号，相应的通信链路称为下行链路。为了避免在卫星通信天线中产生同频率信号干扰，上下行信号的频段互不相同。

最初，大部分商业通信卫星广泛使用 C 频段的上行频率和下行频率各 500MHz 带宽，即上行 5.925～6.425GHz 和下行 3.7～4.2GHz。近年来，由于卫星通信业务的发展，上行频率和下行频率扩展到 Ku 和 Ka 频段，甚至 EHF 频段。虽然降水等对 Ku 及以上频段信号传输的影响比对 C 频段信号传输的影响大(即信号功率衰减大)，但由于频率使用还不太拥挤，因此上述频段的应用会越来越多。

在 C 频段卫星常用的 500MHz 带宽内，通常划分成多个子频段，即多个卫星信道(又称为卫星转发器)进行各自的功率放大,以便分段使用。例如,可以将 C 频段的 500MHz 带宽划分成 12 个子频段,每个转发器额定带宽定为 36MHz,再加上转发器之间的 4 MHz 保护间隔,各个转发器中心频率之间的总间隔为 40MHz。这就是目前通用的转发器频率分配方案。另外,常用的转发器额定带宽还有 54MHz 或 72MHz 等。现代卫星通信广泛采用频率复用技术,以增加 500MHz 带宽内的转发器数量,由此节约宝贵的频率资源。

按照变频方式和传输数据处理方式的不同,转发器主要分为 3 种类型:单变频转发器、双变频转发器和基带处理转发器。

(1) 单变频转发器。

如图 3-6 所示,单变频转发器主要由低噪声放大器、变频器、滤波器、功率放大器、晶振和倍频器构成。单变频转发器实际上是改变接收到的上行信号频率,使之成为下行信号,并通过天线发送给地面。

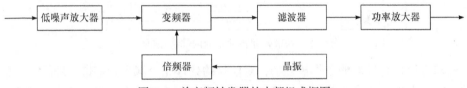

图 3-6 单变频转发器的内部组成框图

单变频转发器所做的变频工作都是在射频级完成,对信息内容不处理,因此也称为微波式频率转发器。虽然单变频转发器结构简单,工作也非常直接,但它却是在双变频转发器之后出现的,射频带宽可以达到 500MHz。单变频转发器的输入、输出特性都在线性范围内,允许多载波工作,性能优于双变频转发器,适合于载波数量多、通信容量大的多址连接系统。例如,Intelsat-Ⅲ、Intelsat-Ⅳ和 Intelsat-Ⅴ等卫星使用了这种转发器。

(2) 双变频转发器。

从图 3-7 可以看出,双变频转发器主要由变频器、中频放大器、限幅器、晶振和两个不同倍率的倍频器等构成。双变频转发器也称为中频式频率变换转发器,将接收到的上行信号频率变频成为中频信号,经信号中频处理改变频率,使之成为下行信号,并通过天线发送给地面。

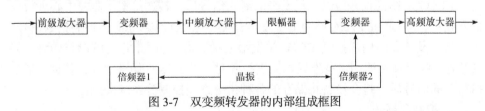

图 3-7 双变频转发器的内部组成框图

双变频转发器的工作比较简单,对信号的处理从射频级到中频级,但不处理信息内容。双变频转发器的优点是转发增益高、电路工作稳定。但中频带宽窄，不适用于多载波工作。因此，双变频转发器适用于通信容量不大、带宽较窄的通信系统。例如，Intelsat-Ⅰ和Intelsat-Ⅱ等卫星使用了这种转发器。

(3) 基带处理转发器。

以上两种转发器也称为透明转发器，还有一种转发器称为基带处理转发器。从图3-8可以看出，在3种转发器中，基带处理转发器最复杂，主要由变频器、中频放大器、调制/解调器、限幅器、晶振和两个不同倍率的倍频器等构成。基带处理转发器将接收到的上行信号频率变频成为中频信号，并将中频信号解调成为基带信号，在经过基带信号处理后，通过调制和变频使之成为下行信号，并通过天线发送给地面。

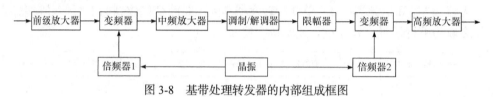

图3-8　基带处理转发器的内部组成框图

基带处理转发器的工作最复杂，对信号的处理完全深入到基带，即除了对信号进行转发外，还会对信号进行基带处理。星上的信号处理主要包括：对数字信号进行解调再生，以消除噪声积累；进行其他更高级的信号变换和处理，如将上行频分多址(frequency division multiple access, FDMA)接入信号转变为下行时分多址(time division multiple access，TDMA)接入信号，扩频、跳频等抗干扰处理等。随着技术的不断发展，星上基带处理转发器的功能更加复杂、更加丰富，已经开始对信息进行路由或者交换。

3) 跟踪、遥测和指令分系统

跟踪、遥测和指令分系统是卫星运行的核心，主要包括：跟踪部分、遥测部分和指令部分。卫星的跟踪主要由信标发射机实现。

遥测指令通过各种传感器和敏感元件等的监测，获得有关卫星姿态及星内各部分工作状态的数据，经放大、多路复用、编码、调制等处理后，通过专用发射机和天线发送给地面 TT&C 站。

TT&C 站在接收并检测卫星发来的遥测信号后，转送给卫星监控中心进行分析和处理，然后通过 TT&C 站向卫星发出有关姿态和工作状态等的控制指令信号。

指令设备专门用来接收 TT&C 站发给卫星的指令信号，进行解调与译码后将其暂存，同时又经遥测设备发回地面进行校对。当 TT&C 站核对无误传回"指令执行"的信号后，指令设备将储存的各种指令送到控制分系统去执行。

4) 控制分系统

控制分系统由一系列机械或者电子可控调整装置组成，在 TT&C 站的指令控制下完成对卫星的姿态、轨道位置、工作状态等的调整。

5) 电源分系统

电源分系统为星上设备提供稳定、可靠的电源，有光照时，主要使用太阳能电池。当卫星处于地球阴影区时，使用化学电池以保证不间断供电。电源分系统除了要求体积小、质量轻、高可靠性和高效率外，还要求能在很长的时间内保证足够的功率输出。

3. 地面段

如图 3-5 所示，从功能和作用来看，卫星通信系统的地面段主要包括 3 部分：地面网关、用户终端和服务中心。

1) 地面网关

地面网关又称关口站，负责地面通信网络与卫星通信网络之间的连接，所传输的业务可以是电话业务、电视业务，也可以是互联网等多媒体业务。地面网关通常为地面固定站，也可以配置到飞机、轮船和汽车等移动载体上。根据传输业务的类型，地面网关的天线可以很大，也可以很小。

地面网关一般具有以下特点：

(1) 发送的上行信号应是宽频带、稳定、大功率信号，并且能接收由卫星转发器转发来的微弱下行信号；

(2) 可以传输多路电话、电报、传真以及高速数据、电视等多种业务信号；

(3) 性能稳定、可靠，维护和使用比较复杂；

(4) 建设成本和维护费用比较高。

地面网关主要由天线分系统、发射机分系统、接收机分系统、通信控制分系统、信道终端设备分系统和电源分系统 6 个分系统组成。天线分系统负责卫星上下行射频信号的接收和发送；发射机分系统负责将基带信号转变为上行射频信号传送给天线分系统；接收机分系统负责将来自天线的下行射频信号转变为基带信号；通信控制分系统负责监视和控制地面网关的正常工作；信道终端设备分系统负责与地面通信网络相连；电源分系统则负责为地面网关提供电源。

地面网关的信息发送处理流程：①来自地面网络的数字信号以二进制数码形式送入地球站；②信道终端设备分系统对信息流进行处理(存储、复用、封装和编码等)，以便将此信息送到目的地；③发射机分系统对信息流进行调制、变频和放大，以满足卫星上行信道发送要求；④天线分系统指向卫星，发射高增益的无线信号。

地面网关的信息接收处理流程是发送流程的反过程，不再赘述。

2) 用户终端

用户终端是卫星通信系统中的用户，可以直接与卫星构成卫星通信链路。用户终端一般体积不大，如手机、便携设备、移动站和 VSAT 等。

相对于地面网关，用户终端结构比较简单，实现单个或者小型网络终端与卫星通信网络的通信。

用户终端具有如下几个特点：

(1) 发送的上行信号带宽不大、功率不高，但要求接收的下行信号功率比较高；

(2) 一般仅有 1 个传输通道；

(3) 设备简单，使用灵活、方便；

(4) 建设成本和维护费用不高。

3) 服务中心

服务中心负责为卫星通信网络中的用户提供信息收集和分发服务。服务中心往往配备较大尺寸的天线，用于提供业务服务的设备也比较复杂。

3.4　卫星通信的特点

卫星通信是现代通信技术的重要成果，是在地面微波通信和空间技术的基础上发展起来的。与电缆通信、微波中继通信、光纤通信、移动通信等通信方式相比，卫星通信具有下列特点：

1) 卫星通信覆盖区域大、通信距离远

因为卫星距离地面很远，1 颗地球同步卫星便可覆盖超过地球表面的 1/3。因此，利用 3 颗适当分布的地球同步卫星即可实现除两极以外的全球通信。卫星通信是目前远距离越洋电话和电视广播的主要手段。

2) 卫星通信具有多址连接功能

卫星所覆盖区域内的所有地球站都能利用同一颗卫星进行相互间的通信，即多址连接。

3) 卫星通信频段宽、容量大

卫星通信采用微波频段，每颗卫星上可设置多个转发器，通信容量很大。

4) 卫星通信组网灵活

地球站的建立不受地理条件的限制，可建在边远地区、岛屿、汽车、飞机和舰艇上。

5) 卫星通信质量好、可靠性高

卫星通信的电波主要在自由空间传播，噪声小、通信质量好。就可靠性而言，卫星通信的正常运转率达 99.8%以上。

6) 通信成本与距离无关

地面微波中继系统或电缆载波系统的建设成本和维护费用都随距离的增加而增加，而卫星通信的地球站至卫星转发器之间并不需要线路投资。因此，其成本与距离无关。

虽然卫星通信具有很多其他通信系统不具有的优势和特点，但也有很多不足之处，主要表现在以下几方面：

1）时延大

在地球同步卫星通信系统中，地球站到同步卫星的距离最大可达 40000km。信息在卫星网络中的一跳传输，就需要约 0.27s。如果利用卫星通信系统打电话，由于两个地球站的用户都要经过卫星，打电话者要听到对方的回答必须额外等待0.54s。

2）回声效应

在卫星通信中，由于电波来回转播需 0.54s 左右，因此产生了讲话之后的回声效应。为了消除这一干扰，卫星电话通信系统中增加了一些设备，专门用于消除或抑制回声干扰。

3）存在通信盲区

把地球同步卫星作为通信卫星时，由于地球两极附近区域"看不见"卫星，因此不能利用地球同步卫星实现对地球两极的通信。

4）存在日凌、星蚀和雨衰现象

日凌、星蚀、雨衰这些自然现象，在卫星通信中无法避免。当出现这些现象时，通信质量严重下降，有时还会导致卫星通信的中断。

3.5 卫星通信的网络接入

目前，卫星通信系统在与地面通信网络接入方面，主要采用两种方式，一种是双向传输的卫星接入方式；另一种则是单向传输的外交互卫星接入方式。由于卫星通信系统的具体应用不同，地面网关、终端用户、信息汇集中心、卫星等通信节点在通信传输过程中起到的作用也不相同。

1. 双向传输的卫星接入方式

如图 3-9 所示，区域卫星接入网络主要由地面网关、终端用户和通信卫星构成，卫星与地面通信节点间均为双向通信链路。地面网关通过卫星链路与终端用户实现双向通信，终端与终端之间则无法直接通过卫星链路相互通信。

卫星天线不是全球波束天线，而是点波束天线或赋形波束天线，因此卫星等效发射功率可以很高。地面网关具有发射功率高、天线尺寸大等优势，所以地面网关与卫星之间的传输链路带宽可以很大，信息传输速率也可以很高。与之相反，终端用户的天线尺寸一般很小、发射功率很低，要求接收的信号功率很大。因

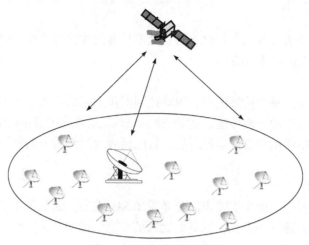

图 3-9　区域卫星接入网络

此，地面网关虽然能够实现高速率、大带宽的双向对称链路传输，但终端用户的上、下行链路却无法实现同等速率的收和发，即下行链路带宽大、传输速率高，而上行链路带宽小、传输速率低。

目前，区域双向卫星接入技术的具体通信系统有 StarBand、WildBlue、iPStar、AstraBBI、CyberStar 和 DirecPC 等。下面，以 StarBand 为例介绍双向卫星接入技术的具体应用。

如图 3-10 所示，StarBand 卫星接入系统中，空间段采用名为 StarBand 的 GEO

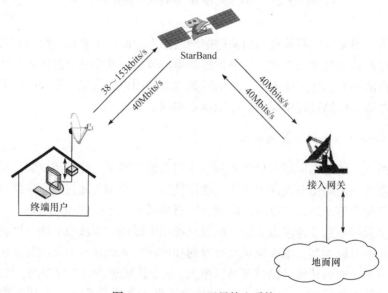

图 3-10　StarBand 卫星接入系统

通信卫星，地面段主要由接入网关和终端用户实现信息的双向传输。StarBand 卫星的波束覆盖美国地区，所以 StarBand 卫星接入系统主要面向美国地区的用户提供服务。

StarBand 卫星工作在 Ku 频段，终端用户包括直径为 1.2m 的天线和 1 个专用调制解调器与计算机终端相连。其中，调制解调器配有两个接口，分别是以太网接口和 USB 接口，计算机终端可以通过这两个接口中的任意一个与调制解调器相连。终端用户的上、下行链路传输速率相差非常大，下行链路传输速率可以是上行链路的 20～200 倍。接入网关的上、下行链路传输速率则大致相当。

2. 单向传输的外交互卫星接入方式

利用已经存在的其他网络或建立 1 个辅助网络与卫星单向传输网络共同构成 1 个双向的交互式网络[53-55]。下面以图 3-11 为例，说明外交互网络的实现方式。

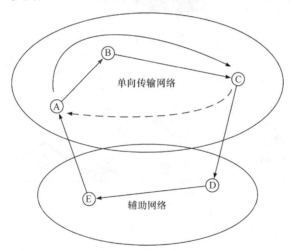

图 3-11　外交互网络

在单向传输网络中，有 A、B、C 三个节点。网络中存在 A 节点到 B 节点以及 B 节点到 C 节点的单向传输路径。因此，A 节点向 C 节点发送的信息，要通过 B 节点的转发才能到达 C 节点。整个信息传输过程在单向网络内部完成。但 C 节点要向 A 节点返回信息，则无法通过此单向网络实现。为了解决这个问题，增加 1 个辅助网络。辅助网络中有 D 和 E 两个节点，并且 D 与 E 之间存在传输链路。这样，C 节点向 A 节点发送的信息，就可以先发送给处于辅助网络中的 D 节点，信息通过辅助网络最终传输给 A 节点。单向传输网络中的 A 和 C 节点就构成了一个双向传输通道。

一般来说，外交互网络是由 2 种以上异质网络构成的非对称双向通信系统。相对于双向通信系统，外交互网络具有以下重要特点：

(1) 由 2 种以上异质网络构成，至少有 1 个网络为单向传输网络；

(2) 信息传输路径分裂；

(3) 双向业务量不对称。

对于家庭或者个人的卫星终端用户来说，使用能够双向卫星信道传输的卫星通信接入设备并不切合实际。这是因为要实现卫星链路的双向传输，不仅要求配置较大口径的收发天线，而且要求设备的发射功率也较大，这都会明显增加终端用户的成本。

如图 3-12 所示，外交互卫星接入网络是将卫星网络和地面网络(局域网或电话网)结合在一起，网络中的终端用户为单收卫星站。这样，终端用户与地面网络相连，地面网络通过地面网关向卫星发送信息，卫星在接收到信息后向地面终端用户广播信息。

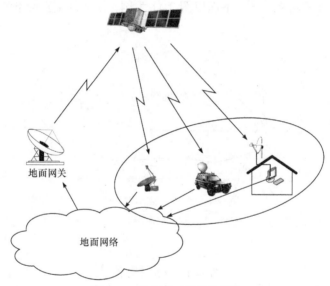

图 3-12　外交互卫星接入网络

外交互卫星接入具有以下优点：

(1) 利用卫星实现广域覆盖，使得地面宽带难以覆盖的用户可以高速下载信息；

(2) 由于卫星数据广播接收设备和低速地面网络设备的成本远低于卫星双向终端(一般情况下单收卫星站的价格只有双向传输站的 10%左右)，大大降低了卫星终端的使用成本。

目前，采用外交互卫星接入方式的具体应用：欧洲地区的外交互远程教育系统，通过 Hotbird-5 卫星和地面电话网构成卫星外交互接入网络；我国通过 CEBSat

卫星构建了外交互应用的卫星互联网课件点播系统，实现了宽带互联网接入偏远地区的远程教育。

3.5.1 卫星移动通信接入

卫星移动通信系统主要分为两种：同步卫星移动通信系统和中、低轨卫星移动通信系统[56-58]。

最早的同步卫星移动通信系统是 1982 年投入使用的 Inmarsat 卫星系统。系统中的移动终端采用 L 频段与卫星进行双向通信，地面关口站采用 C 频段与卫星进行双向通信。虽然第三代 Inmarsat 卫星系统较前两代已经有了非常大的改进，但由于星上仍然采用透明转发的转发器，并且移动站的信号功率受限，所以无法实现两个 L 频段移动终端的直接通信。如图 3-13 所示，Inmarsat 卫星系统的通信信号传输过程如下：

(1) 移动终端-1 通过 L 频段的上行链路与卫星进行信息传递；

(2) 卫星在接收到来自移动终端-1 的信号后，将信号变换到 C 频段上，通过下行链路向地面关口站传送信息；

(3) 地面关口站接收到 C 频段的下行链路信号后，放大信号并将信号转变到 C 频段的上行链路向卫星发送；

(4) 卫星接收到来自地面关口站的上行信号后，将信号变换到 L 频段上，通过下行链路向移动终端-2 发送信息。

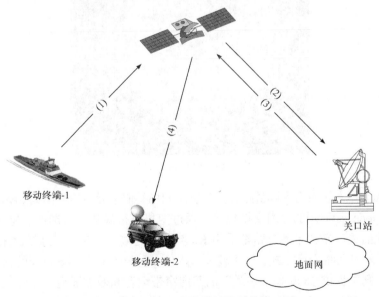

图 3-13　Inmarsat 系统中的信息传输过程

可以看出 2 个移动终端之间要进行通信，每次信号的传递都必须经过卫星的 2 次转发，即"两跳"才能从源终端传送到目的终端。若移动终端与地面通信网通信，则每次信息的传递仅需要"一跳"就能完成。

以上分析的是前三代 Inmarsat 卫星系统的信息传输过程，2000 年以后，Inmarsat 卫星系统已经发展到了第四代，新型卫星的星上转发器增强了数字信号处理功能，使得卫星不仅能够实现 C-L 频段和 L-C 频段的信号转发，还实现了 L-L 频段的信号转发，移动终端之间可以通过"一跳"完成信息的传递。

除了 Inmarsat 同步卫星移动通信系统外，在 2000 年之后相继出现了 Thuraya、ACeS、TerreStar 等通信系统。

如图 3-14 所示，1998 年投入使用的 Iridium 星系统是较早的中、低轨卫星通信系统，是目前唯一真正实现全球覆盖的通信系统，包括 66 颗 LEO 卫星和 13 颗备用卫星，在全球共设置 12 个地面关口站。每颗卫星有 3 个 L 频段相控阵天线，投射 48 条点波束到地球上，在每颗卫星的辐射区形成 48 个通信小区。整个系统共照射 3168 个小区(2150 个小区就可以覆盖全球)。

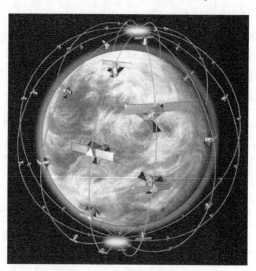

图 3-14　Iridium 星系统

Iridium 星系统具有星际链路。星际链路利用类似于异步传输模式(asynchronous transfer mode，ATM)的分组交换技术，通过卫星进行最佳路由选址。星际链路和卫星与地面关口站的星地链路都采用 Ka 频段，终端与卫星的星地链路采用 L 频段，星上采用电路交换方式，每条波束可提供 80 条全双工 2.4kbits/s 的话音通道，每颗卫星则可提供 3840 条"一跳"的双向窄带话音和数据通道。

Iridium 星系统出现之后，在 20 世纪末出现了 Globalstar 和 ORBCOMM 等移动通信系统。不仅如此，还有 Teledesic、ICO、Skybridge 等方案的提出，其中，

ICO 为 MEO 通信系统。

3.5.2 VSAT 卫星接入

VSAT 系统最早出现于 20 世纪 80 年代，其天线口径一般小于 1.8m，设备紧凑、全固态化、功耗小。VSAT 系统中的用户小站对环境要求不高，可以直接安装在用户屋顶或车顶，可由用户直接控制电路，安装、组网都很方便[52]。

除上述优点外，VSAT 系统能够实现上、下行链路的双向通信。由于天线口径小、天线增益低，上行链路传输速率不超过 2Mbits/s，下行链路传输速率比上行链路传输速率稍大。VSAT 系统一般工作在 C 和 Ku 频段，可以进行数据、语言、视频图像、传真等多种信息的传输。

由于用户小站能够与卫星进行双向通信，所以 VSAT 系统的卫星接入可以采用多种网络拓扑结构。

图 3-15 为 VSAT 系统的星形拓扑结构，实际上就是以系统中的汇接站为"中心"，所有 VSAT 小站发送的上行信号都会通过卫星传送给地面汇接站，汇接站接收到信号后再通过卫星发送给各个 VSAT 小站。

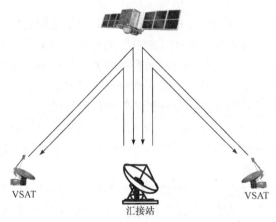

图 3-15　VSAT 系统的星形拓扑结构

VSAT 系统的这种星形网络拓扑结构中，任何两个 VSAT 小站之间的通信传输都必须经过卫星的 2 次转发，即"两跳"传输。

图 3-16 为 VSAT 系统的网状拓扑结构，该系统中所有 VSAT 小站之间都可以通过卫星的 1 次转发实现相互之间的信息传递，也就是通常所说的"一跳"连接。

VSAT 的混合拓扑结构是上述两种基本结构的混合，系统中的 VSAT 小站之间既可以直接构成通信连接，又可以通过汇接站连接。

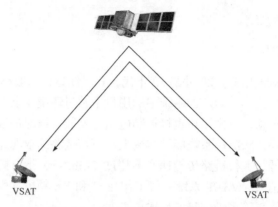

图 3-16　VSAT 系统的网状拓扑结构

　　"两跳"的星形 VSAT 系统中，两个 VSAT 小站之间并没有直接通信，而是经过汇接站的接收、放大和发送来实现通信。因此，VSAT 小站接收信号的功率会比较高，VSAT 可以发送和接收的信号传输速率也相应提高了。但是，由于每次传输都需要"两跳"的时间，对于信号传播时间本身就很长的 GEO 通信系统来说，无疑是"雪上加霜"。

　　"一跳"的网状 VSAT 系统中，两个 VSAT 小站之间的信号传输不需要汇接站的转发，所以信号的传输时间比"两跳"的星形 VSAT 系统短得多。但是没有了汇接站的信号放大，VSAT 小站发送和接收的信号功率会较低，所以信号传输速率也比"两跳"网络低。另外，要实现全网的双向通信，必须有 1 个控制站来控制全网，并根据各站的业务需要分配和管理信道资源。

　　通过上述分析，"两跳"的星形 VSAT 系统更加适合延迟不敏感的高速业务传输，如文件或电视转播等；"一跳"的网状 VSAT 系统则更加适合实时交互的低速业务传输，如话音等。

　　LINKWAY 系统就是广泛应用的 VSAT 系统。LINKWAY 系统采用的是网状拓扑结构，即没有汇接站的"一跳"网络。LINKWAY 系统采用 MF-TDMA 接入方式，每个 VSAT 小站既可以连接单个通信终端(电话、计算机终端等)，也可以连接 1 个局域网或者互联网。VSAT 小站的天线口径可以是 C 频段的 1.8m、2.4m 或 3.8m，也可以是 Ku 频段的 1.2m、1.8m 或 2.4m。天线尺寸的不同，发送的功率也不相同。LINKWAY 系统中的网络控制中心负责整个 VSAT 网络的运行管理，特别是 VSAT 小站的信道资源分配。

第4章　宽带多媒体通信卫星和星上处理技术

第 3 章讨论了卫星通信的起步、发展和卫星通信的基本概念。从 20 世纪末开始，卫星通信进入到一个新的飞跃时期。这种新的发展变化不仅是因为卫星技术的提高，还由于地面互联网的飞速发展，各种宽带业务传输的需求增加。

本章研究宽带多媒体通信卫星和星上处理技术，主要内容：首先，介绍宽带多媒体通信卫星的发展；其次，按照星上数字处理的方式对宽带多媒体通信卫星进行分类，并着重介绍星上基带处理类型的卫星；再次，重点介绍星上基带处理设备；最后，分析和讨论星上基带信息处理技术，揭示卫星通信的发展趋势。

4.1　宽带多媒体通信卫星的发展

自第一颗通信卫星问世到 20 世纪 90 年代，卫星通信以覆盖范围广、通信距离远、不受地理条件限制、费用与距离无关、组网灵活等特点，在全球通信方面发挥着非常重要的作用。它不仅应用于电视广播、区域和全球移动通信，还应用于远程教育等，所承载的业务主要是话音、报文和图像等。

从 20 世纪 90 年代起，卫星通信呈现出了新的特点，所承载的业务不再只是低速业务，应运而生的是能够承载视频、数据、互联网接入等多媒体业务的宽带通信卫星[59-62]。

结合卫星通信系统的固有特点，与地面通信网络相比，宽带多媒体卫星通信系统特点鲜明，主要体现在以下两方面：

(1) 能够快速组网，短时间内可实现全球范围内的终端用户接入；

(2) 特别适合多媒体业务的广播和组播业务。

美国、欧洲、日本等国家已经成功发射并投入运营的宽带多媒体通信卫星有 Intelsat-9、10 系列卫星，iPStar 通信卫星，APSTAR-6 通信卫星，W3A 卫星，Hotbird-9、10 系列卫星，Anik-F2、F3 卫星，Amazonas 卫星，ETS-Ⅷ卫星和宽带互联网工程测试和演示卫星(wideband internet working engineering test and demonstration satellite，Winds)等。由此，卫星通信步入宽带多媒体卫星通信新时代。

在上述多媒体通信卫星中，有很多采用透明转发方式实现信息的传输。随着卫星通信技术的发展，特别是星上数字处理技术的不断提高，具有星上基带数据交换和处理功能的新型宽带多媒体通信卫星不断涌现，通信卫星不再仅仅实现数据的转发，还会实现数据的复用、交换，甚至是路由。卫星通信系统除了具有移动化、数字化、宽带化的特点外，星上处理技术还赋予其基带化、网络化等新的特点[63]。

4.2　宽带多媒体通信卫星分类

目前，提供宽带多媒体通信服务的卫星主要属于星上"弯管式"透明转发通信卫星。此类卫星在上行信号恢复成基带数据之前，就已经完成了下行链路的转发，即不具有星上基带数据处理功能。此类卫星有 Intelsat-9、10 系列卫星，iPStar 通信卫星，Inmarsat-4 系列卫星，Anik-F2 卫星，APSTAR-6 卫星等。

经过几十年的发展，星上数字处理技术不断提高，随之出现了具有星上基带数据处理能力的新型通信卫星，具有星上基带数据交换和处理功能的新型多媒体宽带通信卫星逐渐成为通信卫星发展的热点，主要包括：W3A 卫星，Hotbird-9、10 系列卫星，Anik-F2 卫星，ETS-Ⅷ卫星，Winds 等。

4.2.1　透明转发类型

目前，透明转发宽带多媒体卫星有很多，这也是当前通信卫星发展的主流。

图 4-1　Intelsat-9、10 系列卫星

1) Intelsat-9、10 系列卫星

如图 4-1 所示，Intelsat-9、10 系列卫星是 Intelsat 组织研发的新型宽带卫星[64-65]。Intelsat-9 系列卫星的每颗卫星都有 42 个 C 频段和 22 个 Ku 频段转发器。Intelsat-10 系列卫星于 2004 年发射，星上采用 E3000 平台，每颗卫星都有 36 个 Ku 频段和 70 个 C 频段转发器。

2) iPStar 通信卫星

如图 4-2 所示，iPStar 通信卫星于 2005 年 8 月发射，采用蜂窝多点波束、频率复用和动态调整每个波束的功率等技术，提高了通信带宽利用率和星上能量的动态管理能力。卫星拥有 114 个转发器，其中有 84 个 Ku 频段点波束、3 个 Ku 频段成型波束和 7 个地区广播波束，上行和下行带宽速率为 45Gbits/s，可容纳亚太地区 1300 万用户[66-67]。

图 4-2　iPStar 通信卫星

3) Inmarsat-4 系列卫星

Inmarsat 系列卫星是由 Inmarsat 公司开发，并于 1982 年起开展全球移动通信服务，到目前已经成功发射了 9 颗系列卫星。其中，包括 4 颗 Inmarsat-2 型卫星和 2 颗 Inmarsat-3 型卫星。Inmarsat-3 型卫星与以往卫星相比，其改进之处主要在于采用了多点波束技术。包括 Inmarsat-3 型卫星在内，前三代 Inmarsat 系列卫星都只提供低速通信服务。

如图 4-3 所示，Inmarsat-4 系列卫星采用 E3000 卫星平台，星上拥有一个星载数字信号处理器，可实现不同波束信号的交换，即任何上行的信号都可以选路到任何一个下行的波束上。另外，卫星拥有 1 个全球波束、19 个大范围的点波束和 228 个窄波束。与 Inmarsat-3 系列卫星相比，Inmarsat-4 系列卫星容量扩大了20 倍，卫星总功率扩大了 60 倍，不仅可以提供低速通信服务，还能提供互联网接入、电视会议、数据传输、电子邮件等宽带多媒体服务。

图 4-3　Inmarsat-4 系列卫星

21 世纪初，Inmarsat 公司开始了提供下一代移动通信服务计划——宽带全球区域网络(broadband global area network, BGAN)。经过几年的开发、研制, Inmarsat 公司于 2005 年 3 月成功发射了第 1 颗 Inmarsat-4 型卫星, 并于同年 11 月成功发射了第 2 颗 Inmarsat-4 型卫星。为了达到覆盖全球的目的, 于 2008 年 8 月成功发射了第 3 颗 Inmarsat-4 型卫星。至此, 3 颗新型卫星可以覆盖地球的大部分地区, Inmarsat 公司的 BGAN 移动通信服务计划就此全面展开。

BGAN 是一种旨在为移动用户提供高速通信的宽带移动通信业务计划, 它以最高可达 492kbits/s(上一代只有 64kbits/s)的数据通信速率向终端设备提供视频会议、传真、电子邮件、电话和局域网接入等多媒体业务, 并与 3G 技术兼容。借助 BGAN, 移动用户无论是在飞机上或远洋轮船上, 还是在丛林、沙漠或城市、机场, 都可获得快速可靠的移动通信服务。

4) APSTAR-6 卫星

如图 4-4 所示, APSTAR-6 卫星于 2005 年 4 月成功发射, 采用阿尔卡特公司的 Space-bus4100C1 卫星平台, 拥有 38 个 C 频段和 12 个 Ku 频段转发器, 带有抗干扰功能, 可提供数据广播、远程教育、宽带互联网接入和远程通信等服务。

图 4-4　　APSTAR-6 卫星

透明转发的宽带多媒体通信卫星还有很多, 如 W2M 卫星和 Anik-F3 卫星等。W2M 卫星有 26 个 Ku 频段转发器, 可提供电视广播、数据传输和宽带互联网接入等服务。Anik-F3 卫星于 2007 年 4 月发射, 采用 E3000 卫星平台, 有 24 个 C 频段、32 个 Ku 频段和 2 个 Ka 频段转发器, 可提供高清晰电视、广播和双向互联网接入等多种业务传输服务。

与以往通信卫星相比, 此类通信卫星优势明显, 主要体现在通信功率大、天线增益高、转发器数量多、通信容量大、接入用户数量大等方面。从信息处理角度来看, 此类通信卫星与以往的卫星没有本质区别, 都是采用透明转发的方式实现信息的传输。

4.2.2　星上基带数字处理类型

已经发射的星上基带数字处理类型通信卫星有 Hotbird 系列卫星、W3A 卫星、Anik-F2 卫星、Amazonas 卫星、ETS-Ⅷ卫星、Space Way-3 卫星、Winds、Intelsat 14 卫星等。美军未来的卫星通信系统也将会以此类卫星为核心。另外, 由于技术和资金等方面原因，一些具有星上基带数字处理功能的卫星系统未能实施，这包括：SkyBridge、Astrolink、Teledesic 等。

1) Hotbird 系列卫星

Hotbird 系列卫星如图 4-5 所示。作为尝试，Hotbird-4 卫星首次搭载了 1 个第一代 Skyplex 星上基带数字再生处理器，并于 1998 年 2 月成功发射。而后在一系列的 Hotbird 卫星上搭载了改进的第二代 Skyplex 星上基带数字再生处理器。Hotbird-5 和 Hotbird-6 卫星分别搭载了 3 套和 8 套第二代 Skyplex 星上基带数字再生处理器。

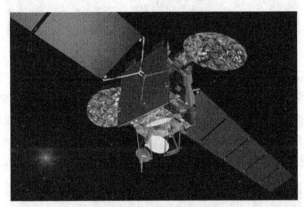

图 4-5　Hotbird 系列卫星

Hotbird-6 卫星一共有 129 个转发器，包括 28 个 Ku 频段转发器和 4 个 Ka 频段转发器。其子频道最大数目为 18 个，每个转发器的下行速率为 55Mbits/s，上行速率为 2～6Mbits/s。

在 Hotbird-7 卫星发射失败之后，Hotbird-7A 卫星和 Hotbird-8 卫星于 2006 年成功发射。Hotbird-7A 卫星有 113 个转发器，2 颗卫星搭载了多个 Skyplex 星上基带数字再生处理器。

Hotbird-9 卫星于 2008 年 12 月发射，Hotbird-10 卫星于 2009 年 2 月发射。与 Hotbird-8 卫星设计一样，2 颗卫星也采用 E3000 卫星平台，并搭载 64 个 Ku 频段转发器和多个 Skyplex 星上基带数字再生处理器。

2) W3A 卫星

W3A 卫星于 2004 年初成功发射，是第一个采用 E3000 平台的卫星，如图 4-6 所示，其搭载了 6 个 Skyplex 和 1 个 Skyplex+星上基带数字再生处理器。星上有 58 个 Ku 频段转发器(40 个转发器每个带宽 36MHz、1 个转发器带宽 49.5MHz、15 个转发器每个带宽 72MHz、2 个转发器每个带宽 108MHz)。

3) Anik-F2 卫星

Anik-F2 卫星于 2004 年 7 月发射，取代了 Anik-F1 卫星，如图 4-7 所示。该

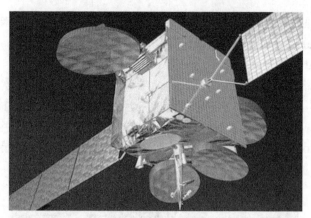

图 4-6　W3A 卫星

卫星基于 Boeing 702 卫星平台，载有 24 个 C 频段转发器、32 个 Ku 频段转发器和 38 个 Ka 频段转发器。Anik-F2 卫星是世界上第一颗 Ka 频段完全商业化应用的第三代通信卫星。Anik-F2 卫星不仅质量大、功率高、带宽大，而且还搭载了 1 个名为 SpaceMux 的 ATM 星上交换处理器，可直接实现点对点和点对多点的 2Mbits/s 速率信息交换[68]。

图 4-7　Anik-F2 卫星

4) Amazonas 卫星

Amazonas 卫星于 2004 年 8 月发射，星上采用了 E3000 卫星平台，提供 19 个 C 频段转发器和 32 个 Ku 频段转发器。星上搭载了新型星载基带 AmerHis 再生处理器，可实现 4 个 Ku 频段转发器之间的上行和下行信道的全路由交换，可为地面任意 2 个终端提供实时通信。如图 4-8 所示，整个卫星系统也不再需要地面汇接站，可实现地面终端之间的"一跳"通信，简化了卫星系统的地面部分。另外，此卫星系统能实现地面终端 IP 地址的动态分配和数据的网络地址转换(network address translation，NAT)方式传输。

图 4-8　Amazonas 网络拓扑结构

带有新型星载基带 AmerHis 再生处理器的 Amazonas 卫星，可以在星上实现 DVB-S 和 DVB-RCS 格式的转换，即上行链路可以采用 DVB-RCS 信号格式，通过星上的 AmerHis 再生处理器处理后，直接转换为 DVB-S 信号格式下行传输，并在星上实现各路信号的交换[69]。

由于星上搭载了新型星载基带 AmerHis 再生处理器，所以 Amazonas 卫星系统具有以下新的特点：①可以通过"一跳"实现端到端的连接，降低了链路带宽的使用；②实现带宽分级可变，能够按需进行动态带宽分配，实现星上资源的优化；③整个卫星网络既可以构成星形网络，也可以构成网状网络。

5) ETS-Ⅷ卫星

2006 年 12 月，日本成功发射了 ETS-Ⅷ卫星，又称"菊花八号"[70-71]。这是 1 颗用于移动卫星通信试验的卫星，在轨使用寿命 3 年。如图 4-9 所示，卫星天线巨大，星上载有用于移动语音和数据通信的 S 频段转发器。

数据传输采用高级数据链路控制(high-level data link control，HDLC)链路帧格式，星上基带处理器不仅支持 500 个信道的蜂窝电话交换，而且能为数据通信提供 64kbits/s 标准速率的 IP 数据路由、512kbits/s 具有纠错功能的 IP 数据路由，以及最大 1024kbits/s 无纠错能力的基带 IP 数据路由。同时，在 IP 终端接入方面可以采用带宽预留，也可以采用时隙 ALOHA 接入方式。

6) SpaceWay-3 卫星

SpaceWay-3 卫星于 2007 年 8 月发射。如图 4-10 所示，SpaceWay-3 卫星采用 Boeing 702 卫星平台，其 68 个转发器全部工作在 Ka 频段，是休斯公司构建的 Ka 频段 IP 宽带卫星星座网络的组成部分。星上设置了 780 个下行波束和 112 个上行波束，是世界上第一颗星上具有交换和路由功能的商用卫星，支持高速互联

图 4-9　ETS-Ⅷ卫星

网宽带多媒体信息服务，可为用户提供 512kbits/s、2Mbits/s、16Mbits/s 上行链路和 30Mbits/s 下行链路的点对点或点对多点的"单跳"信息传输。除此之外，卫星还采用了动态波束成形和带宽按需分配等技术。

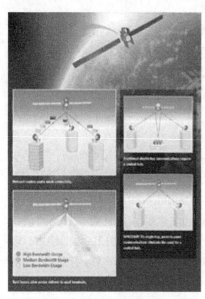

图 4-10　SpaceWay-3 卫星

7) Winds

如图 4-11 所示，Winds 是日本 2008 年发射的吉比特级通信试验卫星，是日本为打造 21 世纪智能化信息通信网络而提出的 "e-Japan" 计划的核心项目[71]。Winds 支持透明转发和星上 ATM 基带交换两种方式，有 19 个固定点波束。Winds 的透明转发双向传输能力可达 1.2Gbits/s，在星上 ATM 基带交换方式下，地面终端可使用 45cm 口径小型天线，收发信速率最高可达 155Mbits/s 和 6Mbits/s。

8) Intelsat 14 卫星

如图 4-12 所示，Intelsat 14 卫星于 2009 年 11 月发射[72]，具有 40 个 C 频段和 22 个 Ku 频段转发器，通过 4 个波束实现欧洲、非洲和美国地区的覆盖。星上搭载了由 Cisco 公司提供的路由器，实现地面网络间的"一跳"信息传输。

利用 Intelsat 14 卫星，信息从数据源经过卫星直接传送到目的地，实现了地面用户间的"一跳"传输，减少了信息传输时间，简化了系统，提高了传输的可

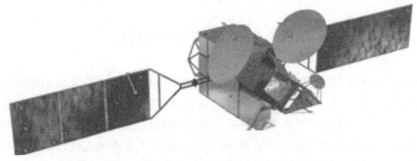

图 4-11　Winds

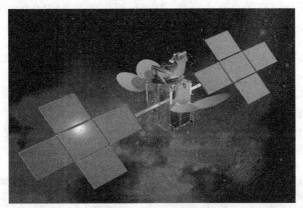

图 4-12　Intelsat 14 卫星

靠性，降低了管理维护成本。

与 4.2.1 小节所述的透明转发类型通信卫星相比较，具有星上基带数字处理能力的通信卫星具有以下优点：

(1) 终端之间可实现"单跳"连接，节约一半的带宽资源和缩短一半的传输时延；

(2) 降低星上功率消耗，提高系统效率；

(3) 降低噪声积累，提高信噪比；

(4) 波束和带宽灵活可变；

(5) 上行和下行链路接口可分离；

(6) 降低地面设备成本等。

显而易见，具有星上基带数据交换和处理功能的宽带通信卫星，对于构建大容量、高速率的卫星宽带多媒体通信网，保证各种业务的实时传输和众多用户的快速接入非常有利。因此，具有星上基带数据交换和处理功能的宽带通信卫星成为各个国家和地区卫星通信发展的重要研究方向。

4.3　星上基带处理设备

具有星上处理功能的新型宽带通信卫星采用的星上处理技术各不相同，实现的数据处理功能也不尽相同。W3A 卫星和 Hotbird 系列卫星采用的是 Skyplex 星上基带处理器，可以实现多路低速信息的复用和广播。Anik-F2 卫星采用的是 SpaceMux 星上交换处理器，基于 ATM 信元交换方式实现地面终端的点对点和点对多点 2Mbits/s 速率信息交换。Amazonas 卫星采用的是 AmerHis 再生处理器，可以实现上、下行链路的全路由交换。Winds 可以实现 155Mbits/s 的高速 ATM 星上交换。UK-DMC 灾害监测低轨卫星直接搭载了 1 个 IP 路由器。

1. Skyplex 处理器

Skyplex 处理器是世界上第一个星上基带数字多路复用处理器，由 Alenia Aerospazio 公司在欧洲航天局(European Space Agency，ESA)支持下研制开发，如图 4-13 所示。1998 年 2 月，此处理器搭载在 Hotbird-4 卫星上发射升空，并运行测试成功。

图 4-13　Skyplex 处理器

研制 Skyplex 处理器的目的是在星上直接将多路不同区域上传的基带信息流复用并封装成 1 路信息流向地面广播，每条上行链路码流速率为 6Mbits/s，复用之后在 33MHz 信道带宽内的下行链路码流速率可达 55Mbits/s。

在第一代 Skyplex 处理器成功发射之后，又研制出了第二代 Skyplex 处理器，并搭载于 Arabsat 和 Hotbird-5、Hotbird-6 系列通信卫星上。如图 4-14 所示，Hotbird-5 卫星上搭载了 3 套第二代 Skyplex 处理器。

相比于第一代 Skyplex 处理器，第二代 Skyplex 处理器的改进主要包括：①将信息流复用数量从 6 路增加到 8 路；②增加了 Turbo 编码技术；③上行链路码流速率由 6Mbits/s 扩展为 2Mbits/s 和 6Mbits/s 两种模式；④减轻了处理器质量；

图 4-14　第二代 Skyplex 处理器

⑤降低了处理器功耗。

2. SpaceMux 处理器

如图 4-15 所示，SpaceMux 处理器是世界上第一个星上基带交换处理器，搭载在 2004 年发射的 Anik-F2 通信卫星上。SpaceMux 处理器的接口与 DVB-RCS 标准兼容，采用 ATM 信元交换方式实现星上基带数据交换，无需地面汇接站便可实现地面终端点对点和点对多点的 2Mbits/s 速率信息交换[68]。

图 4-15　SpaceMux 处理器

3. AmerHis 处理器

如图 4-16 所示，AmerHis 处理器包括 Ku 频段调制器、基带处理器、下行转换器等部分。此处理器是世界上第一个基于 DVB 格式的星上宽带交换处理器，能够将 4 路 33MHz 的 MF-TDMA 信号解调成基带信息流，并在星上进行信息交换，最终以 DVB-S 格式的 54Mbits/s 信息流下行传输。AmerHis 处理器能够实现上、下行信道全路由交换，用户之间无需地面汇接站就可以实现点对点和点对多点双向通信[68]。

图 4-16　AmerHis 处理器

AmerHis 处理器上行链路接口采用 DVB-RCS 标准的 MF-TDMA DAMA 方式，每个转发器有 64 个载波，每个载波的传输速率为 0.5Mbits/s。在 1 个转发器的 33MHz 带宽中支持 0.5Mbits/s、1Mbits/s、2Mbits/s、4Mbits/s、8Mbits/s 的信息流，并采用 3/4 或者 4/5 的 Turbo 编码速率。该处理器下行链路接口采用 DVB-S 标准，每个转发器的速率为 54Mbits/s，采用里德-所罗门(Reed-Solomon，RS)编码和卷积编码方式，编码码率为 1/2、2/3、3/4、5/6、7/8。

4. 星载 IP 路由器

世界上首次在卫星上直接搭载 IP 路由器的卫星是 2003 年 10 月发射的 UK-DMC 灾害监测低轨卫星。此星载路由器是美国 "低轨道 Cisco 路由器" (Cisco router in low earth orbit，CLEO)研究计划的重要内容。如图 4-17 所示，星载 IP 路由器并没有针对太空环境进行特殊设计，而是将 Cisco3251 路由器进行一定的加固和去除时钟电池等简单调整后，作为试验设备搭载在 UK-DMC 卫星上。因为路由器自身没有时钟，所以星载路由器采用网络时钟协议(network time protocol，NTP)从地面获得时钟同步信息。星载 IP 路由器的上行速率为 9.6kbits/s、下行速率为 8.1Mbits/s。

2006 年发射的 ETS-Ⅷ试验卫星也搭载了传输速率可达 1Mbits/s 的 IP 交换设备。此设备不仅具有基带信息的再生、纠错功能，还具有存储转发和差错重传功能，在 IP 接入控制方面可支持带宽预留和时隙 ALOHA 两种方式。

如图 4-18 所示，2009 年发射的 Intelsat 14 卫星搭载了 Cisco 公司的星载 IP 路由器。路由器使用标准 IP 分组格式，可直接与地面网络互联。路由器具有三层 IP 路由和组播功能，可根据地面控制指令进行灵活配置。在实现多点传输和分发上，路由器可进行灵活的 IP 分组路由，也可以根据需要进行重构。

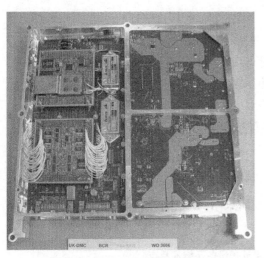

图 4-17　星载 IP 路由器

图 4-18　Intelsat 14 星载 IP 路由器

星载 IP 路由器内置了 1 个射频调制接口卡(modem interface card，MIC)，省去了地面调制解调器 Hub，使用与地面网络相同的互联网操作系统(internet working operating system，IOS)IP 选路策略，允许用户在卫星上实现选路服务。星载 IP 路由器支持所有 IOS 服务栈，有助于提高卫星网络的安全性、可管理性和可升级性，其主要优势包括以下几个方面：

(1) IOS 提高了上、下行链路数据传输中的欺骗和其他攻击的安全防护能力；

(2) 动态 IP 选路有助于实现端到端用户间的安全通信；

(3) 零接触部署允许地面网络路由器的自动配置；

(4) 路由器和 MIC 可升级到新的波形和 IOS 服务，使得添加新的付费业务变得很容易；

(5) 路由器使用常用协议、配置策略和管理工具，与地面 IPv4 和 IPv6 的体系结构一样。

除上述特点和优势外，其他突出特点和优势如表 4-1 所示。

表 4-1　星载 IP 路由器的特点和优势

特点	优势
基本 Cisco IOS 12.4T(15)服务	星上全部实现 Cisco 的 IOS 路由功能
调制接口卡	星上直接实现对软件无线电的支持
支持的波形信号	Linkway S2 调制波形、Linkway 2100 调制波形
动态星载 IP 路由	提高了转发器的利用率和减少了端到端用户连接会话时间
QoS	为用户提供灵活的 QoS
链路带宽管理	能够为用户改变配置和峰值信息传输速率

5. 星载 ATM 交换机

Winds 上搭载的 155Mbits/s 高速 ATM 交换机沿用地面网络 53 字节 ATM 信元格式，地面终端之间能够双向点对点信息传递，但 ATM 控制信令的交互和 TDMA 信道分配，需要地面网络管理中心控制实现。

4.4　星上基带信息处理技术

4.4.1　基带处理技术分类

具有星上基带处理功能的卫星以及所采用的星上基带处理设备及技术特点如表 4-2 所示。

表 4-2　星上基带处理设备及技术特点

卫星		发射日期	基带处理器	基带处理技术特点
Hotbird 系列	W3A	2004.03	Skyplex，Skyplex +（商用）	将多路上行信息流复用成为 1 路下行广播信息流，上行速率为 2～6Mbits/s，下行速率为 55Mbits/s
	Hotbird-4	1998.02		
	Hotbird-6	2002.08		
	Hotbird-7A	2006.03		
	Hotbird-8	2006.08		
UK-DMC		2003.10	IP 路由器（试验）	自身没有时钟，需要网络时钟协议从地面获得时钟同步信息，上行传输速率为 9.6kbits/s，下行传输速率为 8.1Mbits/s
Anik-F2		2004.07	SpaceMux（试验）	接口与 DVB-RCS 标准兼容，采用 ATM 信元交换方式，交换速率为 2Mbits/s
Amazonas		2004.08	AmerHis（商用）	内部核心为 Alcatel9343DVB 处理器，实现多路上行信息流的星上交换和复用，并以 DVB-S 格式下行传输
ETS-Ⅷ		2006.12	IP 路由器（试验）	可提供 1Mbits/s 的基带 IP 数据的路由交换，具有差错重传功能，支持带宽预留和时隙 ALOHA 接入方式
SpaceWay-3		2007.08	IP 路由器	上行速率为 512kbits/s、2Mbits/s 和 16Mbits/s，下行速率为 30Mbits/s
Winds		2008.02	ATM 交换机（试验）	星上 ATM 基带交换方式，可为用户提供 1.5～6Mbits/s 的上行信息速率和 155Mbits/s 的下行信息速率

从星上基带处理技术来看，如图 4-19 所示，星上基带数据处理主要分为两类：

(1) 基带数据的复用和转发；

(2) 基带数据的交换和路由。

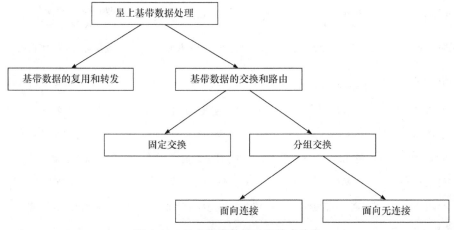

图 4-19　星上基带数据处理技术分类

对于第(1)类星上处理技术，上行数据虽然在星上实现了基带恢复，并将多路基带数据复用成为 1 路，但没有真正做到基带数据的交换。采用此类技术的处理器有 Skyplex 星上基带处理器。W3A 和 Hotbird 系列卫星属于此种类型的卫星。第(2)类星上处理技术，实现了基带数据的星上交换和路由。SpaceWay-3、Amazonas和 Winds 是此类卫星的典型代表。星上交换和路由，可以分为固定交换技术和分组交换技术两类。固定交换技术是指将信息流按照输入信道划分，相同带宽信道的信息流之间可以进行交换。AmerHis 处理器就采用了这种技术。同时，AmerHis处理器还具有将多路信息流复用为 1 路的功能。分组交换技术则完全按照数据包的内容，将不同信道的信息进行交换和路由。星上分组交换技术主要包括：

(1) 基于 ATM 或者类 ATM 的面向连接分组交换技术；

(2) 基于 IP 或者类 IP 的面向无连接分组交换技术。

4.4.2　基带处理技术的分析

基带数据复用和转发的第(1)类星上处理技术起步较早，发展比较成熟，投入商用的卫星比较多。基带数据交换和路由的第(2)类星上数据处理技术的优势更加明显，虽然起步较晚，但进展较快。两类技术的比较如表 4-3 所示。

表 4-3 星上基带处理技术的比较

特点	复用和转发	交换和路由	
		固定交换	分组交换
现有设备	Skyplex、Skyplex+	AmerHis	SpaceMux、IP 路由器、ATM 交换机
进展程度	发展早，投入商用	发展较早，投入商用	发展晚，测试实验阶段
商用卫星	W3A、Hotbird 系列	Amazonas	SpaceWay-3
地面设备	复杂	复杂	简单
地面管理	参与少	参与多	参与少
卫星资源	利用精度低	利用精度较低	利用精度高
数据处理	简单	比较简单	复杂
处理速率	速率高、灵活度低	速率较高、灵活度较低	速率低、灵活度高
交换能力	弱	较弱	强
网络拥塞	地面接入	地面接入	地面接入及卫星节点

从表 4-3 的分析可以得出：

(1) 星上基带数据复用和转发的卫星，在信息传输和交换过程中，需要地面中心的控制和管理少，虽然星上数据处理简单、处理速率高，但数据的交换能力弱、不灵活，卫星链路资源利用精度和利用率低，数据在星上没有拥塞的可能；

(2) 星上基带数据固定交换的卫星，在信息传输和交换过程中，需要地面中心的控制和管理多，虽然星上数据处理比较简单、处理速率比较高，但数据的交换能力较弱、不够灵活，卫星链路资源利用精度和利用率较低，数据在星上没有拥塞的可能；

(3) 星上基带数据分组交换的卫星，在信息传输和交换过程中，需要地面中心的控制和管理少，星上数据处理复杂、处理速率低，但数据的交换能力强并且灵活，卫星链路资源利用精度和利用率都很高，数据在星上存在拥塞的可能。

由于星上硬件处理技术的飞速发展，星上基带数据处理方式不同导致的数据交换处理速率的差异越来越不明显。

对于星上基带数据分组交换和路由技术的研究分为基于 ATM 技术的面向连接定长数据包的交换和路由、基于 IP 技术的面向无连接不定长数据包的交换和路由。这两种技术各有特点和优势，具体比较如表 4-4 所示。

表 4-4　星上分组交换和路由技术比较

特点	面向连接	面向无连接
现有设备	SpaceMux、ATM 交换机	IP 路由器
使用卫星	Anik-F2、Winds	SpaceWay-3、ETS-Ⅷ、UK-DMC
传输技术	ATM、类 ATM	IP、类 IP
数据包	定长，短包	不定长，较长包
有效信息传输率	不高	较高
QoS 保证	有，可操作	可以有，操作困难
连接信令	需要	不需要
交换/路由速率	很快	较快
拥塞管理与流量控制	功能完备	功能薄弱

从表 4-4 可以得出：

(1) 基于 ATM 的路由交换技术，数据包较短、包头比例较大，有效信息的传输效率不高，业务传输之前需要信令建立传输路径，拥塞管理与流量控制功能完备，业务传输可靠性较高，业务的 QoS 能够得到保证，但星上处理要求复杂，数据包格式及长度固定，交换和路由速率可以很快；

(2) 基于 IP 的路由交换技术，数据包较长、包头比例较小，有效信息的传输效率较高，业务传输之前无信令建立传输路径，拥塞管理与流量控制功能薄弱，业务传输可靠性较低，QoS 保证比较困难，但星上处理要求低，数据包长度可变，交换和路由速率受到影响，随着硬件处理技术的提高，此方面的影响非常小。

4.4.3　基带处理技术对卫星通信的影响

星上基带处理技术对卫星通信发展的影响，可以概括为以下几点：

1) 通信卫星将成为空间信息交换节点

从通信卫星的发展来看，多媒体宽带卫星成为发展的主流。卫星的转发器数量更多、频率更高、带宽更大，点波束不断增加。同时，星上处理技术更加复杂，除了动态波束成形技术、密集点波束技术、Turbo 编码技术和 LDPC 编码技术外，星上基带交换成为新的发展热点。这些新技术的出现，赋予了卫星通信基带化、网络化等新的特点，通信卫星已经从"提供通信通道"时代向"参与信息的交换和路由"时代演变。

2) 星上分组交换成为卫星处理技术的主流

星上基带交换技术包括：复用和转发技术、固定交换技术、分组交换技术。每项技术各有特点，分组交换技术优势更加明显，主要体现在：地面中心的控制和管理少、数据交换能力强、具有自主路由功能、链路资源利用精度和利用率高等。很明显，星上分组交换技术已经成为星上基带处理技术的发展主流。

3) IP 交换技术将会处于主导地位

目前，卫星分组交换技术的探索主要分为基于 ATM 的交换技术和基于 IP 的交换技术。这两种技术的差别主要体现在以下几方面：

(1) ATM 技术的有效信息传输效率低，IP 技术的传输效率高；

(2) ATM 技术需要信令建立信息传输路径，星上处理要求高，IP 技术没有信令交互过程，星上处理要求低；

(3) ATM 技术可以保证传输业务的服务质量，IP 技术服务质量保证比较困难；

(4) ATM 技术为定长数据包交换，交换速率相对较快，IP 技术为不定长数据包交换，交换速率相对较慢。

从应用的角度来看，IP 交换技术已经成为地面互联网的主导，在卫星通信网络中发展 IP 交换技术更加适合天地一体互联网的发展。

星上处理技术为卫星通信的发展翻开了崭新的一页，即卫星通信将会与地面网络连成一体，构成天地一体的综合交换网络。

第 5 章 卫星互联网

2010 年之后，卫星通信进入新的快速发展阶段。截至 2018 年，全球共发射各类通信卫星 170 余颗，集中在美国、俄罗斯、中国、欧洲、印度等国家和地区，主要是通信卫星更新换代和抢占卫星轨道资源。中低轨道卫星星座系统的试验和应用逐步启动，卫星通信网络将会与地面互联网融为一体，天地合一的全球互联网时代正式拉开帷幕。

20 世纪 90 年代中期，很多国家和地区，特别是发达国家就已经认识到了卫星互联网的发展热点，随即便开展了一系列研究和实验。目前，卫星互联网的研究已经不仅是围绕地球，而且拓展到了月球、火星等行星，以此构建行星际互联网。

本章讨论卫星互联网技术，主要内容：首先，着重介绍美国的卫星互联网研究，从 OMNI 研究计划、CLEO 研究计划、太空互联网路由计划、行星际互联网计划和空间网络协议框架研究等方面介绍卫星互联网的研究进展；其次，介绍中低轨星座系统的建设发展情况；最后，介绍我国的卫星互联网建设发展情况。

5.1 研 究 起 步

1996 年，NASA 通过"高级通信技术卫星"进行了 622Mbits/s 的透明转发式 ATM 数据的卫星链路传输试验。此项试验的目的是检验 IP over ATM 技术在卫星链路上传输的可行性，并发现 TCP/IP 和 ATM 传输技术在卫星网络传输中存在的问题[73]。美国马里兰大学采用真实的多媒体源进行了通信实验。

同年，美国在 STRV-1b 卫星上安装了试验性软件。该试验不仅分配给卫星 1 个 IP 地址，而且实现了地面与卫星的相互通信。

这些太空通信实验获得了一些有价值的实验数据：

(1) LEO 的 RTT 为 4～32ms；

(2) 同步卫星系统 TCP 的传输能力可以达到 400Mbits/s；

(3) TCP 的性能会受到噪声的影响；

(4) 采用前向纠错之后，空间误比特率可以降到 10^{-7}。

5.2　OMNI 研究计划

5.2.1　计划目标

在前期尝试后，NASA 启动了名为"OMNI"的研究计划。如图 5-1 所示，OMNI 研究计划的目标是把所有远程科学系统、卫星以及空间飞行器上的终端作为 IP 网络中的节点，使 IP 成为通用平台。

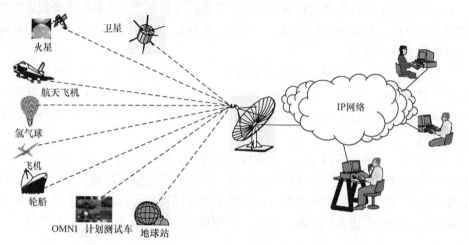

图 5-1　卫星互联网应用场景

OMNI 研究计划是通过跟踪和数据中继卫星系统(track and data relay satellite system, TDRSS)将地球站与控制中心和地面互联网相连，IP 数据报封装在 HDLC 帧中，并在空间链路上传输。此计划包括两种不同类型的飞行器：一种是飞行器上只有 1 个 IP 地址，飞行器内所有设备都在经过统一处理后与地面网络相连，与现有无线网络中移动节点的 IP 地址分配相似，与移动 IP 的解决方式也相近；另一种是飞行器上每个设备都有 1 个独立的 IP 地址，飞行器内需要交换机或路由器在其内部构建局域网，不仅存在终端的移动 IP 问题，还涉及移动局域网问题。

5.2.2　地面模拟试验

首先，NASA 展开了地面模拟试验，即搭建 1 个卫星地面模拟系统，通过 TDRSS 卫星链路实现卫星地球站和模拟系统之间的 IP 数据交换。

星载局域网地面模拟系统主要包括：VyTek 公司开发的空间飞行器操作系统(spacecraft operating system, SCOS)、GPS 接收器(RS-232 接口)、气象站(RS-232 接口)、图像 Web 服务器(以太网接口和多台照相机)。在 SCOS 上嵌入 IP 栈、NTP

客户软件和 FTP 服务软件。

地面模拟试验主要分为以下几个阶段：

(1) IP 栈和应用软件在卫星模拟系统上测试；

(2) 应用软件在低轨卫星模拟计算机上测试；

(3) 模拟系统在卫星轨道仿真环境下测试；

(4) 模拟系统在 TDRSS 卫星链路环境下测试。

通过 TDRSS 卫星链路构建的试验系统，如图 5-2 所示，由地面 GPS 终端、天气监测终端、网络视频服务器等设备构成了星载局域网模拟系统，利用车载卫星通信终端实现与远程网络的卫星链路连接。搭建这样的地面模拟系统，可以进行 GPS 地理信息、天气信息和网络视频浏览等多媒体业务的交互传输，测试 FTP、HTTP 和 UDP 实时传输的性能。

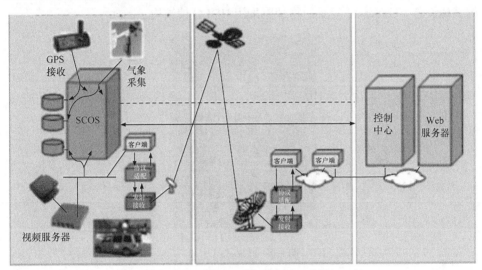

图 5-2　OMNI 地面模拟系统示意图

为了进行测试，远程网络的卫星地球站增加了带有 RS-530 接口的路由器，路由器与 AX.25 接口设备并行。

按照时间顺序，地面模拟试验主要完成了以下工作：

(1) 1998 年 1 月到 1999 年 1 月，通过 ADTECH 信道仿真器证明移动卫星上可以正常使用 IP；

(2) 1999 年 2 月到 4 月，卫星地面模拟系统通过车载卫星终端与 TDRSS 的卫星链路实现了与远程网络的通信，完成了移动卫星的仿真模拟；

(3) 1999 年 8 月，卫星地面模拟系统通过在黑海上的轮船和 TDRSS 之间通信，实现了日食网页发布；

(4) 1999 年 11 月，卫星地面模拟系统通过 TDRSS 实现了数据、图像、话音、电子邮件、视频流的传输。

试验证明 IP 平台上的数据能够在卫星模拟环境下正常收发，使用 TDRSS 卫星链路展示了科学设备在全移动、间歇性接入条件下的 IP 运行情况。

5.2.3　低轨卫星局域网试验

1999 年 4 月，UoSat-12 卫星发射成功。OMNI 研究计划也随之进入第二阶段，即在 UoSat-12 低轨卫星上搭建简单的星载局域网，构建卫星和地面任意节点的连接，并测试实际低轨移动空间环境下的 IP 性能[74]。

如图 5-3 所示，UoSat-12 卫星基于 SSTL 公司的 Minisat 400 系列平台，星上有 3 个处理器、4 个射频收发器、2 个局域网，以及包括 1 个多谱图像扫描仪在内的其他设备。UoSat-12 卫星的物理层采用 HDLC 帧结构。

图 5-3　UoSat-12 卫星

OMNI 试验的终端设备没有直接与低轨卫星的星载局域网终端通信，而是通过互联网与卫星地球站的局域网远程通信。

测试试验工作主要有以下几项。

1) 网络连通测试

通过 IP 的 "ping" 命令，进行地面网络与星载局域网的连通测试，网络测试拓扑结构如图 5-4 所示，上行链路速率为 9.6kbits/s，下行链路速率为 38.4kbits/s。

网络连通测试主要进行了 4 项试验：

(1) 从地球站到 UoSat-12 卫星的 "ping" 连接；

(2) 从 GSFC 工作站到 UoSat-12 卫星的 "ping" 连接；

(3) 地球站的路由器每 30s 统计 1 次链路、接口、网络状态信息；

(4) 从 GSFC 工作站到地球站的 "ping" 延迟。

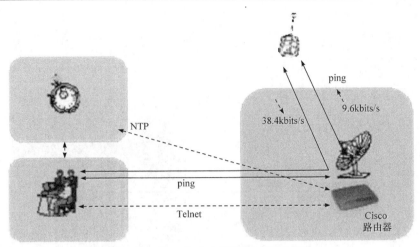

图 5-4　"ping"命令网络测试拓扑结构

截至 2000 年 4 月，网络连通测试完成。

2) NTP 测试

NTP 测试过程中的具体网络拓扑结构如图 5-5 所示，标准 NTP 用户与 UoSat-12
卫星连接，实现卫星时钟 UTC 同步的自动调整。

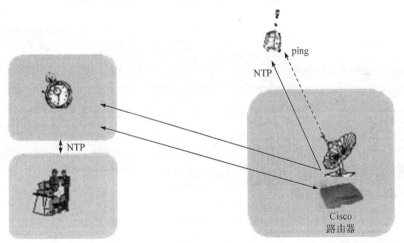

图 5-5　NTP 网络测试拓扑结构

3) FTP 传输测试

2000 年 7 月，进行了 FTP 传输测试，即在卫星上运行 FTP 应用服务，测试
低轨卫星环境下的数据传输性能。FTP 网络测试拓扑结构如图 5-6 所示。

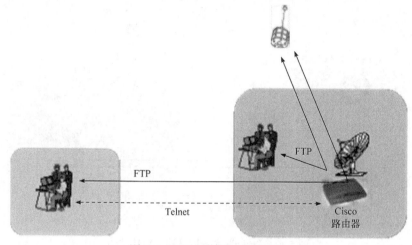

图 5-6　FTP 网络测试拓扑结构

FTP 传输测试主要开展了以下试验：

(1) 从地球站上传和下载数据；

(2) 从 GSFC 工作站上传和下载数据。

通过 FTP 下载了 4 幅地形扫描图，下载结果如图 5-7 所示。

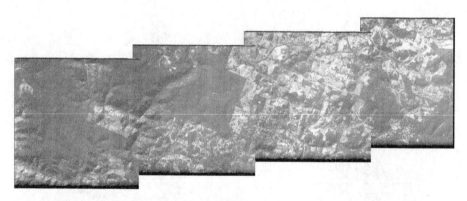

图 5-7　FTP 下载结果

4) UDP 传输测试

2000 年 11 月到 12 月，进行了 UDP 传输测试，主要通过 UDP 传输实时遥感遥测数据，测试 UDP 在低轨卫星环境下的传输效果。

5) HTTP 测试

2001 年 1 月，开展了 HTTP 测试工作，即在 UoSat-12 卫星上开启 HTTP 服务，测试结果如图 5-8 所示。

图 5-8　HTTP 测试结果

从测试结果可以看出，UoSat-12 成功实现了 HTTP 传输，将星上的遥感遥测实时信息直接传递到地面用户终端。

至此，多项测试试验证明星上构建局域网以及 IP 在卫星链路传输是可行的。UoSat-12 低轨卫星成为世界上第一个空间 Web 服务器。

5.2.4　航天飞机 IP 平台试验

IP 作为通信平台在卫星上试验成功后，NASA 开始着手 OMNI 研究计划第三阶段试验，即在航天飞机上测试 IP 平台的通信性能[75-76]。

2001 年，宇航员在亚特兰蒂斯号航天飞机上通过 VoIP 方式实现了与宇航控制中心和地面的话音通信。

2003 年初，NASA 开始在哥伦比亚号航天飞机上执行任务，取名为"航天飞机通信与航行演示"（communication and navigation demonstration on shuttle，CANDOS）。航天飞机上采用低功率收发器实现物理层的编/解码和调制/解调。数据链路层采用 HDLC 帧结构，地面用户终端通过地面网关与航天飞机上的 IP 终端联通。

IP 平台性能测试内容如表 5-1 所示，主要包括：移动 IP 测试、NTP 测试、实时遥测信息传输、可靠文件传输和指令传输。其中，移动 IP 测试是最主要的测试内容。这些测试项目分别采用 UDP 和 TCP 两种传输协议。

表 5-1　IP 平台性能测试内容

测试内容	UDP	TCP
移动 IP 测试	与地面网络自动建立 IP 移动路由管道	—
NTP 测试	从地面网络获取统一时钟，并保持同步	—

续表

测试内容	UDP	TCP
实时遥测信息传输	实时传输机上监测信息	—
可靠文件传输	采用 MDP 向地面网络进行文件的可靠传输	采用 FTP 向地面网络进行文件的可靠传输
指令传输	向机上设备传送控制指令	采用 Telnet 协议登录并实现对飞机设备的控制

测试结果如下：

(1) 移动 IP 的管道建立顺畅，建立时间仅为 50ms；

(2) NTP 能够获得同步时钟，但精度不够高；

(3) UDP 能够实时传输遥测信息；

(4) MDP 能够很好地实现数据的可靠传输；

(5) FTP 和 Telnet 协议的性能良好。

以上这些测试实际上是依托 UDP 和 TCP。这两个协议的性能好坏直接影响测试结果。通过分析可以看出，UDP 更加适合于空间链路传输，主要体现在以下几点：

(1) UDP 既支持单向链路的数据传输，也支持双向链路的数据传输；

(2) UDP 的传输性能不受链路带宽不对称和传播延时的影响；

(3) 依托于 UDP 的 MDP 能够满足数据可靠传输的需要，同时允许在上行链路完全建立好之前就开始下行链路数据传输。

航天飞机 IP 平台试验完成，宣告了 OMNI 研究计划顺利结束。试验证明：在航天飞行器上搭建 IP 平台是完全可行的；UDP 比 TCP 更加适合用于空间链路。

5.3　CLEO 研究计划

在 OMNI 研究计划完成后，美国紧接着开展了一项新的研究计划，名为"CLEO"计划[77-79]。此计划的目标是在卫星上搭载 IP 路由器，实现 IP 数据报在空间的路由和交换。

CLEO 研究计划是在用于自然灾害监测的低轨卫星 UK-DMC 上开展，星上搭载的路由器作为卫星试验载荷。

2004 年 11 月到 2005 年 3 月，对星载路由器进行了 4 次星地之间 IP 路由器测试，主要包括移动 IP 和图像数据的传输。测试证明在低轨卫星上搭载 IP 路由器是可行的，验证了改进协议——Saratoga 的可行性。Saratoga 能够完全利用链路资源，并且能够很好地适应前反向链路带宽不对称链路环境，可以替代 CCSDS 的 CFDP。

虽然 CLEO 研究计划达到了预期目的，但也发现了一些问题，主要如下：

(1) 低轨卫星移动速度快，用于 IP 路由器服务的时间非常短；

(2) 星上与地面的时钟同步校对时间长，影响星载路由器有效工作时间的利用率。

另外，虽然星载路由器具有 IPv6 和 IPsec 功能，但并没有通过 UK-DMC 卫星进行专项测试。

5.4　太空互联网和网络协议研究

5.4.1　太空互联网路由计划

在低轨卫星上进行 IP 路由测试试验后，美国国防部于 2006 年又开展了一项新的卫星互联网计划，即在 GEO 卫星上进行 IP 路由测试试验，取名为"太空互联网路由"(Internet Routing in Space, IRIS)计划。IRIS 计划是联合能力技术论证(joint capability technology demonstration, JCTD)项目的子课题。此项计划的目的是测试 GEO 空间环境下星载 IP 路由器的工作性能以及对 IP 业务传输和路由的影响。

IRIS 计划利用 2009 年 11 月发射的 Intelsat 14 通信卫星，构建以星上 IP 路由器为交换核心的 IRIS 网络，为美军提供话音、视频和数据通信服务，并为互联网分组业务"一跳"转发提供技术支持。

IRIS 计划在推进"IP everywhere"进程中具有里程碑意义，将无处不在的 IP 提高到一个新的水平。IRIS 的第一个客户是美国军方，他们希望能够改善舰艇与陆地之间的通信质量。Cisco 公司的远景规划是在太空中建立互联网，克服"最后 1km"的限制，提供任何时间、任何地方、按需服务的全球互联网接入。

5.4.2　行星际互联网计划

美国构建以 IP 为通信平台的空间、地面合一的互联网计划并不局限于地球范围，还将应用于火星等其他行星的科学研究上，构成行星际互联网。为此，1998 年 DARPA 开始资助 NASA 的喷气推进实验室(JPL)进行名为行星际互联网(Interplanetary Internet)的研究计划[74,80]。在 21 世纪初，此项计划转由 JPL 牵头的行星际互联网计划架构核心团队和一些大学、互联网协会下属的专门兴趣组(IPNSIG)及空间数据系统咨询委员会(CCSDS)等组织和机构负责，进行广泛的研究和讨论。

显然，行星际互联网研究计划比 OMNI 和 CLEO 等研究计划涵盖的范围更广，包括 Planetary 网、Interplanetary 骨干网和 Interplanetary 扩展网。其中，Planetary 网又由 Planetary 卫星网络和 Planetary 地面网络两部分组成。Interplanetary 骨干网是为地球、火星、月球等行星之间提供骨干通信链路，Interplanetary 扩展网则是深空环境下飞行器编队构成的通信网，Planetary 网则是为行星内部网络提供与外层空间网络之间的通信链路。

比较这几类网络可以看出：Interplanetary 骨干网必须能够提供持久稳定的通信链路，Interplanetary 扩展网中的一些节点也应具有这个能力。

5.4.3 空间网络协议框架研究

关于空间网络协议的研究，早在 20 世纪 90 年代就已经开始，并在 90 年代末提出了 SCPS 网络协议族。SCPS 网络协议族包括：SCPS-TP、SCPS-NP、CCSDS 等，分别处于传输层、网络层、数据链路层。在文件传输方面还有 SCPS-FP 和 CFDP 两个协议，其作用与 FTP 相同。

虽然针对空间网络提出了 SCPS 网络协议族，但是在研究和应用过程中 SCPS 网络协议族却存在很多问题，主要体现在以下几方面：

(1) CCSDS 数据帧是定长帧，不能很好地与 IP 数据报耦合。

如图 5-9 所示，几个 IP 数据报可能会被封装到 1 个 CCSDS 数据帧中，也会有 IP 数据报被拆分，分别封装到 2 个 CCSDS 数据帧中。当 CCSDS 数据帧在传输过程中出现某位信息的差错，则整个 CCSDS 数据帧就会被丢弃。这样，多个 IP 数据报就会因为某个 IP 数据报的差错而被丢弃。被分段封装在其他 CCSDS 数据帧中的 IP 数据报也会因为这个差错而无法被识别，最终被丢弃。这就是差错扩散现象。

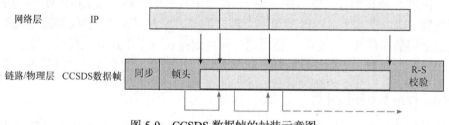

图 5-9　CCSDS 数据帧的封装示意图

(2) SCPS 网络协议族与现有网络协议兼容性能差。

SCPS 网络协议族从应用层到数据链路层均做了非常大的改变。这种改变并没有过多地考虑与现有网络协议兼容的问题。这就使得在应用过程中存在非常大的不便，必须重新设计现有网络设备。

(3) SCPS 网络协议族与现有网络协议相比，整体性能不占优势。

SCPS 网络协议族在传输不同长度的数据报时，其效率仅比 TCP/IP 稍高，而且数据报长度越长，优势越不明显。

通过在实际应用中的测试，美国在卫星互联网的研究发展方面改变了采用 SCPS 网络协议族的思路，直接采用 TCP/IP 族，数据链路层仍然采用 HDLC 数据帧。

　　HDLC 数据帧是变长数据帧结构，其长度完全由网络层的数据报长度决定，即若网络层使用 IP 数据报，则 1 个 HDLC 数据帧的长度就是 1 个 IP 数据报的长度加上帧同步头和尾部校验，具体的封装如图 5-10 所示。

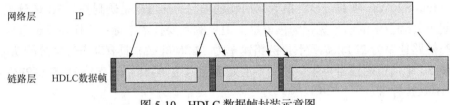

图 5-10　HDLC 数据帧封装示意图

　　采用 HDLC 数据帧格式的优点如下：

　　(1) 1 个 IP 数据报可以简单、方便和完整地封装到 1 个 HDLC 数据帧中，在接收端也可以很容易地提取出来；

　　(2) 当在数据传输过程中出现某位信息差错时，仅会引起单个 IP 数据报的丢弃，不会产生数据差错的扩散。

　　美国已经明确并且开展了新型空间网络协议框架研究，其目标是将 IP 作为网络通用平台。具体的发展过程如图 5-11 所示，逐渐消除空间网络与地面网络的屏障，建立以 IP 为平台的空间、地面一体的网络。

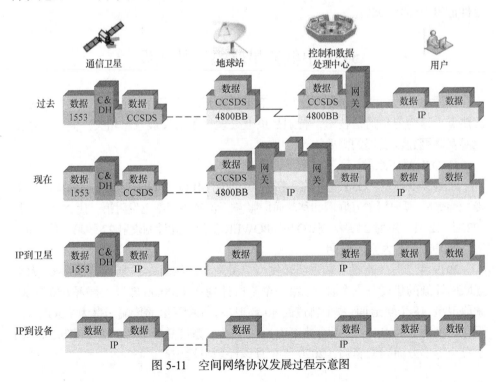

图 5-11　空间网络协议发展过程示意图

5.5　EuroSkyWay 项目和 e-Japan 计划

EuroSkyWay 项目是欧洲航天局启动的项目，其目标是研制基于 ATM 分组交换星上处理技术的新型宽带通信卫星。卫星的主要技术指标：工作在 Ka 频段，上行链路速率为 2Mbits/s，下行链路速率为 32.8Mbits/s；具有动态带宽分配功能；提供 30 个信道的信号再生，总的星上处理能力达 1Gbits/s；支持 DVB/MPEG 和 DVB-RCS 标准。

2001 年 4 月，日本启动了 e-Japan 计划。此计划的目标是打造 21 世纪智能化信息通信网络。Winds 则是 e-Japan 计划的核心项目。Winds 采用了 Ka 频段有源相控阵天线、Ka 频段多波束天线、大功率多端口放大器和高速星载 ATM 交换机。卫星系统的主要目标：通过与互联网的高速接入，建成世界最高水平的吉比特级卫星超高速通信网络，向日本及亚太地区提供超高速互联网通信业务。

ETS-Ⅷ卫星的主要目的是为同步地球卫星移动通信系统的工程实现开展前期技术试验。其中，星上基带交换技术是此卫星的一项具体研究内容，包括低速基带 IP 交换和接入控制等技术。通过此卫星进行了 TCP/IP 的数据加速和链路差错性能等 IP 通信试验。

5.6　中低轨星座系统的建设

如图 5-12 所示，2010 年之后，卫星星座系统的建设悄然成为卫星通信发展的热点。这与卫星通信技术，特别是星上处理技术的发展息息相关。同时，也是卫星互联网建设发展的需要。

1) O3b 星座系统

如图 5-13 所示，O3b 星座系统是第一个商用 MEO 卫星通信系统，提供高速、宽带、低成本、低时延的互联网和移动通信服务。至 2019 年，已发射第一代 20 颗卫星。2022 年 12 月，发射 2 颗第二代 O3b mPOWER 卫星，并计划发射 22 颗第二代卫星。

2) Oneweb 太空互联网

2019 年 2 月，首批 6 颗透明转发型卫星发射。如图 5-14 所示，Oneweb 太空互联网计划的建设分三个阶段。第一个阶段计划在 1200km 轨道上部署 650 颗 Ku 频段卫星，18 个轨道面，每个轨道面 40 颗卫星，每颗卫星的传输速率为 7.5Gbits/s，下行速率为 200Mbits/s，上行速率为 50Mbits/s，系统总处理能力为 5.4Tbits/s。由于资金等多方面因素影响，2020 年 3 月该计划申请破产。

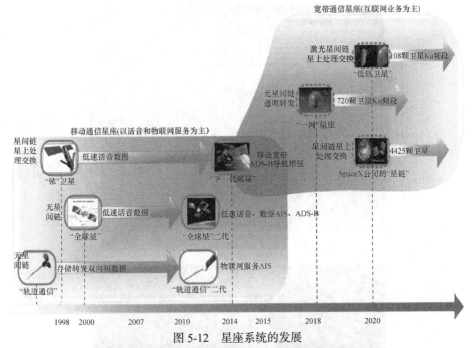

图 5-12　星座系统的发展

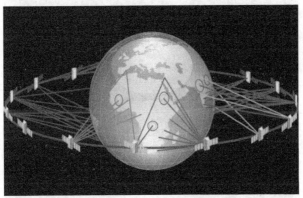

图 5-13　O3b 星座系统

3) Starlink 计划

Starlink 计划如图 5-15 所示，2018 年 2 月发射 Microsat-2A 和 Microsat-2B 试验通信卫星；2019 年 5 月，60 颗低轨测试卫星发射成功，星间链路速率为 1Gbits/s；2020 年 5 月，申报第二代系统，再发射 30000 颗，85% 的二代系统在 400km 以下；截至 2022 年底，共完成 69 批卫星发射，累计发射 3664 颗卫星。

4) Telesat 计划

Telesat 计划如图 5-16 所示，2018 年 11 月获得支持，由 72 颗 1100km 和 45 颗 1200km 卫星组成，每颗卫星有星上再生处理、激光星间链路、16 个点波束等。

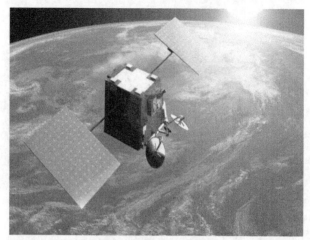

图 5-14　Oneweb 太空互联网

图 5-15　Starlink 计划

图 5-16　Telesat 计划

5) Leosat 计划

Leosat 计划轨道高度为 1400km，共有 6 个轨道面，每个轨道面有 18 颗(其中 5 颗为备份)卫星，每颗卫星有激光星间链路、10 个点波束，每个波束的速率为 1.6Gbits/s。2019 年 11 月该计划停止运作。

5.7 我国的研究发展

在我国《2006 年中国的航天》白皮书中，首次明确了"大航天"概念，将中国航天从航天工业拓展为空间技术、空间应用、空间科学三大领域。白皮书确定了中国航天事业远期发展目标：空间技术和空间应用实现产业化和市场化，空间资源的开发利用满足经济建设、国家安全、科技发展和社会进步的广泛需求，进一步增强综合国力；按照国家整体规划，建成多种功能和多轨道、由多种卫星系统组成的空间基础设施；建成天地协调配套的卫星地面应用系统，形成完整、连续、长期稳定运行的天地一体化网络系统；建立中国载人航天体系，开展一定规模的载人空间科学研究和技术试验；空间科学研究取得众多成果，在世界空间科学领域占有较重要的地位，开展有特色的深空探测和研究。2020 年 4 月，卫星互联网明确纳入新型基础设施建设国家战略。

2004 年 2 月，我国正式宣布探月计划。2007 年 10 月发射"嫦娥一号"探测器，进行绕月飞行并完成了撞月任务。在完成"嫦娥二号"探测器绕月飞行任务后，2013 年 12 月发射"嫦娥三号"探测器，并实现了月球表面的软着陆。2020 年 11 月，"嫦娥五号"探测器发射，成功携带月球样品返回地球。2020 年 7 月，"天问一号"火星探测器发射，2021 年 5 月，我国第一辆火星探测车"祝融号"着陆火星。

随着载人航天的实现和"嫦娥探月"计划、"火星探测"计划的顺利开展，我国将会构建天地一体的卫星互联网。

1) 灵巧通信试验卫星

作为"空天信息网络工程"的重要组成部分，灵巧通信试验卫星于 2014 年 9 月发射。如图 5-17 所示，卫星质量约为 135kg，轨道高度约为 780km，采用星载智能天线、星上数据处理交换等技术，成功实现了手持卫星终端语音业务、数据业务和移动互联网业务传输等。

图 5-17 灵巧通信试验卫星

2) 空间路由器

2018 年 10 月，我国首台空间路由器成功发射。此空间路由器具有自主知识产权路由器操作系统和网络协议栈，并且具备软件定义能力，支持 IPv4/IPv6 网络协议，是构建天地一体化信息网络的核心设备。

3) 虹云工程

2018 年 12 月，虹云工程技术验证卫星成功发射。如图 5-18 所示，虹云工程包括"1+4+156"三步。第一步，完成 1 颗验证卫星发射；第二步，发射 4 颗业务验证卫星；第三步，实现全部 156 颗卫星的组网运行。每颗卫星质量为 500kg，轨道高度为 1000km 左右，采用 Ka 频段，每颗卫星的吞吐量为 4Gbits/s，构建星载宽带全球移动互联网络，实现全球覆盖。

图 5-18　虹云工程

4) 鸿雁工程

2018 年 12 月，鸿雁工程首星发射，标志着我国低轨宽带通信卫星系统建设实现"零"的突破。如图 5-19 所示，鸿雁工程一期由 60 余颗骨干卫星构成，优先提供全球移动通信业务和重点地区的宽带互联网业务，即"移动通信星座"，优先实现电话功能。鸿雁工程二期拓展为 300 余颗补网卫星，将宽带业务拓展至全球，服务 200 万移动用户、20 万宽带用户和近 1000 万的物联网用户。

图 5-19　鸿雁工程

5) 中电网通一号卫星

如图 5-20 所示，2019 年 6 月，中电网通一号 A/B(天象)两颗卫星在海上发射成功。中电网通一号卫星是首个基于 Ka 频段星间链路的双星组网小卫星系统，星上搭载高动态条件下软件定义网络(software defined network, SDN)天基路由器，可实现空间路由的地面计算、星上的数据转发。另外，卫星具有高动态星间链路，可通过星间链路实现卫星之间的信息共享。

图 5-20 中电网通一号卫星

6) 天启星座

2023 年 1 月，天启星座 13 星发射成功。天启星座是我国首个开展多星组网数据运营的低轨物联网星座，由卫星星座、卫星地面站、卫星测控中心、运营支撑平台、物联网应用平台、卫星终端等组成。天启星座 02 星主要用于用户海量数据广域采集；天启星座 06 星是短报文通信卫星，可为地面用户提供星座分布式控制系统的数据传输服务；天启星座 09 星、11 星、12 星和 13 星主要用于数据采集和传输服务。

7) 行云工程

2017 年 1 月，首颗技术验证卫星行云试验一号成功发射，2018 年 3 月行云工程正式启动，计划发射 80 颗小卫星，分 α、β、γ 三个阶段建设低轨窄带通信星座系统，为用户提供数据采集、信息实时传输、数据深度挖掘等综合物联网信息服务。2020 年 5 月，行云试验二号 01/02 星发射，成功开展了低轨卫星星间激光通信试验，多项天基物联网核心技术得到有效验证，实现 α 阶段工作目标；β 阶段计划实现小规模组网；γ 阶段计划在 2023 年前完成 80 颗低轨通信卫星组网。

除上述工程外，我国还开展了其他多项工程，如飞云工程，研究无人机载区域网及其应用；快云工程，研究临近空间飞艇局域网及其应用；腾云工程，研究空天往返飞行器及其应用。

第6章 卫星激光通信

随着卫星互联网的发展，超光谱成像、合成孔径雷达等开始在通信卫星上应用，卫星网络的通信带宽需求达到10Gbits/s量级以上，常规微波通信带宽显然不能满足需要。为此，激光通信成为解决卫星通信链路带宽，特别是星间链路带宽的技术途径[81]。

卫星激光通信是一种采用激光为信息载体，实现星间和星地信息传输的通信技术，通信带宽可以达到100Gbits/s量级，具有带宽大、体积小、质量轻、功耗低、保密性好、抗干扰能力强、不需要无线电频率许可等优点。欧洲、美国、日本和我国相继开展了卫星激光通信的试验，在星地、星间和深空高速激光通信上进行了大量有益尝试。

卫星激光通信系统是实现大容量卫星通信的重要组成部分，直接决定卫星通信系统的功率效率、带宽利用率、体积、质量、实现复杂度等，是研究的重点。分析卫星激光通信系统，对把握卫星高速传输技术的发展趋势、了解不同场景的具体应用，具有很好的参考价值。

本章首先介绍卫星激光通信的发展过程，分析卫星激光通信的发展趋势；其次阐述卫星激光通信的主要技术，主要介绍卫星激光通信系统的组成，分析各系统的功能和作用；最后介绍卫星激光通信的主要应用。

6.1 卫星激光通信发展

6.1.1 星地典型卫星激光通信系统

20世纪80年代中期，日本邮电部通信研究实验室(Communication Research Laboratory，CRL)开始着手卫星激光通信的研究工作，并从1987年开始经过6年的研究，于1993年完成了卫星激光通信设备(laser communication equipment，LCE)的研制。LCE终端搭载在试验卫星ETS-Ⅵ上，于1994年8月发射，同年12月与光学地面站建立了星地激光通信链路。此后，日本还成功进行了双向激光通信试验，通信速率为1.024Mbits/s，在世界上首次实现了星地双向激光通信链路的通信[81-83]。

　　LCE 的主要参数如表 6-1 所示。CRL 系统上行链路发送激光器光功率为 37dBm，接收光功率为–60.4dBm，下行链路发送激光器光功率为 11.4dBm，接收光功率为–56.4dBm。LCE 发送端采用曼彻斯特编码强度调制，接收端采用 Si-APD 直接检测。

表 6-1　LCE 的主要参数

参数	指标
质量	22.4kg
功率	90.4W(最大)
望远镜尺寸	7.5cm
放大倍数	15
发送端	
激光	LD(GaAIAs)
波长	0.83μm
平均功率输出	13.8mW
光束发散	30/60μrad
传输速率	1.024Mbits/s
调制	强度调制/曼彻斯特编码
接收端	
波长	0.51μm
探测器	Si-APD(DD)
误比特率	10^{-6}
FOV	0.2mrad

　　发送端采用曼彻斯特编码强度调制的基本原理是在发送端把调制电流作为激光器的工作电流，将信息调制到光源上，使得光波随着调制电流的变化而变化。接收端采用 Si-APD 直接检测的基本原理是利用光电探测器直接将光信号转换为电信号。这种技术体制的优点是设备简单、损耗较小、成本低廉、易于实现。其缺点是调制方式单一，仅利用了光载波可调制 4 个参量中的振幅参量，频带利用率受限。另外，直接探测方式在远距离、高速率信息传输中，接收灵敏度比较低。

6.1.2　星间典型卫星激光通信系统

1. GEO-LEO 典型卫星激光通信系统

ESA 从 1977 年就开始了对空间激光通信的研究，以试验验证空间激光通信的可行性。在 20 世纪 80 年代末，ESA 启动了 SILEX 计划，并研制了 OPALE 和 PASTEL 两个星间激光通信终端。OPALE 终端搭载在 GEO 卫星 ARTEMIS 上，PASTEL 终端搭载在 LEO 卫星 SPOT-4 上[81,84]。

2001 年 11 月，SPOT-4 与 ARTEMIS 两颗卫星建立了 GEO-LEO 双向星间激光通信链路。其中，LEO 向 GEO 的通信速率为 49.372Mbits/s，GEO 向 LEO 的通信速率为 2.048Mbits/s。这是世界上首次成功实现星间激光通信的试验。此后，ARTEMIS 卫星还与位于法国南部的激光地面站、飞机(法国 LOLA 实验)和日本的 OICETS 卫星等进行了激光通信试验。

SILEX 系统主要参数如表 6-2 所示。

表 6-2　SILEX 系统主要参数

参数	SPOT-4 低轨卫星终端	ARTEMIS 同步卫星终端
接收望远镜尺寸	250mm	—
传输望远镜尺寸	250mm	125mm
发射波束波前误差	830nm 处为 λ/14	—
激光器	GaAIAs 二极管，847nm	GaAIAs 二极管，819nm
激光功率输出点	60mW 光二极管水平	37mW 光二极管水平
调制	NRZ，50Mbits/s	PPM，2Mbits/s
Beacon 波束	无	[19]GaAIAs 光二极管，801nm 捆绑的光纤对

ESA 早期的卫星激光通信方案采用气体激光器的相干体制，1985 年开始采用 Nd:YGA 激光器。由于当时激光器件无法满足实际应用需求，只能放弃相干探测方案，仍然选用 IM/DD 方案，使用比较成熟的 830nm 半导体激光器作为通信光源。虽然提高了传输速率，但由于 IM/DD 方案的局限性，卫星激光通信的优势并没有充分发挥出来。第一代 ARTEMIS 发射功率为 500mW，发射调制方式采用脉冲位置调制(PPM)，SPOT-4 发射功率为 70mW，发射调制方式为 OOK-NRZ。

2. LEO-LEO 典型卫星激光通信系统

为了推进卫星激光通信的实用化，Tesat 公司成功研制了相干激光通信终端 LCT/LCTSX[81]。

　　2007 年 4 月，1 个 LCTSX 终端搭载在美国 LEO 卫星 NFIRE 上发射升空。2007 年 6 月，另 1 个 LCTSX 终端搭载在德国 LEO 卫星 Terra SAR-X 上发射升空。2008 年 2 月，Terra SAR-X 卫星与 NFIRE 卫星进行了传输速率为 5.6Gbits/s 的空间激光通信试验。LCT 在轨运行典型参数如表 6-3 所示。

表 6-3　LCT 在轨运行典型参数

参数	LEO-LEO 双向通信
信息速率	5.625Gbit/s
链路距离	1000～5100km
误码率	小于 10^{-11}
发送光功率	0.7W
望远镜口径	125mm
质量	35kg
功率消耗	120W
体积	$(0.5×0.5×0.6)m^3$

　　相干激光通信主要利用相干调制和外差检测技术。相干调制是利用传输的信号改变光载波频率、相位和振幅等。这就要求光信号必须是确定的频率和相位，即相干光。外差检测是利用一束由本地振荡产生的激光与接收的信号激光在光混频器中混频，产生与信号激光的频率、相位和振幅相同变化规律的中频信号，由此实现信号的检测。相干检测主要包括外差和零差两种方式。外差检测方式，即接收端将接收的信号叠加在本地振荡器频率上，二者频差为零，通过适当的设置，使二者相位相长或相消，实现信号的检测。

　　Tesat 公司研制的相干激光通信终端 LCT/LCTSX，在发送端采用了零差二进制相移键控调制方案，在接收端采用了信号零差检测方案。

　　LCT 的在轨试验标志星间相干激光通信试验的成功，充分体现了激光通信高带宽、高速率的优势。虽然相干激光通信具有更高的探测灵敏度，但是同时也增加了系统的体积、功耗和实现复杂度，对本地振荡器提出了更高的要求。

3. 地–月深空典型卫星激光通信系统

　　2008 年，美国 NASA 启动了月球激光通信演示(Lunar Laser Communications Demonstration，LLCD)计划，其目标是在绕月飞行器与地面之间建立激光通信链路[85]。2013 年 9 月，绕月飞行器搭载着月球激光通信太空终端(lunar lasercom space terminal，LLST)发射成功，并于同年 10 月与地面进行了双向激光通信，上行速率为 20Mbits/s，下行速率为 622Mbits/s，通信距离达 40 万千米，首次实现了地球与绕月飞行器的远距离深空激光相干通信[86]。

深空激光通信信道属于泊松光子计数信道，除了存在背景光辐射、散弹噪声、热噪声、探测器量子限制，以及星体振动等引起的随机错误和突发错误外，还存在码间干扰，这都给试验能否成功带来了很多变数。试验的成功表明采用脉冲位置调制技术在深空环境中进行激光相干通信是可行的。

LLCD 发送端原理框图如图 6-1 所示，月球侧 LLST 下行链路使用 16 时隙脉冲位置调制(16-PPM)将数据调制到激光载波上，激光发送功率为 0.5W。地面侧月球激光通信地面终端(lunar lasercom ground terminal，LLGT)上行链路有 10Mbits/s 和 20Mbits/s 的数据速率，采用 4 时隙脉冲位置调制(4-PPM)将数据调制到激光载波上。调制后，每个发送机将信号放大到 10W，并通过单模光纤耦合到发射机望远镜中。望远镜产生约 10mrad 的聚焦发送激光。4 个发送孔径可提供空间分集，减轻了大气湍流对激光的影响，同时也可使用商用放大器产生 40W 的上行链路总功率。

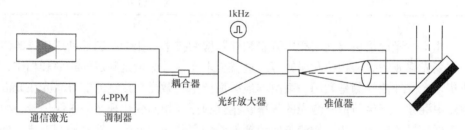

图 6-1　LLCD 发送端原理框图

脉冲位置调制简称脉位调制，即调制信号仅改变载波脉冲中 1 个脉冲的产生时间，而不改变其形状和幅度，每个脉冲产生时间的变化量与调制信号电压的幅度对应，与调制信号的频率无关。单脉冲位置调制(L-PPM)是将源端 n 位二进制信息映射为 $2n$ 个时隙组成的时间段上的某 1 个时隙处的单脉冲信号。对于 1 个 4-PPM 调制，时隙数 L 为 4，每帧可传送的比特数 n 为 $\log_2 L = 2$。LLCD 系统的 LLST 和 LLGT 间激光通信链路参数如表 6-4 所示。

表 6-4　LLCD 系统的 LLST 和 LLGT 间激光通信链路参数

参数	LLST	LLGT
相关尺寸	终端调制模块 $(315 \times 261 \times 185) \text{mm}^3$	约 4.57m
质量	约 30kg	总质量为 7000kg
功率	最大 140W	—

续表

参数	LLST	LLGT
月球距离	362570～405410km	—
上行辐射度	36～63nW/m²	—
下行辐射度	0.17～1.7nW/m²	—
发送端		
望远镜口径	10cm	15cm
发送功率	0.5W	总功率为40W
通信波长	1550.12nm±0.1nm	1558.17nm±0.02nm
光束发散度	约15μrad	约10μrad
信标光波长	—	1567.95nm±0.1nm
点散度	—	45μrad
指向精度	优于1°	—
调制	16-PPM	4-PPM
信息速率	38～622Mbits/s	10Mbits/s 或 20Mbits/s
接收端		
望远镜尺寸	10cm	40cm

6.2　卫星激光通信系统原理和技术

如图 6-2 所示，卫星激光通信系统一般由光学子系统、捕获跟踪子系统 (acquisition tracking pointing，ATP)、通信子系统等组成，收发两端通常采用相似技术方案，利用激光频段进行通信，主要技术包括捕获跟踪瞄准技术、相干通信技术、波分复用技术等[86-89]。

图 6-2　卫星激光通信系统框图

6.2.1　光学子系统

如图 6-3 所示，光学子系统是卫星激光通信系统的重要组成部分，其主要作用是接收和发射激光信号。不同激光通信终端的光学子系统主要参数也不一样。

随着技术的不断进步，光学子系统也在不断发展。光学子系统主要包括光学天线、发射光路和接收光路。

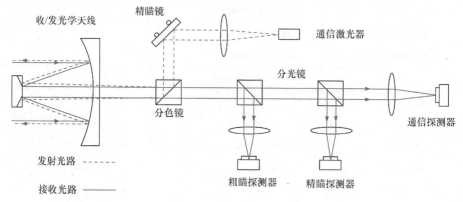

图 6-3　光学子系统示意图

1) 光学天线

在卫星激光通信系统中，为了满足系统小型化、轻量化要求，光学天线通常采用收发共用结构，作用主要有以下两方面：

(1) 对发射光束进行扩束准直、扩大发射系统的光斑尺寸、减小输出光束的发散角；

(2) 对接收的光信号进行压缩整形，并聚焦和耦合到光电探测器上。

衡量光学天线的参数主要是光学天线发射增益和光学天线接收增益。对于光束发射，光学天线发射增益的物理意义：天线发射光波强度和相同辐射功率条件下理想的各向同性辐射强度的比值。对于光束接收，光学天线接收增益的物理意义：相同辐射功率条件下理想的各向同性辐射强度和天线接收光波强度的比值。

卫星激光通信系统的发射和接收天线实际上是光学望远镜，天线可以是透射式天线或卡塞格林型反射式天线。透射式天线可避免次镜遮挡引起的收发功率损耗，但体积和质量较大且镀膜效率低。反射式天线虽然会引入一定的次镜遮挡损耗，但天线体积较小，目前在卫星激光通信终端中采用较多。一般来说，现在选用的空间激光通信频段范围，对于孔径较大的天线(如 SILEX 系统的 25cm 天线)，可采用反射式天线，有助于降低天线的制造难度，提高天线的可靠性，减轻质量；而在天线孔径较小时，则选用透射式天线(如小光学用户终端天线系统)。

接收天线孔径越大，可实现的光信号发射和接收增益越大。但随着孔径增大，天线的体积和质量也要增加，需要考虑卫星平台的承受能力。

2) 收发光路

卫星间激光通信终端一般采用半导体激光器作为信标光的光源，波长在 800nm 附近。考虑到应用光纤器件的成熟技术，近年来一些卫星激光通信系统采用了

1550nm 波长的光作为光源。由于半导体激光器输出的激光光束质量不高,在发射之前通常要对光束进行整形和压缩,整形后输出的光束为近高斯分布,而经过压缩后输出光束的发散角通常为微弧度量级。激光光源的功率和发射天线增益的选择在很大程度上取决于激光在自由空间传输的损耗。

激光发射光路包括信标光发射通道和信号光发射通道。信标光输出端及其光束整形透镜组组成信标光发射通道,在激光链路建立的捕获过程中进行大束散角连续光输出,在激光链路建立后的跟踪过程中进行小束散角调制光输出。

激光接收光路包括跟瞄探测接收通道和信号光探测通道。跟瞄探测器及其透镜组、滤光片组成跟瞄探测接收通道,在激光链路建立与保持过程中探测入射信标光。通信探测器及其透镜组、滤光片组成信号光探测通道,在激光链路保持过程中对上行信号光进行接收探测。

6.2.2　捕获跟踪子系统

捕获跟踪子系统是卫星激光通信系统中另一个重要的子系统,包括粗瞄装置、精瞄装置、预瞄装置、捕获探测器、跟踪探测器等[88]。

1) 基本原理

捕获跟踪子系统的工作原理如下:

(1) 在接收端探测发射端发出的信标光,对其进行捕获、跟踪,并将信标光返回到发射端,以完成点对点的锁定,实现收发两端之间的通信链路建立。

(2) 收发双方通过通信光束进行数据传输,实现通信。在通信过程中,用通信光代替信标光保持收发双方的激光链路跟踪,直到通信结束。

2) 组成结构

ATP 系统主要包括 3 部分,即粗瞄装置、精瞄装置、预瞄装置。此外,ATP系统还应包括捕获探测器、跟踪探测器及其电子系统、控制计算机及其输入输出接口等。

粗瞄装置主要包括:万向转台、望远镜、中继光学器、捕获传感器、万向转台角传感器、万向转台伺服驱动电机等。在捕获阶段,粗瞄装置工作在开环方式下,根据接收的命令信号(该命令信号由上位机根据已知的卫星运动轨迹或星历表给出),将望远镜定位到对方通信终端的方向上,以便来自对方的信标光进入捕获探测器视场。在粗跟踪阶段,粗瞄装置工作在闭环方式下,根据目标在探测器上的位置与探测器中心的偏差来控制万向转台上的望远镜,跟踪精度必须保证系统的光轴处于粗跟踪探测器的视场内,以确保入射的信标光在粗跟瞄控制系统的动态范围内。

精瞄装置主要包括:快速反射镜、跟踪传感器、执行器(压电陶瓷或音圈电机)、位置传感器等。精瞄装置工作在闭环方式下,根据精跟踪探测器的误差信号,控制快速反射镜跟踪入射信标光,从而形成精跟踪环。精跟踪环的跟踪精度决定整个系统的跟踪精度,带宽要求非常高,一般为几百赫兹,甚至上千赫兹。带宽越高,对干扰的抑制能力越强,系统的反应速度就越快,跟踪精度也就越高。

预瞄装置主要包括:快速反射镜、执行器、四象限传感器等。预瞄装置建立的信道对收发双方的精瞄准起着十分重要的作用。这是因为在卫星激光通信中,通信的双方都在各自的轨道上不停运转,并且距离非常远,激光在两者之间传输时需要一定的时间。在这段时间内,双方都会移动一定距离。如果接收端仍然沿着对方信标光的方向返回信标光,就不会瞄准对方。加入预瞄装置正是为了解决这个问题。根据卫星的姿态、速度和星历表提前计算出预瞄准角,并将其作为预瞄准控制的命令信号。预瞄装置采用开环控制方式,使出射激光预先偏离入射激光一个角度,从而使出射激光可以没有偏差地瞄准对方。

6.2.3 通信子系统

通信子系统是实现卫星激光通信的功能主体,如图 6-4 所示,主要包括:调制器、信号光源、合束器、精瞄跟踪装置、接收机、光电探测、分束器、光学收发天线等。

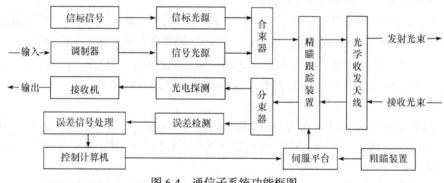

图 6-4 通信子系统功能框图

早期研制阶段,受光电元器件性能限制,所研制的卫星激光通信终端多采用强度调制/直接探测(IM/DD)体制,比较典型的是欧洲航天局的 SILEX 计划。在IM/DD 体制下,高速通信时系统探测灵敏度较低,无法满足越来越高的通信容量需求,光载波所带来的通信带宽优势没有得到完全体现。随着光电器件的逐渐成熟以及大量关键技术的突破,应用于卫星激光通信系统的相干体制探测技术越来越受到重视。

随着卫星激光通信的发展,远距离、高速率通信需求不断增加,但星载激光通信终端的体积、质量和功耗严格受限,如何有效解决传输距离和速率与终端体积、质量和功耗之间的矛盾，成为空间光通信技术能否真正实用化的关键因素。

在相同码速率和误码率条件下，采用相干体制较经典的直接探测体制能给通信系统带来更高的探测灵敏度，但增加了系统的体积、质量和功耗，而且对卫星平台的温控要求较高。

直接探测系统具有体积小、质量轻、功耗小的优点，且对卫星平台的温控要求合理。近年来，随着小信号光放大器的飞速发展，直接探测系统在单路 2.5Gbit/s 以内的探测灵敏度得到了显著提升，已成为各国卫星激光通信系统的主要选择。

综上所述，直接探测系统和相干探测系统各有优缺点，未来的发展趋势是两种技术并行发展，根据不同的激光链路需求分别或同时应用。

1) 相干激光通信技术

相干激光通信主要采用相干调制和外差检测技术，相干探测原理框图如图 6-5 所示。相干调制要求光信号有确定的频率和相位(不像常见的自然光，没有确定的频率和相位)，即相干光。相干激光通信技术的接收灵敏度比直接检测技术高 10～18dB。

图 6-5　相干探测原理框图

在激光通信发送端，采用外调制方式将信号调制到光载波上进行传输。光信号到达接收端时，首先与本振光信号进行相干耦合，然后由光电探测器进行探测。相干激光通信系统中本地振荡光源输出的光波与接收到的已调光波在满足波前匹配和偏振匹配的条件下，进行光电混频。混频后输出的信号光波场强与本振光波场强之和的平方成正比，从中可选出本振光波与信号光波的差频信号。由于差频信号的变化规律与信号光波的变化规律相同(不像直检波通信方式，检测电流只反映光波的强度)，因而可以实现幅度、频率、相位和偏振等各种方式的调制。

根据本振光波的频率与信号光波的频率是否相等，可以将相干激光通信系统分为以下两类：

(1) 当本振光波的频率和信号光波的频率之差为一个非零定值时，该系统称为外差接收系统；

(2) 当本振光波的频率和相位与信号光波的频率和相位都相同时，称为零差接收系统。

前者的光信号经光电转换后获得的是中频信号，还需二次解调才能转换成基带信号。后者的光信号经光电转换后直接转换成基带信号，不用二次解调，但要求本振光波频率与信号光波频率严格匹配，并且要求本振光波与信号光波的相位锁定。

2) 波分复用技术

波分复用技术是利用同一光信道传输多个不同波长光的技术，能够有效提升空间信道的传输容量。MITRE 公司以美国第二代中继星 TDRSS Ⅱ 为背景需求，研制的卫星激光通信终端就采用了波分复用技术。该系统可提供 2 个 300Mbits/s 通道或 1 个 650Mbits/s 通道，采用的光源为 6 个输出功率为 1W 的半导体激光器，波长范围在 780～875nm(同时用于捕获和跟踪)。1 个波长为 780nm 的激光器用作前向链路的数据传输；3 个波长分别在 810nm、830nm、860nm 的激光器用作反向高速数据链路；1 个波长为 795nm 的激光器作为前向链路的捕获和跟踪；反向链路的捕获和跟踪采用 1 个波长为 875nm 的激光器。

在探测系统中采用光学带通滤光片来分开各个不同波长的信号光，同时对激光器采用主动温控装置以稳定输出波长。在卫星激光通信系统中，直接探测系统允许入射激光信号的波长有±3nm 的漂移，故对温控系统的要求是将温度控制在 18～24℃，即波长漂移在 6nm 以内。滤光片的中心波长为 807nm、827nm、857nm，允许中心波长有 1nm 的偏差，并且在偏差 1nm 的带通范围内透射率大于 90%。在离滤光片中心频率超过 12nm 的相邻通道之间的衰减在 60～80dB。

6.2.4　激光大气传输技术

卫星激光通信传输的数据大部分要通过大气层星地激光链路发送至地面，大气层大致分为 3 个基本类型：透明空气(天气非常晴朗平和)、云(阴天)和雨(雨天)。透明空气信道为最佳，然而透明空气仍然包含涡流和温度梯度(透明空气扰动)，能引起透射场折射率的变化。折射率变化的作用像光学透镜一样，既能够会聚光束，也可以改变光束的传播方向。根据日本星地激光链路实测结果，在晴朗天气情况下，大气对星地激光链路的影响要比人们想象的小。多云大气层中含有湿气、雾和浓云，覆盖范围从地表面附近延伸到 1000m 左右高度。由于大气层中有水蒸气积聚，因此存在更高的衰减。雨中有大尺寸水珠，根据降雨的速率和雨云的程度，可产生更严重的影响。

1) 大气湍流

大气湍流是星地激光链路所面临的一个重要问题。对于在随机信道中的光波传输而言，光束的扩展、光斑的抖动和相干性退化是限制激光传输的重要因素。光波通过大气传输和成像是激光通信、卫星遥感、光学雷达等领域湍流大气环境中进行光学系统和捕获跟踪控制系统设计所必须考虑的问题。

大气湍流的主要形成原因包括：地球表面对气流拖曳形成的风速剪切、太阳对地球表面的不均匀加热、地表热辐射导致的热对流等。这些因素导致大气温度和速度场不均匀，进而形成大气湍流。大气湍流的存在造成了大气折射率的随机起伏，进而对光束的波面和传播产生影响。在星地激光通信过程中，当光束穿过地球大气层时，大气湍流对传输光场的影响将导致光通信终端接收光强的随机起伏，从而对链路系统的捕获、跟踪和通信产生影响。

大气湍流效应的定性描述如下：当激光通过湍流时，大气湍流造成了折射率的微小变化，使得波前相位畸变。畸变波前的继续传播又会引起其进一步畸变。虽然单个畸变量很小，但是沿大气路程上传播的累积影响却非常大，最终在接收端产生光强起伏、光束漂移和光束扩展等湍流效应。

2) 光束漂移和衰减

光场在透明空气信道中传播，大气的存在会引起光场扰动，产生涡流和温度梯度。只要光束波前面积小于扰动尺度，光场就不发生畸变，但光束可能会改变方向，在接收机平面上产生光束漂移和散焦，相当于存在瞄准误差。光束的漂移会使接收机工作于光束的边缘，即使接收机精确对准，也会产生一定的功率损耗。另外，光束漂移引起接收到的光束在接收机平面上漫游，产生随时间推移的功率变化。

由于大气对电磁波散射和吸收等因素的影响，一部分频段的光在大气层中的透过率很小或根本无法通过，能量的传播角被重新定向。

3) 强度起伏

大气闪烁(强度闪烁)效应是当光束直径比湍流尺度大很多时，光束截面内包含多个湍流旋涡，每个旋涡各自对照射其上的那部分光束独立散射和衍射，引起光强的忽大忽小。在激光通信系统中，大气闪烁可引起接收机探测电流的随机涨落，从而导致探测系统的噪声增加。

4) 多光束补偿技术

在星地激光通信中，对大气湍流引起的光强起伏采用的补偿方法通常包括：大孔径接收和多光束并束传输。这两种方法的补偿效果分别由接收端光场的相干长度和不同光束的接收光强起伏相关性决定。

地面的大孔径接收天线直径为 0.5~1.0m，接收孔径远大于光波的相干直径，因此大孔径接收的孔径平均效应能有效抑制下行接收光强起伏。

当光源 1 和光源 2 的间距大于大气相干直径时，两光束到达卫星接收端的相位延迟差的方差大于 2π。其原因是光源处于湍流层中，光源前端的湍流旋涡使光束不断地发生折射和衍射。随着传输距离增加，两个光场在传输路径上的相位积分差值增加。当光束传至接收端时，光束的光强起伏各自独立地随机变化，即互不相关。此时总的接收光强起伏是多个相互独立同分布随机起伏光强叠加的结果。因此，上行链路采用多光束传输能够抑制大气湍流效应造成的光强起伏。

5) 自适应光学补偿技术

在星地激光通信终端中，采用自适应光学系统可以校正波前，提高光束的成像质量，进而提高瞄准精度。自适应光学系统主要由波前探测器、控制系统、变形反射镜和光学系统等组成。其工作过程是先由波前探测器检测失真波前，再由控制系统产生驱动信号来改变变形反射镜的形状以补偿波前失真。地面终端的接收孔径一般远大于下行传输光束的相干长度，因此为了提高激光通信链路性能，地面终端可以采用自适应光学补偿技术。星上终端的接收孔径远小于上行传输光束的相干长度，因此星上终端的成像光斑不发生畸变，不需要采用自适应光学补偿技术。当光束通过大气传输并在光学成像系统的焦平面上成像后，成像光斑发生畸变。因此，在瞄准捕获跟踪(pointing acquisition tracking，PAT)系统中需要采用自适应光学补偿系统改善成像光斑质量，补偿后成像光斑的空间分布近似服从高斯分布。

6.3　卫星激光通信系统组成

如图 6-6 所示，卫星激光通信系统一般包括：信号发射子系统、信号接收子系统、瞄准捕获跟踪子系统等。此外，二次电源子系统和热控子系统为卫星激光通信终端配套设备，一般由卫星平台根据卫星激光通信系统的具体要求进行设计和布局。

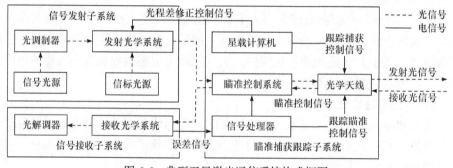

图 6-6　典型卫星激光通信系统构成框图

信号光束经调制后，同信标光束一起经信号发射子系统、瞄准捕获跟踪子系统后，由光学天线发射。星载计算机控制光学天线出射的光束瞄准角度，以补偿卫星相对运动和进行光束捕获跟踪。接收到的光束经光学天线和瞄准捕获跟踪子系统后，进入信号接收子系统，一部分光入射到光解调器，用于通信信号接收；一部分光入射到接收光学系统，用于入射光角度偏差信号的实时检测。

6.3.1　信号发射子系统

信号发射子系统用于发射信标光和信号光。信标光指在激光通信系统的捕获和跟踪过程中为通信终端中的捕获探测器和跟踪探测器提供角度偏差检测信息的激光光束，分为捕获信标光和跟踪信标光。信号光指在激光通信系统的通信过程中用于传输通信信号的激光光束。

早期的终端信号发射子系统输出波长在 800nm 附近。随着光纤器件技术的不断成熟，近年来大部分卫星激光通信系统多采用 1550nm 和 1064nm 波长的光纤激光器作为信号发射子系统的信号光源，采用 800nm 波长的光纤激光器作为信号发射子系统的信标光源。

把模拟或数字信号信息叠加到信号光源上可以采用不同的方式，如频率调制(FM)、相位调制(PM)、强度调制、极化调制和相干调制等。光调制器有 2 种基本类型，即内调制器和外调制器。内调制器是电信号对信号光源本身直接进行调制，产生调制的光场输出。通过改变偏置电流可对光源进行幅度或强度调制，改变激光器的腔长可实现频率或相位的调制。外调制器通过外部器件调制信号，使信号光光波的输出特性产生变化，一般通过物质的电光或声光效应来实现。外调制器会引入较大的耦合损耗，调制深度也有限制，并且要求具有较高的调制驱动功率。

为了满足卫星激光通信终端的小型化要求，通常采用卡塞格林望远镜作为光学发射和接收共用天线。有的卫星激光通信系统采用收发分离天线，接收天线为卡塞格林望远镜，发射天线为开普勒望远镜。采用收发共用天线的优点是光终端体积小，但由于增加了分光镜等分光器件，光能有较大损耗，发射通道内的光学器件产生的后向反射对信号探测器会造成一定的影响。采用收发不共用天线的优点是可降低损耗，缺点是终端体积和质量增大。

卡塞格林系统结构如图 6-7 所示，主要由抛物面主镜和双曲面次镜构成。主镜与次镜焦点重合，整个系统不存在球差。该光学系统结构简单、像质优良，广泛应用于空间光学系统中。

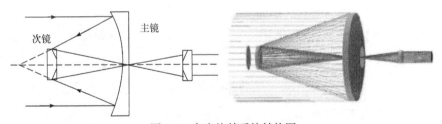

图 6-7　卡塞格林系统结构图

开普勒望远镜结构如图 6-8 所示，由具有正光焦度的目镜和物镜构成。其优点是两镜之间存在聚焦点，中间可放置小孔光阑消除杂散光。不足之处在于强激光通信中光焦点会引起强光效应，对目镜造成破坏。

6.3.2　信号接收子系统

信号接收子系统用于收集入射的光场并处理、恢复传输的信息。典型的光接

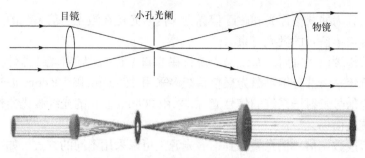

图 6-8　开普勒望远镜结构图

收机包括光接收前端(通常包括光学透镜或聚光部件)、光探测器和后续处理器。光探测器分捕获探测器(acquisition detector)、跟踪瞄准探测器(tracking&pointing detector)和通信探测器(communication detector)3 种，分别用于接收捕获信标光、跟踪信标光和信号光。不同探测器的输出响应特性有所不同，但基本工作原理一致，一般包括电荷耦合器件(charge-coupled device，CCD)、互补金属氧化物半导体(complementary metal oxide semiconductor，CMOS)、四象限探测器(quadrant detector，QD)、光电管、光电二极管和光电倍增管等。在信号接收子系统中，光接收前端把接收的光场进行滤波和聚焦，使其入射到光探测器上。光探测器把光信号变换为电信号，并完成必要的信号放大、处理和过滤，恢复出所需的捕获跟踪或通信信息。

　　如图 6-9 所示，信号接收子系统可以分为 2 种基本类型，即功率探测接收型和外差接收型。功率探测接收型信号接收子系统也称为直接检测或非相干接收机，子系统中的透镜系统和光电探测器用于检测接收到的光场瞬间光功率。这种光接

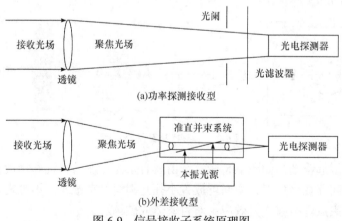

(a)功率探测接收型

(b)外差接收型

图 6-9　信号接收子系统原理图

收机的工作方式简单，只要传输的信息体现在接收光场的功率变化上，就可以采用这种光接收机。外差接收型信号接收子系统的本地产生光场与接收到光场经前端镜面加以合成，然后由光电探测器检测这一合成的光波。外差式接收机可接收以幅度调制、频率调制、相位调制等方式传输的信息。外差式接收机实现起来相对困难，它对 2 个待合成的光场在空间相干性上有严格的要求。

信号接收子系统中存在各种噪声源，这对于光场的探测是一种阻碍。在远距离卫星激光通信过程中，最主要的影响来自背景光或杂散辐射光。它们随着传输光场进入接收机的透镜系统中。信号接收子系统的光接收前端除了把光场聚焦到光探测器上，还进行一定程度的滤波，以减小背景光或杂散辐射光的影响。滤波器可以是空间滤波(如极化滤波、光阑滤波等)，也可以是频率滤波，即让某一频带通过。目前，在光学滤波上，一般采用窄带滤波器和原子滤光器。对于卫星激光通信，由于存在波长漂移现象，需要折中选择光学滤波的带宽。

图 6-9(b)为外差接收机前端示意图，外差式接收能够提升克服背景辐射和内部噪声的能力，对改善检测性能有帮助。但由于外差式接收对 2 个待合成光场的空间相干性有严格的要求，所以必须考虑温度变化和多普勒频移效应造成激光波长漂移的影响，在工程实现上难度较大。

6.3.3　瞄准捕获跟踪子系统

瞄准捕获跟踪子系统是实现空间激光通信链路建立和保持的关键，主要完成激光的瞄准、捕获、跟踪等[88]。

图 6-10 为比较典型的瞄准捕获跟踪子系统框图，包括粗瞄装置、精瞄装置和提前瞄准装置。

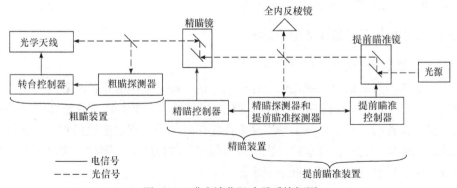

图 6-10　瞄准捕获跟踪子系统框图

粗瞄装置包括光学天线、转台控制器和粗瞄探测器，用于捕获和粗跟踪。在捕获阶段，粗瞄控制器根据卫星的轨道和姿态调整光学天线的瞄准方向，然后进行天线扫描捕获。利用粗瞄探测器判断捕获是否成功、测定光束到达的方向，并通过粗瞄探测器进一步调整光学天线，使入射光斑进入精瞄探测器视阈范围。在卫星激光通信链路的粗跟踪过程中，转台控制器利用光学天线的反馈装置进行底层机电闭环控制，利用粗瞄探测器进行顶层光机电闭环控制。

精瞄装置包括精瞄镜、精瞄控制器和精瞄探测器。精瞄装置主要用于补偿粗瞄装置的瞄准误差和跟踪过程中星上微振动带来的干扰。

提前瞄准装置包括提前瞄准镜、提前瞄准控制器和提前瞄准探测器，主要用于补偿链路通信过程中在光束弛豫时间内所发生的卫星间附加移动。

在卫星激光通信链路精跟踪过程中，精瞄控制器(或提前瞄准控制器)利用精瞄镜(或提前瞄准镜)的反馈装置进行底层光机电闭环控制，利用精瞄探测器(或提前瞄准探测器)进行顶层光机电闭环控制。图 6-10 中提前瞄准探测器与精瞄探测器共用，也可以分离使用。

在瞄准捕获跟踪子系统设计中，对于粗瞄装置的粗瞄范围设定，需要了解由于卫星轨道运动和姿态控制造成的动态链路偏差范围。对于精瞄装置的补偿能力需求分析，需要了解星上微振动的变化情况及影响。对于提前瞄准装置的提前瞄准范围设定，则需要了解提前瞄准角度的变化。

因为卫星激光通信系统的通信信号光束发散角非常小，所以利用信号光束进行瞄准、捕获是非常困难的。因此在卫星激光通信系统中都要单独设立 1 个捕获信标光，主要是在瞄准、捕获过程中提供 1 个较宽的光束，以便在扫描过程中易于探测到对方终端发出的光束，进而进行后续的调整。以欧洲航天局的 SILEX 激光通信系统为例，信号光束的发散角是 16μrad，到达 40000km 外接收天线的光斑直径只有 640m；若信标光束的发散角为 700μrad，则到达接收天线处的光斑直径为 28km，大大降低了链路捕获的难度。

6.3.4　二次电源子系统和热控子系统

1) 二次电源子系统

卫星为激光通信分系统提供一路一次母线电源，电压额定值一般为 100V 或 28V，激光通信分系统内部的一次电源配电和二次电源转换由二次电源子系统完成。星上设备的二次电源在卫星寿命期内任何时刻不允许发生短路和对一次母线性能造成影响。为此，要求对一次电源母线进行故障隔离，同时二次电源对一次母线产生的反射纹波电压应低于要求值。

二次电源子系统一般采用成熟的航天技术实现，未来将逐步融合到卫星平台综合电子系统中，实现激光通信终端(laser communication equipment, LCE)的小型化, 满足未来组网多终端安装需求。

2) 热控子系统

卫星在轨运行规程中, 其外热流变化十分复杂, 不仅包括太阳辐射、地球反照和地球红外辐射, 而且随季节和轨道高度的变化很大。然而, 卫星激光通信终端对温度的稳定性和均匀性要求都很高, 且内部结构十分复杂, 存在着光学部件和高功率(热耗)密度的电子元器件。因此, 需要热控子系统确保整个卫星激光通信终端的在轨正常工作。

热控子系统主要对卫星激光通信终端的光学部分、光源部分和光电探测部分进行主动和被动热控。

6.4　卫星激光通信的应用

如图 6-11 所示, 卫星激光通信网络的通信方可以是地面通信终端(包括地面站和车载终端等)、机载终端, 也可以是 LEO 卫星或 GEO 卫星, 还可以是各种非地球轨道(non earth orbit, NEO)上的航天器, 如月球探测器和火星探测器等。所有卫星参与的激光通信链路都属于卫星激光通信, 如 GEO-NEO、GEO-LEO、地-LEO、空–空、空–地等激光通信链路。这些卫星参与的激光通信链路将太空和地面连接起来, 构成一个天地一体化、高速、高可靠的激光通信网络[81]。

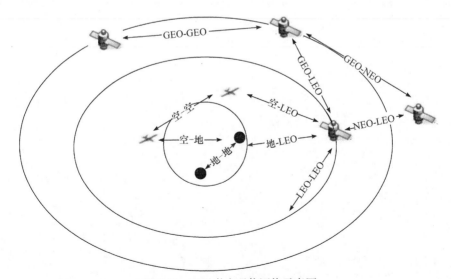

图 6-11　卫星激光通信网络示意图

　　相对于微波通信，卫星激光通信除了具有低功耗、轻质量、小体积、传输速率高和信息容量大等优点外，还具有保密性强、抗电磁干扰能力强和无须申请使用频率等优势。卫星激光通信保密性高的优势非常符合国防军事领域对通信的要求，传输速率高、信息容量大使其在民用领域有巨大的市场潜力，必将成为卫星宽带互联网的重要组成部分。

第7章 卫星互联网接入技术

构建天地一体的卫星互联网，除了星座系统的网络架构、协议体系、星上基带处理、卫星激光通信等需要研究和解决，还有在地面、空中、太空等多类、大量信息终端的接入，各类信息的传输交互等问题需要解决。

本章研究讨论卫星互联网中的终端接入问题，主要内容：首先，从 ALOHA 协议、Slotted ALOHA 协议入手，介绍多种随机多址接入技术；其次，介绍按需多址接入技术；最后，针对 Slotted ALOHA 协议深入分析随机多址接入技术在卫星通信网络中对 TCP 的性能影响。

7.1 随机多址接入技术

随机接入(random access, RA)技术适用于接入终端数据流量不确定的情况，20世纪 70 年代以来，相关研究从未停止，已经提出了多种协议。

1. ALOHA 协议

ALOHA 协议，又称纯 ALOHA(pure ALOHA，PA)协议，于 1970 年提出，是最早的随机多址接入协议。如图 7-1 所示，ALOHA 协议包括等待发送、立即发送、数据冲突和随机退避 4 个状态[90-91]。

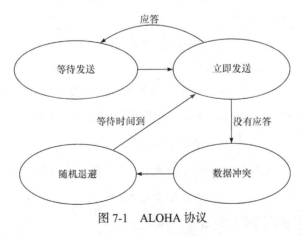

图 7-1 ALOHA 协议

以图 7-2 为例，当终端 A 需要向卫星网络传输数据时，并不需要发送接入请求，而是直接向卫星网络发送第 1 个数据包。在接收到来自卫星网络的确认应答后，终端继续发送第 2 个数据包。终端 A 发送的第 2 个数据包与终端 B 发送的数据包发生碰撞，因此终端 A 没有收到来自卫星网络的确认应答。在随机等待一段时间后，终端 A 重新发送第 2 个数据包。同理，如图 7-2 终端 B 发送的数据包与终端 C 发送的数据包也会发生碰撞。

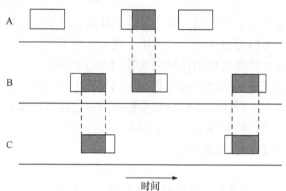

图 7-2　ALOHA 协议数据传输示例

以信道利用率(S)作为 ALOHA 协议性能分析的主要指标。首先，假设所有接入终端在数据发送上服从泊松分布，其在单位时间内平均发送 λ 个数据包。如果每个数据包的传输持续时间为 τ，则 τ 时间内有 k 个数据包传输的概率为

$$P(k) = \lambda^k e^{-\lambda} / k!, k = 0,1,\cdots \tag{7-1}$$

如图 7-3 所示，若 1 个数据包在传输过程中没有发生碰撞，则必须满足 2τ 时间内没有其他数据包传输。

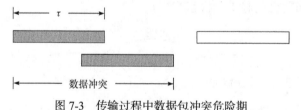

图 7-3　传输过程中数据包冲突危险期

由式(7-1)可知，2τ 时间内没有其他数据包传输的概率为

$$P_0 = P(0)P(0) = e^{-\lambda}e^{-\lambda} = e^{-2\lambda} \tag{7-2}$$

τ 时间内，1 个终端发送数据包的均值为 $G = \lambda$，则信道利用率为

$$S = G \cdot P_0 = \lambda e^{-2\lambda} \tag{7-3}$$

当 $\lambda = 0.5$ 时，信道利用率达到最大，其值为

$$S = 0.5e^{-1} \approx 0.184 \tag{7-4}$$

通过上述的分析可以看出，ALOHA 协议的信道利用率非常低，仅能达到信道资源的 18%。

2. Slotted ALOHA 协议

Slotted ALOHA(SA)协议，即时隙 ALOHA 协议，于 1972 年提出，是卫星通信网络中应用最广泛的协议之一。如图 7-4 所示，SA 协议与 ALOHA 协议相似，包括等待发送、某个时隙内发送、数据冲突和随机退避 4 个状态[91]。

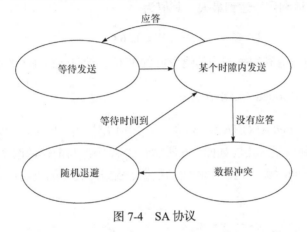

图 7-4　SA 协议

以图 7-5 为例，SA 协议的基本思想是把时间分成很多长度相同的时隙，每个接入终端随机选择某个时隙，必须在所选时隙的开始时刻发送数据，并在这个时隙结束前停止数据发送。若时隙内发生数据包碰撞，则会随机选择下一个时隙发送数据。

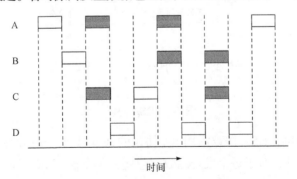

图 7-5　SA 协议数据传输示例

仍以信道利用率(S)作为 SA 协议性能分析的主要指标。假定每个时隙的时长为 τ，接入终端的数据发送服从泊松分布，每个时隙平均发送 λ 个数据包，则 1 个时隙内有 k 个数据包传输的概率为

$$P(k) = \lambda^k \mathrm{e}^{-\lambda} / k!, k = 0,1,\cdots \tag{7-5}$$

　　由图 7-5 可以看出，数据包在传输过程中发生碰撞的周期由 ALOHA 协议的 2τ 减少为 τ。因此，1 个时隙内没有其他数据包传输的概率为

$$P_0 = P(0) = e^{-\lambda} \tag{7-6}$$

1 个时隙内，1 个终端发送数据包的均值为 $G = \lambda$，则信道利用率为

$$S = G \cdot P_0 = \lambda e^{-\lambda} \tag{7-7}$$

当 $\lambda = 1$ 时，信道利用率达到最大，其值为

$$S = e^{-1} \approx 0.368 \tag{7-8}$$

SA 协议的信道利用率约为信道资源的 37%，约是 ALOHA 协议的 2 倍。

3. Diversity Slotted ALOHA 协议

Diversity Slotted ALOHA(DSA)协议于 1983 年提出，与 SA 协议一样，在卫星通信网络中得到广泛应用。如图 7-6 所示，DSA 协议与前述的两个协议相似，包括等待发送、不同时隙发送多个相同的数据、数据冲突和随机退避 4 个状态[91-92]。

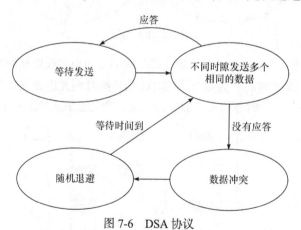

图 7-6　DSA 协议

　　以图 7-7 为例，DSA 协议沿用 SA 协议的基本思想，按照时隙发送数据。与 SA 协议不同的是，对于每个发送的数据包还要再发送 1 次，即每个数据包都会发送 2 遍。

　　在较轻的流量负载情况下，在传输延迟和吞吐量上，DSA 协议的性能比 SA 协议更优。但在极端条件下，DSA 协议的性能并没有比 SA 协议好太多。总体上看，DSA 协议的信道利用率(S)为

$$S = e^{-1} \approx 0.368 \tag{7-9}$$

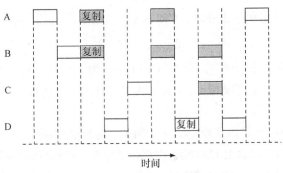

图 7-7 DSA 协议数据传输示例

4. 冲突抵消 DSA 协议和 CRDSA++协议

冲突抵消(contention resolution DSA，CRDSA)协议于 2007 年提出，是对 DSA 协议的改进，并作为反向信道的一种接入协议在 DVB-RCS 标准中得到采纳[93]。

CRDSA 协议引用了超帧概念，即在超帧内挑选 2 个时隙发送重复的数据包，在发送重复的数据包中，都有 1 个指针信息明确说明另 1 个重复数据包的时隙位置。另外，CRDSA 协议还采用了冲突消除算法。

以图 7-8 为例，终端 A 在第 1 个时隙发送数据包，由于没有其他终端发送数据包，能够接收。终端 B 分别在第 2 和 5 个时隙发送的数据包，均与其他终端发送的数据包冲突。由于终端 A 发送的数据包已经接收下来，所以利用干扰消除(interference cancellation，IC)算法可以消除第 5 个时隙数据包冲突的影响，实现对终端 B 发送数据的接收。以此类推，终端 C 和终端 D 发送的数据包也能正常接收。

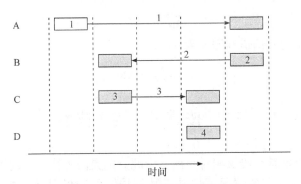

图 7-8 CRDSA 协议数据传输示例

CRDSA 协议的信道利用率为

$$S_{\text{CRDSA}} \approx 0.55 \tag{7-10}$$

CRDSA++协议是对 CRDSA 协议的进一步改进，主要是将重复发送的数据包由 1 个增加到 3～5 个。

1 个数据包重复发送 3 遍时，CRDSA++协议的信道利用率为

$$S_{\text{CRDSA++}} \approx 0.68 \tag{7-11}$$

1 个数据包重复发送 4 遍以上时，CRDSA++协议的信道利用率还会再高一些。

总体上，与 DSA 协议相比，CRDSA 和 CRDSA++协议在信道利用率和冲突数据恢复上性能更好。

CRDSA++协议在具体实现上有 2 个版本，分别是定频率重发 CRDSA(constant replication ratio CRDSA，CR-CRDSA)和变频率重发 CRDSA(variable replication ratio CRDSA，VR-CRDSA)。CR-CRDSA 协议在 1 个超帧中发送的重复数据包数量固定[94]；VR-CRDSA 协议在 1 个超帧中发送的重复数据包数量随机，重复数据包的数量与预先设定的分布概率相关[95]。2 个版本均列入 DVB-RCS2 应用标准中[96]。

5. 随机重发 ALOHA 协议

随机重发 ALOHA(irregular repetition slotted ALOHA，IRSA)协议于 2011 年提出，与 CRDSA 协议的区别在于：由每个超帧中传输 2 个重复数据包变成随机数量的重复数据包，具体数量由概率分布函数决定，即非规则重复。这与 VR-CRDSA 协议相似[95]。

CRDSA 协议的 IC 过程可以通过二分图的方法进行描述和分析，即将 IC 过程与基于二分图的迭代擦除译码联系起来。IRSA 协议通过给定的概率分布选择可变的突发重复数据包发送，以获得高的信道利用率。在理想情况下，IRSA 协议的信道利用率可以达到：

$$S_{\text{IRSA}}^{\max} \approx 0.97 \tag{7-12}$$

在实际应用中其信道利用率为

$$S_{\text{IRSA}}^{\max} \approx 0.8 \tag{7-13}$$

7.2 按需多址接入技术

尽管 RA 协议具有协议相对简单、资源分配灵活等特点，适用于大量接入终端和数据流量不确定的情况，但缺乏数据传输的质量保证。按需分配(demand assignment，DA)则是根据终端的请求动态分配网络资源，以此保证数据传输质量。

在 DVB-RCS 标准中，DA 的实现方案包括：固定传输速率分配(constant rate assignment，CRA)、基于传输速率的动态容量(rate-based dynamic capacity，RBDC)、基于体积的动态容量(volume-based dynamic capacity，VBDC)、绝对基于体积的动态容量(absolute VBDC，AVBDC)和自由容量分配(free capacity assignment，FCA)等[97]。

CRA 是一个固定、静态的网络资源分配方案，在经过终端与网络控制中心协商和网络连接建立后，分配确定数量的信道时隙，一直到终端发送释放请求，才解除信道时隙的分配。CRA 适用于定比特速率(constant bit rate，CBR)数据业务，可以保证数据传输时延和时延抖动的最小化。

RBDC 是一个根据动态请求的资源分配方案，在数据传输过程中，通过终端的资源请求调整分配的时隙数量。RBDC 适用于可变比特速率数据业务，在保证数据传输的同时，尽量减少资源的浪费。

VBDC 是一个根据不断累加请求的资源分配方案。每一个新的资源请求和已有的资源请求叠加在一起，形成新的时隙分配。VBDC 只适用于延迟抖动容忍的业务，如未确定数据流量或者 IP 业务。RBDC 和 VBDC 两者之间的差别如下：

(1) RBDC 考虑的请求参数为比特率，VBDC 考虑的请求参数为数据包；

(2) RBDC 中的请求是完全和绝对的，VBDC 中的请求则是不断累积的。

AVBDC 是一个基于网络容量和动态请求的资源分配方案。当有 1 个新的资源请求时，之前的请求则会被替换掉。请求的时隙数可以分布在多个超帧中。AVBDC 适用的业务与 VBDC 相同。

FCA 是基于未使用资源的分配方案。FCA 不需要请求即可进行自动分配。由于可用资源的高动态变化，因此 FCA 不对应具体的业务类型。对于延时抖动容忍的业务来说，FCA 相当于额外的资源分配，用以减少传输时延。

7.3 随机多址接入技术对 TCP 的影响

作为应用最为广泛的 MAC 层接入协议之一，SA 协议已经列入 DVB-RCS2 标准中。因为 TCP New Reno 是应用最广泛的 TCP 版本之一，所以重点分析 SA 协议对 TCP New Reno 协议的影响。

7.3.1 系统模型

如图 7-9 所示，在一个典型的 GEO 卫星通信系统中，有大量的卫星通信终端接入到卫星 RA 信道中。为了便于分析，假设所有终端 TCP New Reno 协议发送的数据段长度相同，并且每个数据段封装在 MAC 层的 1 个数据包中。

TCP New Reno 协议包括滑动窗口、超时重传、慢启动、拥塞回避、快速重传/恢复等算法。在一对收发终端之间，当 1 个 TCP 连接建立完成后，TCP New Reno 协议便开启了慢启动算法，开始传输数据。慢启动阶段，每成功传输 1 个数据段，拥塞窗口(cwnd)值增加 1，即每经过 1 个 RTT，cwnd 值增加 1 倍，也就是所谓的指数增长。当 cwnd 值达到慢启动门限(W_{thr})时，TCP New Reno 协议进入到拥塞回避阶段，即每经过 1 个 RTT，cwnd 值增加 1，也就是所谓的线性增长。不论是

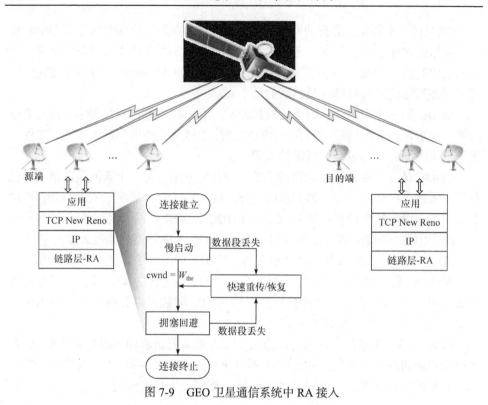

图 7-9　GEO 卫星通信系统中 RA 接入

在慢启动阶段，还是在拥塞回避阶段，当连续收到 3 个以上重复的接收应答 (ACK)时，表明有数据段在传输过程中丢失，TCP New Reno 协议启动快速重传/恢复算法，重传丢失的数据段。当所有丢失的数据段重传成功后，W_{thr} 和 cwnd 按式(7-14)计算：

$$\begin{cases} W_{thr} = cwnd / 2 \\ cwnd = W_{thr} \end{cases} \tag{7-14}$$

而后，TCP New Reno 协议重新进入拥塞回避阶段。值得注意的是，TCP New Reno 协议中，在 1 个 RTT 内多个数据段丢失，cwnd 值也只按照式(7-14)计算 1 次。

假设每个数据包冲突的概率 p 相互独立且相等，如图 7-10 所示，建立二维离散时间 Markov 过程，对 TCP New Reno 协议中的 cwnd 参数进行分析描述[98]。$b(t) \in [1, W_{max}]$ 表示 cwnd 数值，即 TCP 数据段发送的数量，W_{max} 表示 cwnd 的最大值，$s(t)$ 表示 TCP New Reno 协议所处的阶段，若 TCP New Reno 协议处于慢启动阶段，则 $s(t) = 0$；若协议处于其他阶段，则 $s(t) = 1$。

因为在快速重传/恢复阶段 cwnd 数据保持不变，所以以下主要对慢启动阶段和拥塞回避阶段进行具体分析。

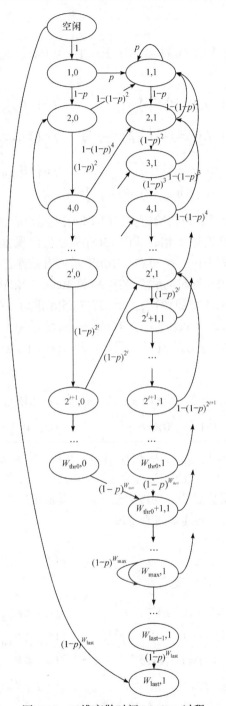

图 7-10　二维离散时间 Markov 过程

1. 慢启动阶段

用 $P(j_1,k_1\,|\,j_0,k_0)$ 表示 $P(b(t+1)=j_1,s(t+1)=k_1\,|\,b(t)=j_0,s(t)=k_0)$，则此阶段单步转移概率为

$$
\begin{cases}
P(2j,0\,|\,j,0)=(1-p)^j, & j\in[1,W_{\text{thr0}}/2] & \text{(a)}\\
P\left(\dfrac{j}{2},1\,|\,j,0\right)=1-(1-p)^j-p^j, & j\in[2,W_{\text{thr0}}] & \text{(b)}\\
P(1,0\,|\,j,0)=p^j, & j\in[1,W_{\text{thr0}}] & \text{(c)}\\
P(W_{\text{thr0}}+1,1\,|\,W_{\text{thr0}},0)=(1-p)^{W_{\text{thr0}}} & & \text{(d)}
\end{cases}
\tag{7-15}
$$

其中，W_{thr0} 为慢启动门限的初始值。式(7-15(a))表示没有数据冲突时，每经过 1 个 RTT，cwnd 值都会增加 1 倍；式(7-15(b))表示当出现数据冲突时，cwnd 值将会在下 1 个 RTT 阶段缩小一半；式(7-15(c))表示所有数据都因为冲突而无法接收，在超过重传超时(RTO)等待时间后，TCP New Reno 协议将会重新启动慢启动，cwnd 设置为 1；当 cwnd 增加到 W_{thr0}，如式(7-15(d))所示，TCP New Reno 协议将会进入到拥塞回避阶段，每经过 1 个 RTT，cwnd 值增加 1。

设 b_j 为 cwnd 值为 j 时的概率，即 $b_j=P(b(t)=j),j\in[1,W_{\max}]$，则 b_j 可以由式(7-16)表示：

$$
\begin{cases}
b_{2j}=b_j\cdot P(2j,0\,|\,j,0)=b_j(1-p)^j, & j\in[2,W_{\text{thr0}}/2] & \text{(a)}\\
b_1=b_j\cdot P(1,0\,|\,j,0)=b_jp^j, & j\in[1,W_{\text{thr0}}] & \text{(b)}
\end{cases}
\tag{7-16}
$$

设定 cwnd 的初始值为 1。如式(7-16(a))所示，在慢启动阶段，在没有数据冲突的情况下，cwnd 最大值不会超过 W_{thr0}。如式(7-16(b))所示，若没有成功的数据传输，TCP New Reno 协议将会重新启动慢启动算法；其他情况下，TCP New Reno 协议将会在下 1 个 RTT 进入到拥塞回避阶段。

2. 拥塞回避阶段

拥塞回避阶段单步转移概率为

$$
\begin{cases}
P(j,1\,|\,j-1,1)=(1-p)^{j-1}, & 1<j\leqslant W_{\max} & \text{(a)}\\
P(j,1\,|\,2j,1)=1-(1-p)^{2j}-p^{2j}, & 1\leqslant j\leqslant W_{\max}/2 & \text{(b)}\\
P(j,1\,|\,2j+1,1)=1-(1-p)^{2j+1}-p^{2j+1}, & 1\leqslant j\leqslant W_{\max}/2-1 & \text{(c)}\\
P(1,0\,|\,j,1)=p^j, & 1\leqslant j\leqslant W_{\max} & \text{(d)}\\
P(W_{\max},1\,|\,W_{\max},1)=b_{W_{\max}}(1-p)^{W_{\max}} & & \text{(e)}
\end{cases}
\tag{7-17}
$$

如式(7-17(a))所示，每经过 1 个 RTT，cwnd 增加 1；式(7-17(b))和式(7-17(c))表示当出现数据冲突时，cwnd 值将会在下 1 个 RTT 阶段减小一半；式(7-17(d))表示所有数据都因为冲突而无法接收，在超过 RTO 等待时间后，TCP New Reno 协议将会重新启动慢启动，将 cwnd 设置为 1；当 cwnd 增加到 W_{max}，如式(7-17(e))所示，cwnd 值将一直保持最大值，直到出现数据冲突。

如前，b_j 可以由式(7-18)表示：

$$
\begin{cases}
b_j = b_{j-1}(1-p)^{j-1} + b_{2j}\left[1-(1-p)^{2j} - p^{2j}\right] \\
\quad + b_{2j+1}\left[1-(1-p)^{2j+1} - p^{2j+1}\right], & 1 < j \leqslant W_{max}/2-1 \quad \text{(a)} \\
b_j = b_{j-1}(1-p)^{j-1}, & W_{max}/2 < j \leqslant W_{max} \quad \text{(b)} \\
b_1 = b_2\left[1-(1-p)^2 + b_3(1-(1-p)^3\right] & \text{(c)} \\
b_{\frac{W_{max}}{2}} = b_{\frac{W_{max}}{2}-1}(1-p)^{j-1} & \text{(d)} \\
\quad + b_{W_{max}}\left[1-(1-p)^{W_{max}} - p^{W_{max}}\right] & \\
b_{W_{max}} = b_{W_{max}-1}(1-p)^{W_{max}-1} + b_{W_{max}}(1-p)^{W_{max}} & \\
\quad = \dfrac{b_{W_{max}-1}(1-p)^{W_{max}-1}}{1-(1-p)^{W_{max}}} & \text{(e)} \\
b_{W_{last}} = b_{W_{last}-1}(1-p)^{W_{last-1}}, & 1 \leqslant W_{last} \leqslant W_{max} \quad \text{(f)}
\end{cases}
\tag{7-18}
$$

式(7-18(a))中的第 1 部分表示在没有数据冲突情况下，每经过 1 个 RTT，cwnd 增加 1，其余部分表示部分数据冲突情况下，cwnd 值将会在下 1 个 RTT 阶段缩小一半；式(7-18(b))表示当前 $cwnd > W_{max}/2$，并且之前没有数据冲突；式(7-18(c))表示之前的发送返回过程中 cwnd 为 2 或者 3，当前出现部分数据冲突；式(7-18(d))与式(7-18(a))的情况相同；式(7-18(e))表示当 cwnd 达到最大值时，在没有数据冲突的情况下，cwnd 值保持不变；式(7-18(f))表示所有数据在最后 2 个发送返回过程中传输完成，W_{last} 为最后 1 个发送返回过程中需要传输的数据量。

7.3.2　系统性能分析

设 S_d 为每对发送和接收终端的归一化吞吐量，即每个时隙成功传输数据包(也是 TCP 数据段)的数量，M 为在 1 个完整 TCP 连接中成功传输的数据包(也是 TCP 数据段)数量，T 为 1 个完整 TCP 连接的持续时间。因此 S_d 可以表示为

$$
S_d = \frac{E[M]}{E[T]}
\tag{7-19}
$$

为了便于分析，定义"循环"(cycle)为两个连续重传等待超时之间的持续时间[90]。设 C_{SS} 和 C_{CA} 分别为一个循环中，慢启动和拥塞回避阶段中发生数据冲突的数量。因此，分析如下 4 种情况：

(1) 理想情况，即整个 TCP 连接过程中没有数据冲突，用 $P(C_{SS}=0,C_{CA}=0)$ 和 S_d^{opt} 分别表示概率和吞吐量；

(2) 拥塞回避阶段发生数据冲突情况，即慢启动阶段没有数据冲突，而在拥塞回避阶段发生数据冲突，用 $P(C_{SS}=0,C_{CA}\geqslant1)$ 和 S_d^{CA} 分别表示概率和吞吐量；

(3) 慢启动阶段发生数据冲突情况，即在慢启动阶段就有数据冲突，用 $P(C_{SS}\geqslant1,C_{CA}\geqslant0)$ 和 S_d^{SS} 分别表示概率和吞吐量；

(4) 新的 cycle 启动情况，用 P_{NC} 和 S_{NC} 分别表示数据冲突导致启动新一轮循环的概率和吞吐量。

显而易见，

$$P(C_{SS}=0,C_{CA}=0)+P(C_{SS}=0,C_{CA}\geqslant1)+P(C_{SS}\geqslant1,C_{CA}\geqslant1)+P_{NC}=1 \quad (7\text{-}20)$$

如果在 1 个 RTT 过程中所有数据段都丢失了，则 TCP 将启动新 1 轮的循环，TCP New Reno 协议将由慢启动阶段重新开始数据的发送，cwnd 也将重置为 1，就像 1 个新的 TCP 连接一样。因此，对于 TCP 吞吐量的分析，可以分析 1 个 cycle 的 TCP 连接，S_d 可以表示为

$$\begin{aligned}S_d=&P(C_{SS}=0,C_{CA}=0)S_d^{opt}+P(C_{SS}=0,C_{CA}\geqslant1)S_d^{CA}\\&+P(C_{SS}\geqslant1,C_{CA}\geqslant0)S_d^{SS}\end{aligned} \quad (7\text{-}21)$$

1. 理想情况

理想情况下的吞吐量为

$$S_d^{opt}=\frac{E[M_{opt}]}{E[T_{opt}]} \quad (7\text{-}22)$$

设 R_{top}^{opt} 为 cwnd 首次达到 W_{max} 时的 RTT，R^{opt} 为整个 TCP 连接的 RTT 总数，W_{last}^{opt} 为最后一个 RTT 的 cwnd 值，$2^W=W_{thr0}$，整个 TCP 连接的数据传输数量为

$$\begin{cases}M_{opt}^{SS}=\sum_{k=1}^{W+1}2^{k-1} & (a)\\ M_{opt}^{CA_1}=\sum_{k=W+1}^{R_{top}^{opt}}(W_{thr0}+k-W)=\sum_{k=W+1}^{R_{top}^{opt}}(2^W+k-W) & (b)\\ M_{opt}^{CA_2}=\sum_{k=R_{top}^{opt}}^{R^{opt}-1}W_{max}+W_{last}^{opt} & (c)\end{cases} \quad (7\text{-}23)$$

式(7-23(a))表示慢启动阶段传输的数据包数量；式(7-23(b))表示拥塞回避阶段，cwnd 达到 $W_{\max}$ 之前传输的数据包数量；式(7-23(c))表示拥塞回避阶段，cwnd 达到 $W_{\max}$ 之后传输的数据包数量。因此，M_{opt} 可以表示如下：

$$M_{\mathrm{opt}} = M_{\mathrm{opt}}^{\mathrm{SS}} + M_{\mathrm{opt}}^{\mathrm{CA}_1} + M_{\mathrm{opt}}^{\mathrm{CA}_2} = 2^{W+1} - 1 + \frac{1}{2}(R_{\mathrm{top}}^{\mathrm{opt}} - W)(2^{W+1} + R_{\mathrm{top}}^{\mathrm{opt}} - W + 1)$$
$$+ W_{\max}(R^{\mathrm{opt}} - R_{\mathrm{top}}^{\mathrm{opt}} + 1) + W_{\mathrm{last}}^{\mathrm{opt}} \tag{7-24}$$

尽管 $P(C_{\mathrm{SS}} = 0, C_{\mathrm{CA}} = 0)$、$P(C_{\mathrm{SS}} = 0, C_{\mathrm{CA}} \geqslant 1)$ 和 $P(C_{\mathrm{SS}} \geqslant 1, C_{\mathrm{CA}} \geqslant 0)$ 3 种情况并不相同，但对于一个确定的 TCP 连接来说，传输数据包的总数相同。因此，$M = M_{\mathrm{opt}} = M_{\mathrm{CA}} = M_{\mathrm{SS}}$。$M_{\mathrm{CA}}$ 为慢启动阶段没有数据冲突而在拥塞回避阶段发生数据冲突情况下的传输数据包数量，M_{SS} 为慢启动阶段发生数据冲突情况下的传输数据包数量。

在一对收发终端之间，1 个 TCP 数据段传输的时间包括两部分，即传播时间和处理时间。传播时间，即 RTT，用 D 表示，表示 1 个数据包从发送到接收到相应 ACK 的时间长度。通常情况下 RTT 固定不变。处理时间(F)，表示在 MAC 层数据包等待发送的时间长度。因此，1 个数据段的传输时间为

$$T_{\mathrm{opt}} = \sum_{k=1}^{R^{\mathrm{opt}}} (D_k^{\mathrm{opt}} + F_k^{\mathrm{opt}}) = \sum_{k=1}^{R^{\mathrm{opt}}} D_k^{\mathrm{opt}} + \sum_{k=1}^{R_{\mathrm{opt}}} F_k^{\mathrm{opt}}$$
$$= R^{\mathrm{opt}} \cdot \mathrm{RTT} + \sum_{k=1}^{R_{\mathrm{opt}}} F_k^{\mathrm{opt}} \tag{7-25}$$

设 L 为在 MAC 层 1 个 RTT 内的传输时隙数量，T_{slot} 为 1 个时隙的时长。在第 1 个 RTT 中第 1 个数据包的处理时间可以表示为

$$E[F_1^{\mathrm{opt}}] = T_{\mathrm{slot}} \cdot \frac{1}{L}(1 + 2 + \cdots + L) = T_{\mathrm{slot}} \cdot \frac{1}{L} \sum_{k=1}^{L} k = \frac{1}{2} T_{\mathrm{slot}}(L+1) \tag{7-26}$$

在第 k 个 RTT 里 n 个数据包的处理时间可以表示为

$$E[F_k^{\mathrm{opt}}] = \sum_{j=1}^{L-n+1} (n+j-1)T_{\mathrm{slot}} \cdot P_j \tag{7-27}$$

式中，P_j 是 n 个数据包在第 j 个时隙完成传输的概率，所以 P_j 可以表示为

$$P_j = \frac{n!(L-n)!(n+j-2)!}{L!(n-1)!(j-1)!} \tag{7-28}$$

$E[F_k^{\mathrm{opt}}]$ 可以由式(7-29)计算得出：

$$E[F_k^{\mathrm{opt}}] = T_{\mathrm{slot}} \sum_{j=1}^{L-n+1} (n+j-1) \frac{n!(L-n)!(n+j-2)!}{L!(n-1)!(j-1)!} = T_{\mathrm{slot}} \frac{n(L+1)}{n+1} \tag{7-29}$$

对于整个 TCP 连接来说, 其数据包的处理时间为

$$\sum_{k=1}^{R^{\mathrm{opt}}} E[F_k^{\mathrm{opt}}] = E[F_{\mathrm{SS}}^{\mathrm{opt}}] + E[F_{\mathrm{CA}_1}^{\mathrm{opt}}] + E[F_{\mathrm{CA}_2}^{\mathrm{opt}}] \tag{7-30}$$

这 3 个阶段的处理时间分别表示为

$$\begin{cases} E[F_{\mathrm{SS}}^{\mathrm{opt}}] = \sum_{k=1}^{W} E[F_k^{\mathrm{opt}}] \\[3mm] E[F_{\mathrm{CA}_1}^{\mathrm{opt}}] = \sum_{k=W+1}^{R_{\mathrm{top}}^{\mathrm{opt}}} E[F_k^{\mathrm{opt}}] \\[3mm] E[F_{\mathrm{CA}_2}^{\mathrm{opt}}] = \sum_{k=R_{\mathrm{top}}^{\mathrm{opt}}+1}^{R^{\mathrm{opt}}-1} E[F_k^{\mathrm{opt}}] + E[F_{W_{\mathrm{last}}^{\mathrm{opt}}}^{\mathrm{opt}}] \end{cases} \tag{7-31}$$

因此, 理想情况下整个 TCP 连接的数据包处理时间可分阶段求解, 慢启动阶段的处理时间为

$$E[F_{\mathrm{SS}}^{\mathrm{opt}}] = \sum_{k=1}^{W} E[F_k^{\mathrm{opt}}] = T_{\mathrm{slot}} \sum_{k=1}^{W+1} \frac{2^{k-1}(L+1)}{2^{k-1}+1} = T_{\mathrm{slot}}(L+1)\left[(W+1) - \sum_{k=1}^{W+1} \frac{1}{2^{k-1}+1} \right] \tag{7-32}$$

由于 TCP 中发送窗口不大于 64kB, 即 $W_{\max} = 64$。因此 $4 \leqslant W_{\mathrm{thr}0} \leqslant W_{\max}/2$ 和 $2 \leqslant W \leqslant 5$, 即 $1.03 \leqslant \sum_{k=1}^{W+1} \frac{1}{2^{k-1}+1} \leqslant 1.23$。由此, 可以得出:

$$E[F_{\mathrm{SS}}^{\mathrm{opt}}] \leqslant W(L+1)T_{\mathrm{slot}} \tag{7-33}$$

$$E[F_{\mathrm{SS}}^{\mathrm{opt}}] \geqslant (W-0.23)(L+1)T_{\mathrm{slot}} \approx W(L+1)T_{\mathrm{slot}} \tag{7-34}$$

根据式(7-33)和式(7-34), 可以得出:

$$E[F_{\mathrm{SS}}^{\mathrm{opt}}] \approx W(L+1)T_{\mathrm{slot}} \tag{7-35}$$

$E[F_{\mathrm{CA}_1}^{\mathrm{opt}}]$ 为

$$E[F_{\mathrm{CA}_1}^{\mathrm{opt}}] = \sum_{k=W+1}^{R_{\mathrm{top}}^{\mathrm{opt}}} E[F_k^{\mathrm{opt}}] = T_{\mathrm{slot}} \sum_{k=2^W+1}^{W_{\max}} \frac{k(L+1)}{k+1} \tag{7-36}$$

因为 k 数值很大, 所以

$$E[F_{\mathrm{CA}_1}^{\mathrm{opt}}] \approx (W_{\max} - 2^W)(L+1)T_{\mathrm{slot}} \tag{7-37}$$

$E[F_{\mathrm{CA}_2}^{\mathrm{opt}}]$ 为

$$E[F_{\text{CA}_2}^{\text{opt}}] = \sum_{k=R_{\text{top}}^{\text{opt}}+1}^{R^{\text{opt}}-1} E[F_k^{\text{opt}}] + E[F_{W_{\text{last}}^{\text{opt}}}^{\text{opt}}]$$

$$= T_{\text{slot}}(R^{\text{opt}} - R_{\text{top}}^{\text{opt}} - 1)\frac{W_{\max}(L+1)}{W_{\max}+1} + T_{\text{slot}}\frac{W_{\text{last}}^{\text{opt}}(L+1)}{W_{\text{last}}^{\text{opt}}+1} \tag{7-38}$$

假设 $W_{\text{last}}^{\text{opt}}$ 数值很大，则

$$W_{\max}/(W_{\max}+1) \approx W_{\text{last}}^{\text{opt}}/(W_{\text{last}}^{\text{opt}}+1) \approx 1 \tag{7-39}$$

因此

$$E[F_{\text{CA}_2}^{\text{opt}}] \approx (R^{\text{opt}} - R_{\text{top}}^{\text{opt}})(L+1)T_{\text{slot}} \tag{7-40}$$

由于 $R_{\text{top}}^{\text{opt}}$ 可以表达为

$$R_{\text{top}}^{\text{opt}} = W + W_{\max} - W_{\text{thr0}} = W + W_{\max} - 2^W \tag{7-41}$$

根据式(7-35)、式(7-37)和式(7-40)，式(7-30)可以表达为

$$\sum_{k=1}^{R^{\text{opt}}} E[F_k^{\text{opt}}] \approx W(L+1)T_{\text{slot}} + (W_{\max} - 2^W)(L+1)T_{\text{slot}} + (R^{\text{opt}} - R_{\text{top}}^{\text{opt}})(L+1)T_{\text{slot}}$$

$$\approx (R^{\text{opt}} - R_{\text{top}}^{\text{opt}} + W_{\max} - W_{\text{thr0}} + W)(L+1)T_{\text{slot}} = R^{\text{opt}}(L+1)T_{\text{slot}} \tag{7-42}$$

因此，理想情况下的传输时间期望值为

$$E[T_{\text{opt}}] = E\left[R^{\text{opt}} \cdot \text{RTT} + \sum_{k=1}^{R_{\text{opt}}} F_k^{\text{opt}}\right] = R^{\text{opt}} \cdot \text{RTT} + R^{\text{opt}}(L+1)T_{\text{slot}} \tag{7-43}$$

简化起见，设 $W_{\text{opt}}^{\text{last}} = W_{\max}$，则理想情况下的 TCP New Reno 协议吞吐量为

$$S_{\text{d}}^{\text{opt}} = \frac{E[M_{\text{opt}}]}{E[T_{\text{opt}}]}$$

$$\approx \frac{2^{W+1} - 1 + \dfrac{1}{2}(R_{\text{top}}^{\text{opt}} - W)(2^{W+1} + R_{\text{top}}^{\text{opt}} - W + 1) + W_{\max}(R^{\text{opt}} - R_{\text{top}}^{\text{opt}} + 1)}{R^{\text{opt}} \cdot \text{RTT} + R^{\text{opt}}(L+1)T_{\text{slot}}} \tag{7-44}$$

由于 cwnd 在慢启动阶段按照指数方式增长，在拥塞回避阶段按照线性方式增长，若 $W_{\text{thr0}} = W_{\max}$，则 cwnd 的增长全在慢启动阶段完成，达到 $W_{\max}$ 的时间最短。

根据式(7-40)，在 $W_{\text{thr0}} = W_{\max}$ 的条件下 $R_{\text{top}}^{\text{opt}}$ 可以表达为

$$R_{\text{top}}^{\text{opt}} = W + W_{\max} - W_{\text{thr0}} = W \tag{7-45}$$

$\hat{M}$ 可以表示为

$$\hat{M} = \sum_{k=1}^{W+1} 2^{k-1} + \sum_{k=W}^{R^{\mathrm{opt}}-1} W_{\max} + W_{\mathrm{last}}^{\mathrm{opt}} = 2^{W+1} - 1 + W_{\max}(R^{\mathrm{opt}} - W) + W_{\mathrm{last}}^{\mathrm{opt}} \tag{7-46}$$
$$\approx 2^{W+1} + W_{\max}(R^{\mathrm{opt}} - W + 1) = W_{\max}(R^{\mathrm{opt}} - W + 3)$$

$\hat{T}_{\mathrm{opt}}$ 可以表示为

$$\hat{T}_{\mathrm{opt}} = T_{\mathrm{opt}} = R^{\mathrm{opt}} \cdot \mathrm{RTT} + R^{\mathrm{opt}}(L+1)T_{\mathrm{slot}} \tag{7-47}$$

TCP New Reno 协议的最大吞吐量 $S_{\mathrm{d}}^{\max}$ 为

$$S_{\mathrm{d}}^{\max} = \frac{\hat{M}}{\hat{T}_{\mathrm{opt}}} \approx \frac{W_{\max}(R^{\mathrm{opt}} - W + 3)}{R^{\mathrm{opt}} \cdot \mathrm{RTT} + R^{\mathrm{opt}}(L+1)T_{\mathrm{slot}}} \tag{7-48}$$

2. 拥塞回避阶段发生数据冲突情况

拥塞回避阶段发生数据冲突情况下的吞吐量用 $S_{\mathrm{d}}^{\mathrm{CA}}$ 表示，即

$$S_{\mathrm{d}}^{\mathrm{CA}} = \frac{E[M_{\mathrm{CA}}]}{E[T_{\mathrm{CA}}]} = \frac{E[M]}{E[T_{\mathrm{CA}}]} \tag{7-49}$$

与 $R_{\mathrm{top}}^{\mathrm{opt}}$、$R^{\mathrm{opt}}$ 和 $W_{\mathrm{last}}^{\mathrm{opt}}$ 的参数含义相似，设为 $R_{\mathrm{top}}^{\mathrm{CA}}$、$R^{\mathrm{CA}}$ 和 $W_{\mathrm{last}}^{\mathrm{CA}}$，并且设 $W_i \in \{W_1, W_2, \cdots, W_{n_{\mathrm{CA}}-1}\}$，$2 \leqslant W_i \leqslant W_{\max}$，表示数据包冲突的 RTT 编号。整个 TCP 连接传输时间的期望值为

$$E[T_{\mathrm{CA}}] = E\left[\sum_{k=1}^{R^{\mathrm{CA}}} D_k^{\mathrm{CA}}\right] + E\left[\sum_{k=1}^{R^{\mathrm{CA}}} F_k^{\mathrm{CA}}\right] = R^{\mathrm{CA}} \cdot \mathrm{RTT} + \sum_{k=1}^{R^{\mathrm{CA}}} E[F_k^{\mathrm{CA}}] \tag{7-50}$$

设 $r_i \in \{r_1, r_2, \cdots, r_{n_{\mathrm{CA}}-1}\}$ 为第 i 个数据包冲突发生的 RTT 段，$r_0 = W$ 和 $r_n = R^{\mathrm{CA}}$，则处理时间可以表达为

$$\sum_{k=1}^{R^{\mathrm{CA}}} E[F_k^{\mathrm{CA}}] = E[F_{\mathrm{SS}}^{\mathrm{CA}}] + E[F_{\mathrm{CA}}^{\mathrm{CA}}] \tag{7-51}$$

处理时间的期望值可以表达为

$$\begin{cases} E[F_{\mathrm{SS}}^{\mathrm{CA}}] = \sum_{k=1}^{W} E[F_k^{\mathrm{CA}}] \\ E[F_{\mathrm{CA}}^{\mathrm{CA}}] = \sum_{i=1}^{n_{\mathrm{CA}}-1} \sum_{k=r_i}^{r_i+1} E[F_k^{\mathrm{CA}}] \end{cases} \tag{7-52}$$

从前面对理想情况的分析可以得出：

$$E[F_{\text{SS}}^{\text{CA}}]=\sum_{k=1}^{W}E[F_k^{\text{CA}}]=T_{\text{slot}}\sum_{k=1}^{W+1}\frac{2^{k-1}(L+1)}{2^{k-1}+1}$$

$$=T_{\text{slot}}(L+1)\left[(W+1)-\sum_{k=1}^{W+1}\frac{1}{2^{k-1}+1}\right]\approx T_{\text{slot}}(L+1)W \tag{7-53}$$

$E[F_{\text{CA}}^{\text{CA}}]$ 可以表达为

$$E[F_{\text{CA}}^{\text{CA}}]=\sum_{i=1}^{n_{\text{CA}}-1}\sum_{k=r_i}^{r_i+1}E[F_k^{\text{CA}}]$$

$$=T_{\text{slot}}\left[\sum_{k=W+1}^{W_1}\frac{k(L+1)}{k+1}+\sum_{i=1}^{n_{\text{CA}}-1}\sum_{k=\left\lfloor\frac{W_i}{2}\right\rfloor}^{W_i+1}\frac{k(L+1)}{k+1}+\frac{W_{\text{last}}^{\text{CA}}(L+1)}{W_{\text{last}}^{\text{CA}}+1}\right] \tag{7-54}$$

根据 TCP，$2\le W_i\le W_{\max}$，则

$$\begin{cases}1.5\le\displaystyle\sum_{k=W+1}^{W_i}\frac{k}{k+1}\le59.1\\[4mm]1.2\le\displaystyle\sum_{k=\left\lfloor\frac{W_i}{2}\right\rfloor}^{W_i+1}\frac{k}{k+1}\le60.2\end{cases} \tag{7-55}$$

因此，可以得出：

$$T_{\text{slot}}(L+1)(W+1.2n_{\text{CA}})\le\sum_{k=1}^{R^{\text{CA}}}E[F_k^{\text{CA}}]\le T_{\text{slot}}(L+1)(W+60.2n_{\text{CA}}) \tag{7-56}$$

传输时间的期望值可以表达为

$$R^{\text{CA}}\cdot\text{RTT}+T_{\text{slot}}(L+1)(W+1.2n_{\text{CA}})$$
$$\le E[T_{\text{CA}}]\le \tag{7-57}$$
$$R^{\text{CA}}\cdot\text{RTT}+T_{\text{slot}}(L+1)(W+60.2n_{\text{CA}})$$

因为 $M=M_{\text{opt}}=M_{\text{CA}}=M_{\text{SS}}$，根据式(7-24)和式(7-57)，$S_{\text{d}}^{\text{CA}}$ 可以计算得出：

$$\frac{2^{W+1}-1+\frac{1}{2}(R_{\text{top}}^{\text{opt}}-W)(2^{W+1}+R_{\text{top}}^{\text{opt}}-W+1)+W_{\max}(R^{\text{opt}}-R_{\text{top}}^{\text{opt}})+W_{\text{last}}^{\text{CA}}}{R^{\text{opt}}\cdot\text{RTT}+T_{\text{slot}}(L+1)(W+60.2\cdot n_{\text{CA}})}$$

$$\le S_{\text{d}}^{\text{CA}}\le \tag{7-58}$$

$$\frac{2^{W+1}-1+\frac{1}{2}(R_{\text{top}}^{\text{opt}}-W)(2^{W+1}+R_{\text{top}}^{\text{opt}}-W+1)+W_{\max}(R^{\text{opt}}-R_{\text{top}}^{\text{opt}})+W_{\text{last}}^{\text{CA}}}{R^{\text{opt}}\cdot\text{RTT}+T_{\text{slot}}(L+1)(W+1.2\cdot n_{\text{CA}})}$$

3. 慢启动阶段发生数据冲突情况

慢启动阶段发生数据冲突情况下的吞吐量用 $S_{\mathrm{d}}^{\mathrm{SS}}$ 表示，即

$$S_{\mathrm{d}}^{\mathrm{SS}} = \frac{E[M_{\mathrm{SS}}]}{E[T_{\mathrm{SS}}]} = \frac{E[M]}{E[T_{\mathrm{SS}}]} \tag{7-59}$$

与 $R_{\mathrm{top}}^{\mathrm{opt}}$、$R^{\mathrm{opt}}$ 和 $W_{\mathrm{last}}^{\mathrm{opt}}$ 的参数含义相似，设为 $R_{\mathrm{top}}^{\mathrm{SS}}$、$R^{\mathrm{SS}}$、$W_{\mathrm{last}}^{\mathrm{SS}}$ 和 $n_{\mathrm{SS}}-1$，整个 TCP 连接传输时间的期望值为

$$E[T_{\mathrm{SS}}] = E[\sum_{k=1}^{R^{\mathrm{SS}}} D_k^{\mathrm{SS}}] + E[\sum_{k=1}^{R^{\mathrm{SS}}} F_k^{\mathrm{SS}}] = R^{\mathrm{SS}} \cdot \mathrm{RTT} + \sum_{k=1}^{R^{\mathrm{SS}}} E[F_k^{\mathrm{SS}}] \tag{7-60}$$

处理时间可以表达为

$$\sum_{k=1}^{R^{\mathrm{SS}}} E[F_k^{\mathrm{SS}}] = E[F_{\mathrm{SS}}^{\mathrm{SS}}] + E[F_{\mathrm{CA}}^{\mathrm{SS}}] \tag{7-61}$$

则两个阶段处理时间的期望值为

$$\begin{cases} E[F_{\mathrm{SS}}^{\mathrm{SS}}] = \displaystyle\sum_{k=1}^{\log_2^{W_1}} E[F_k^{\mathrm{SS}}] \\ E[F_{\mathrm{CA}}^{\mathrm{CA}}] = \displaystyle\sum_{i=1}^{n_{\mathrm{SS}}-1} \sum_{k=r_i}^{r_i+1} E[F_k^{\mathrm{SS}}] \end{cases} \tag{7-62}$$

显然，

$$\begin{aligned} E[F_{\mathrm{SS}}^{\mathrm{SS}}] &= T_{\mathrm{slot}} \sum_{k=1}^{\log_2(W_1+1)} \frac{2^{k-1}(L+1)}{2^{k-1}+1} \\ &= T_{\mathrm{slot}}(L+1) \left[\log_2(W_1+1) \sum_{k=1}^{\log_2(W_1+1)} \frac{1}{2^{k-1}+1} \right] \end{aligned} \tag{7-63}$$

根据理想情况下的推导，有

$$E[F_{\mathrm{SS}}^{\mathrm{SS}}] \approx T_{\mathrm{slot}}(L+1)\log_2 W_1 \tag{7-64}$$

拥塞回避阶段的处理时间期望值为

$$E[F_{\mathrm{SS}}^{\mathrm{CA}}] = T_{\mathrm{slot}} \left[\sum_{i=1}^{n_{\mathrm{SS}}-1} \sum_{k=\lfloor \frac{W_i}{2} \rfloor}^{W_i+1} \frac{k(L+1)}{k+1} + \frac{W_{\mathrm{last}}^{\mathrm{SS}}(L+1)}{W_{\mathrm{last}}^{\mathrm{SS}}+1} \right] \tag{7-65}$$

假设 n 值很大，由式(7-55)可以得出：

$$T_{\mathrm{slot}}(L+1) \cdot 1.2 n_{\mathrm{SS}} \leqslant E[F_{\mathrm{SS}}^{\mathrm{CA}}] \leqslant T_{\mathrm{slot}}(L+1) \cdot 60.2 n_{\mathrm{SS}} \tag{7-66}$$

传输时间的期望值可以表达为

$$
\begin{aligned}
R^{\mathrm{SS}} \cdot \mathrm{RTT} + T_{\mathrm{slot}}(L+1)(\log_2 W_1 + 1.2 n_{\mathrm{SS}}) \\
\leqslant E[T_{\mathrm{SS}}] \leqslant \\
R^{\mathrm{SS}} \cdot \mathrm{RTT} + T_{\mathrm{slot}}(L+1)(\log_2 W_1 + 60.2 n_{\mathrm{SS}})
\end{aligned}
\tag{7-67}
$$

根据式(7-24)和式(7-67)，$S_{\mathrm{d}}^{\mathrm{SS}}$ 可以计算得出：

$$
\begin{aligned}
\frac{2^{W+1} - 1 + \dfrac{1}{2}(R_{\mathrm{top}}^{\mathrm{opt}} - W)(2^{W+1} + R_{\mathrm{top}}^{\mathrm{opt}} - W + 1) + W_{\max}(R^{\mathrm{opt}} - R_{\mathrm{top}}^{\mathrm{opt}}) + W_{\mathrm{last}}^{\mathrm{SS}}}{R^{\mathrm{opt}} \cdot \mathrm{RTT} + T_{\mathrm{slot}}(L+1)(\log_2 W_1 + 60.2 \cdot n_{\mathrm{SS}})} \\
\leqslant S_{\mathrm{d}}^{\mathrm{SS}} \leqslant \\
\frac{2^{W+1} - 1 + \dfrac{1}{2}(R_{\mathrm{top}}^{\mathrm{opt}} - W)(2^{W+1} + R_{\mathrm{top}}^{\mathrm{opt}} - W + 1) + W_{\max}(R^{\mathrm{opt}} - R_{\mathrm{top}}^{\mathrm{opt}}) + W_{\mathrm{last}}^{\mathrm{SS}}}{R^{\mathrm{opt}} \cdot \mathrm{RTT} + T_{\mathrm{slot}}(L+1)(\log_2 W_1 + 1.2 \cdot n_{\mathrm{SS}})}
\end{aligned}
\tag{7-68}
$$

4. TCP New Reno 协议的吞吐量

显然，理想情况下的概率为

$$
P(C_{\mathrm{SS}} = 0, C_{\mathrm{CA}} = 0) = (1-p)^M
\tag{7-69}
$$

在拥塞回避阶段出现数据包冲突的概率为

$$
P(C_{\mathrm{SS}} = 0, C_{\mathrm{CA}} \geqslant 1) \approx (1-p)^{2W_{\mathrm{thr0}} - 1}\left[1 - (1-p)^{M - 2W_{\mathrm{thr0}} + 1}\right]
\tag{7-70}
$$

在慢启动阶段出现数据包冲突的概率为

$$
P(C_{\mathrm{SS}} \geqslant 1, C_{\mathrm{CA}} \geqslant 0) = 1 - P(C_{\mathrm{SS}} = 0, C_{\mathrm{CA}} = 0) - P(C_{\mathrm{SS}} = 0, C_{\mathrm{CA}} \geqslant 1) - P_{\mathrm{NC}}
\tag{7-71}
$$

由式(7-44)、式(7-58)、式(7-69)、式(7-70)和式(7-71)，式(7-21)可以表示为

$$
S_{\mathrm{d}} = M\left(\frac{P(C_{\mathrm{SS}} = 0, C_{\mathrm{CA}} = 0)}{E[T_{\mathrm{opt}}]} + \frac{P(C_{\mathrm{SS}} = 0, C_{\mathrm{CA}} \geqslant 1)}{E[T_{\mathrm{CA}}]} + \frac{P(C_{\mathrm{SS}} \geqslant 1, C_{\mathrm{CA}} \geqslant 0)}{E[T_{\mathrm{SS}}]} \right)
\tag{7-72}
$$

通过上述分析，在卫星通信 RA 接入系统中，1 个 TCP New Reno 协议连接吞吐量的上限和下限分别为

$$
\begin{aligned}
M\left(\frac{(1-p)^M}{R^{\mathrm{opt}} \cdot \mathrm{RTT} + R^{\mathrm{opt}}(L+1)T_{\mathrm{slot}}} + \frac{(1-p)^{2W_{\mathrm{thr0}} - 1}(1 - (1-p)^{M - 2W_{\mathrm{thr0}} + 1})}{R^{\mathrm{CA}} \cdot \mathrm{RTT} + T_{\mathrm{slot}}(L+1)(W + 60.2 \cdot n_{\mathrm{CA}})} \right. \\
\left. + \frac{1 - ((1-p)^M + (1-p)^{2W_{\mathrm{thr0}} - 1}(1 - (1-p)^{M - 2W_{\mathrm{thr0}} + 1}) + P_{\mathrm{NC}})}{R^{\mathrm{SS}} \cdot \mathrm{RTT} + T_{\mathrm{slot}}(L+1)(\log_2 W_1 + 60.2 \cdot n_{\mathrm{SS}})} \right) \\
\leqslant S_{\mathrm{d}} \leqslant
\end{aligned}
$$

$$M\left(\begin{array}{c}\dfrac{(1-p)^M}{R^{\mathrm{opt}}\cdot\mathrm{RTT}+R^{\mathrm{opt}}(L+1)T_{\mathrm{slot}}}+\dfrac{(1-p)^{2W_{\mathrm{thr0}}-1}(1-(1-p)^{M-2W_{\mathrm{thr0}}+1})}{R^{\mathrm{CA}}\cdot\mathrm{RTT}+T_{\mathrm{slot}}(L+1)(W+1.2\cdot n_{\mathrm{CA}})}\\+\dfrac{1-((1-p)^M+(1-p)^{2W_{\mathrm{thr0}}-1}(1-(1-p)^{M-2W_{\mathrm{thr0}}+1})+P_{\mathrm{NC}})}{R^{\mathrm{SS}}\cdot\mathrm{RTT}+T_{\mathrm{slot}}(L+1)(\log_2 W_1+1.2\cdot n_{\mathrm{SS}})}\end{array}\right)$$

$$(7\text{-}73)$$

因为 P_{NC} 无法通过数学分析的方法得到结果，所以引入调整因子 $S_{\mathrm{upper}}^{\mathrm{mod}}$ 和 $S_{\mathrm{lower}}^{\mathrm{mod}}$，式(7-73)可以表示为

$$M\left(\begin{array}{c}\dfrac{(1-p)^M}{R^{\mathrm{opt}}\cdot\mathrm{RTT}+R^{\mathrm{opt}}(L+1)T_{\mathrm{slot}}}+\dfrac{(1-p)^{2W_{\mathrm{thr0}}-1}(1-(1-p)^{M-2W_{\mathrm{thr0}}+1})}{R^{\mathrm{CA}}\cdot\mathrm{RTT}+T_{\mathrm{slot}}(L+1)(W+60.2\cdot n_{\mathrm{CA}})}\\+\dfrac{1-((1-p)^M+(1-p)^{2W_{\mathrm{thr0}}-1}(1-(1-p)^{M-2W_{\mathrm{thr0}}+1}))}{R^{\mathrm{SS}}\cdot\mathrm{RTT}+T_{\mathrm{slot}}(L+1)(\log_2 W_1+60.2\cdot n_{\mathrm{SS}})}\end{array}\right)-S_{\mathrm{lower}}^{\mathrm{mod}}$$

$$\leqslant S_{\mathrm{d}}\leqslant$$

$$M\left(\begin{array}{c}\dfrac{(1-p)^M}{R^{\mathrm{opt}}\cdot\mathrm{RTT}+R^{\mathrm{opt}}(L+1)T_{\mathrm{slot}}}+\dfrac{(1-p)^{2W_{\mathrm{thr0}}-1}(1-(1-p)^{M-2W_{\mathrm{thr0}}+1})}{R^{\mathrm{CA}}\cdot\mathrm{RTT}+T_{\mathrm{slot}}(L+1)(W+1.2\cdot n_{\mathrm{CA}})}\\+\dfrac{1-((1-p)^M+(1-p)^{2W_{\mathrm{thr0}}-1}(1-(1-p)^{M-2W_{\mathrm{thr0}}+1}))}{R^{\mathrm{SS}}\cdot\mathrm{RTT}+T_{\mathrm{slot}}(L+1)(\log_2 W_1+1.2\cdot n_{\mathrm{SS}})}\end{array}\right)-S_{\mathrm{upper}}^{\mathrm{mod}}$$

$$(7\text{-}74)$$

7.3.3　仿真分析

对于协议性能的仿真分析，如表 7-1 所示设定物理层、链路层和传输层参数。

表 7-1　仿真参数设定

参数	数值
TCP 版本	New Reno
RTT	$256T_{\mathrm{slot}}$、$512T_{\mathrm{slot}}$、$2048T_{\mathrm{slot}}$
L	$128T_{\mathrm{slot}}$
W_{thr0}	32
W_{max}	64
W_{last}	64
W_1	4、8、16
p	0、0.001、0.01、0.1、0.2、0.4

1. 理想情况下的性能分析

如前分析，若 $p=0$，则在整个 TCP 连接过程中没有数据包冲突，式(7-42)可以简化为式(7-29)。若 $W_{thr0}=W_{max}$，则 TCP New Reno 协议吞吐量达到最大，可以用式(7-29)表达。对应于 RTT 的 3 个取值，TCP New Reno 协议的理想吞吐量和最大吞吐量如图 7-11 所示。

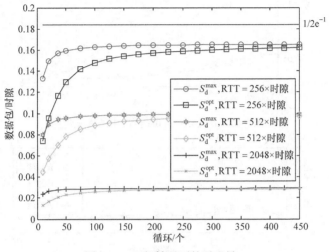

图 7-11　理想情况下的吞吐量

从图 7-11 可以看出：当 RTT 数量很小时，理想情况下的吞吐量和最大吞吐量都很小；随 RTT 数量的增加，理想吞吐量和最大吞吐量都会迅速增加；当 RTT 数量大于 150 时，最大吞吐量达到稳定值，理想吞吐量也不断接近最大值。

显而易见，不论是理想值还是最大值，都低于 ALOHA 协议和 SA 协议。这是因为，之前对于 ALOHA 协议和 SA 协议的性能分析，只考虑 MAC 层本身，而没有将 MAC 层和传输层结合起来分析。

2. p 从 0 到 0.9 情况下的性能分析

设定 $W_1=16$、$RTT=256T_{slot}$、$S_{upper}^{mod}=0.0042$ 和 $S_{lower}^{mod}=0.013$，其仿真结果如图 7-12 和图 7-13 所示。图 7-12 的结果与以往研究的分析结果相差很大，主要是因为以往研究中在分析 TCP New Reno 协议性能时，没有对慢启动、拥塞回避、快速重传/恢复等核心算法进行分析。

从图 7-13 可以看出，当传输的数据包达到 5000 个左右时，吞吐量的上限值达到最大；随着数据包数量的增加，吞吐量的上限不断下降；吞吐量的下限值在数据包数量在 750 个左右时达到最大；随着数据包数量的增加，吞吐量的下限不断下降。

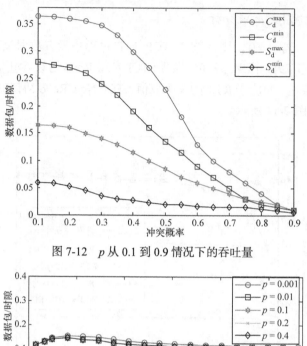

图 7-12 p 从 0.1 到 0.9 情况下的吞吐量

图 7-13 p 从 0.001 到 0.4 情况下吞吐量的上限和下限

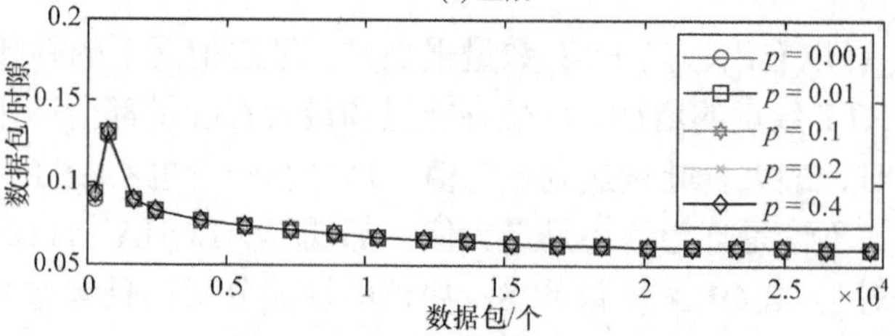

另外，分析图 7-13 能得出：吞吐量的上限会随着 p 的增大而减小；吞吐量的下限则不会因为 p 的变化而发生很大变化。

3. $p=0.001$ 情况下的性能分析

设定 $W_1=16$，当 $p=1$ 时，吞吐量应为 0，所以设 $S_{upper}^{mod}=S_{lower}^{mod}=0.013$，仿真结果如图 7-14 所示。在 $\mathrm{RTT}=256T_{slot}$ 情况下，传输的数据包数量不大时，吞吐量的上限和下限都增长很快，并且上限达到最大值。由于数据包冲突，随着数据包数量的增加，吞吐量不断减小，并在数据包数量大于 5000 后，趋于稳定。在

$RTT = 2048T_{slot}$ 情况下，由于只有很少的时隙在传输数据，所以吞吐量接近 0。

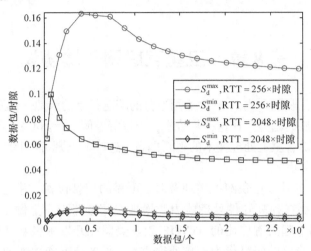

图 7-14　$p = 0.001$ 情况下的吞吐量

4. $W_1 = 4$、8、16 情况下的性能分析

设定 $p = 0.01$，$S_{upper}^{mod} = 0.013$ 和 $S_{lower}^{mod} = 0$，W_1 分别设为 4、8 和 16 时，其性能如图 7-15 所示。当传输的数据包数量小于 5000 时，随着数据包数量的增加，吞吐量的上限增加，最终趋于稳定。在 $RTT = 2048T_{slot}$ 情况下，由于只有很少的时隙在传输数据，所以吞吐量接近 0。

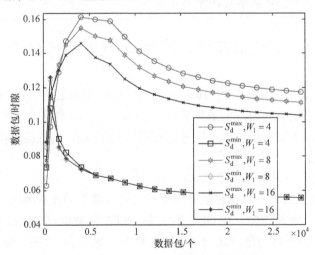

图 7-15　$W_1 = 4$、8、16 情况下的吞吐量

另外，分析图 7-15 能得出：对于不同的 W_1，吞吐量的下限基本不变；吞吐量的上限则会随着 W_1 增加而减小。

第 8 章　卫星互联网传输协议

构建卫星互联网形成以 IP 为通用平台的跨越行星的天地一体互联网,已经成为卫星通信发展的趋势。在这种趋势中,卫星等空间飞行器必然会成为非常重要的通信节点,随着星上处理技术的不断提高,这些节点既可以是终端,也可以成为路由或交换节点。

如何能够在卫星互联网中实现及时、可靠的信息传输,并充分利用网络链路资源,不仅要在提高硬件处理能力和增加空间链路带宽上做工作,还要研究在卫星互联网中起关键作用的 TCP/IP 族。美国在开发卫星互联网的进程中,就将空间网络协议的研究作为一项研究重点。很多国家和地区的研究机构和科研人员也都开展了这方面的研究,国际互联网组织还为此专门制定了多个 RFC 文档。

本章讨论卫星互联网传输协议的研究状况,主要内容:首先,讨论空间链路的信道特点,在此基础上分析其对 TCP 性能的影响;然后,着重分析已提出的各种研究方案,按照研究方案的特点,分为基本改进方案、数据报优先级方案、可用带宽估计方案、拥塞窗口指示方案、信道不对称改进方案、代理方案和跨层联合设计方案等,并按照这些类别依次展开讨论。

8.1　空间链路特点及其对 TCP 性能的影响

卫星信道属于无线信道,它具有较高的误码率和很长的无线信号传播时延(如同步卫星传播信道和行星之间数据传输)。另外,出于成本等因素的考虑,卫星链路带宽往往采用不对称的方式。这些都直接影响了 TCP 的性能,降低了 TCP 对卫星信道资源的有效利用[99-103]。

1) 传播时延及其对 TCP 的影响

地面网络的 RTT 在几毫秒到几十毫秒之间,典型的往返时间为 50ms,卫星信道的传播时延则长得多。在 GEO 系统中, RTT 为 480~560ms,行星之间的传播时延还要更长(月球与地球之间的传播时延为 1.2s 左右,火星与地球之间的传播时延则为 4~20min)。这样长的时延使得慢启动阶段的 TCP 拥塞窗口增长速度变得非常缓慢。文件传输过程中,处于慢启动阶段的时间越长,文件所需的传输时间就越长。因此,慢启动阶段在整个文件传输中的比例越大,信道的带宽利用率就越低。互联网中的网页浏览业务一般在几千字节到十几千字节之间。由于整个文件的传输都处于慢启动阶段，所以卫星链路有效带宽的利用率最低[104]。

另外，TCP 的最大吞吐量也受到 RTT 和最大发送窗口的限制，具体大小可由式(8-1)计算得出：

$$\text{Throughput}_{max} = \text{Win}_{max} / \text{RTT} \tag{8-1}$$

由于 TCP 的最大发送窗口值不会超过 64kByte，这样在 GEO 系统中的最大吞吐量不会超过 1Mbits/s。在不同操作平台中，TCP 传输协议中的 Win_{max} 默认设定值并不相同(Windows 98 和 Windows NT4 为 8kByte，Windows 2000 为 16kByte，Windows XP 为 64kByte，Linux 2.4 为 64kByte)。另外，Win_{max} 还受到接收端接收窗口值的限制，即 $\text{Win}_{max} < W_{rec}$。因此，TCP 的最大吞吐量还会受到操作平台的影响。这显然不能满足高速多媒体业务的需要，也不能充分利用大带宽的卫星信道。即使采用已提出的增大发送窗口的方法，也只能做到提高最大传输流量，而不能彻底解决传输流量受限的问题。

另外，在 GEO 卫星通信环境中，RTT 值几乎不会变化。因此，TCP 估计的 RTO 值会与 RTT 值接近。这样，当路由器的传输队列变长，或者发送、接收端负荷增大，所导致的 ACK 延迟都会轻易地超过 RTO。当应答等待时间超过了 RTO，发送端就会认为网络出现拥塞，TCP 因此而重传数据和降低 cwnd，并重新进入慢启动阶段。因此，尽管没有数据丢失，但 TCP 吞吐量仍然会急速下降[105]。

2) 时延带宽积大

空间链路的时延带宽积(delay bandwidth product，DBP)，表明了传播中还没有得到确认的数据量。DBP 的值可通过式(8-2)计算得出：

$$\text{DBP} = W \cdot \text{RTT} \tag{8-2}$$

其中，W 为卫星信道带宽。显然，W 和 RTT 值越大，"飞行"在空间链路中的数据量就越大，即发送端没有获得确认应答的数据量就越大。当然，DBP 最大值不能超过最大发送窗口[106]。

3) 误码率高及其对 TCP 的影响

在 GEO 通信环境中，卫星信道主要呈现高斯加性白噪声特性，随机误码为其主要表现形式，误码率一般在 $10^{-4} \sim 10^{-7}$。另外，卫星信道的优劣还直接受天气的影响，当天气条件恶化时(雨、雪天气等)，信道误码率还会更大，甚至不能正常通信。如前所述，TCP 认为网络拥塞是数据丢失的唯一原因。当链路误码造成数据丢失时，TCP 就会减小数据发送窗口值，从而导致数据发送流量的降低。这样，不仅降低了 TCP 传输效率，还浪费了卫星信道的可用带宽[106-107]。

在卫星移动通信环境中，卫星链路的直达信号往往会被高山、树林或者楼房等阻隔，这种情况下卫星信道条件严重恶化。当卫星链路的直达信号被遮蔽，卫星链路会出现突发误码的情况。这时，TCP 的性能会更加不稳定。

在深空通信环境中，卫星链路条件更加恶劣。随机误码率在 10^{-1} 量级上，还会出现通信信号长时间完全中断的情况。

4) 链路带宽不对称及其对 TCP 的影响

由于受到发送功率和天线尺寸等条件的制约，卫星链路中的前向链路(从卫星地面站到地面用户终端)带宽往往会大于反向链路(从地面用户终端到卫星地面站)带宽，通常是其 10～100 倍。在深空通信中，两者相差还会高达 1000 倍。由于链路带宽不对称，反向信道的带宽往往会成为传输瓶颈。这样，在带宽很窄的反向信道中，ACK 数据往往会"簇拥"在一起，并导致反向链路的数据拥塞[108-110]。因此，链路带宽不对称，会对 TCP 带来如下影响：

(1) 前向链路数据的突发特性突出；

(2) cwnd 增长变慢，当前向链路和反向链路的带宽比高于 50：1 时，TCP 性能就会明显下降。

8.2　TCP 的基本改进方案

基本改进方案主要是指 20 世纪 90 年代提出的改进方案，这些方案提出较早，对 TCP 的改动也很小，有些已经成为 TCP 中的扩展选项[111-114]。

1. 扩大初始发送窗口

初始 cwnd 值 IW 不再是 1 个 TCP 数据段，具体取值按照式(8-3)计算得出：

$$IW = \min[4 \cdot MSS, \max(2 \cdot MSS, 4380 bytes)] \tag{8-3}$$

这样，可以避免 cwnd 仅为 4 个 TCP 数据段时，数据丢失造成等待超时现象的出现，以及接收端采用延迟应答方式所付出的不必要等待时间。同时，加快了 cwnd 的增长速度，也减少了文件传输时间[115]。

2. 扩大最大 TCP 发送窗口

发送窗口从 16 位 bits 扩展到 30 位 bits，这样最大发送窗口值从 64k 字节扩展到了 1G 字节。若 RTT 值为 500ms，则单个 TCP 连接的最大吞吐量可以达到 16Gbits/s[116]。

3. T/TCP

在收发两端的第 1 个 TCP 连接进行三次握手，其后的 TCP 连接可以跳过三次握手过程，直接发送数据信息。因此，可以缩短 1～1.5RTT 的 TCP 连接时间。

非常明显，T/TCP 缩短了连接建立时间，提高了链路带宽利用率。特别是传输短小的请求/应答业务时，T/TCP 带来的好处更加突出[117]。

4. 多 TCP 连接

将 1 个 TCP 连接分成多个 TCP 数据流以加快数据的传输。采用多个 TCP 连接来实现 1 个文件的传输，可以带来的好处是实际 cwnd 初始值窗口增长速率、最大等效传输窗口值为单个连接的数倍。当然，多 TCP 连接会加剧数据传输的突发程度，加重网络负担，容易导致网络拥塞的发生[118]。

5. 明确拥塞指示

通过在 IP 数据报头中包含明确拥塞指示(explicit congestion notation，ECN)信息位，来告知发送端网络是否拥塞，以便达到对拥塞控制的目的。当前实现方案有两种：后向和前向 ECN[119]。

6. TCP 头压缩

压缩 TCP 头信息，从而提高传输效率。在 TCP 头中，有很多字段在整个 TCP 连接过程中不变或很少变化，或者可以通过其他途径获得，如源地址和目标地址是始终不变的，数据段长度可以从链路层帧长度计算出来。因此，压缩这些信息是完全可能和有效的。

以上这些基本改进方案具有协议改动小、实施方便的优点。但每个改进方案都只是针对一个问题进行修改，对 TCP 性能的改进非常有限，同时也没有综合考虑空间链路的影响。

8.3　数据报优先级方案

1. Fast Start

从发送第 1 个数据段时刻到接收到第 1 个应答信息时刻之间的阶段，称为 Fast Start 阶段。为了解决连接开始阶段数据流量低的问题，Fast Start 的核心思想是在数据传输初始阶段，采用最近一次 TCP 连接的发送窗口来传输数据。为了避免数据突发造成网络拥塞，设置 Fast Start 阶段发送 IP 数据报的优先级为低优先级。当网络出现拥塞，低优先级的数据报会首先被丢弃。这样，高优先级的数据报不会因此而丢弃。另外，若发送端发现 Fast Start 阶段发送的数据出现丢失，则会启动慢启动策略，进入慢启动阶段，依照通常的 TCP 重新开始[120]。

虽然此方案利用了网络连接的历史记录来估计当前网络的可用带宽，但是如果 TCP 连接路径改变，则估计失效。另外，网络状态非常不稳定，状态的变化也属于短时行为。这就要求前一次连接的结束时刻与当前连接的开始时刻非常接近，才能保证 Fast Start 协议的有效性。因此，Fast Start 条件要求苛刻，实际网络难以满足。

2. TCP-Peach

作为 Fast Start 的延续，2001 年 Akyildiz 等提出了 TCP-Peach 协议。此协议对 TCP 的改动较大，如图 8-1 所示，主要包括的策略有 Sudden Start、Congestion Avoidance、Fast Retransmit 和 Rapid Recovery 等。其中，Sudden Start 策略取代了 Slow Start 策略，Rapid Recovery 策略也与 TCP 的 Fast Recovery 策略截然不同[121]。

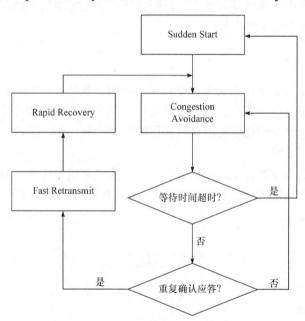

图 8-1　TCP-Peach 协议

TCP-Peach 协议的核心思想：发送低优先级的 dummy 数据段，根据返回的 ACK 数据段来探测网络中可用带宽以及提升数据发送流量。dummy 数据段是最后 1 个有效信息数据段的复制，因此没有携带新的信息。基于 dummy 数据段的发送，Sudden Start 策略能够在 2 个 RTT 之后，将 cwnd 从 1 个 TCP 数据段迅速增长到 rwnd 个，并进入拥塞回避阶段。Sudden Start 的基本方法：根据 rwnd 和 RTT 值计算数据发送间隔 τ，在发送第 1 个数据段后，在第 1 个 RTT 周期内，等间隔发送 rwnd–1 个 dummy 数据段；在第 2 个 RTT 开始后，每接收到 1 个 ACK

数据段,发送端就将 cwnd 值增加 1,并发送 1 个新的 TCP 数据段,到第 2 个 RTT 结束时,即 Sudden Start 阶段结束,TCP-Peach 进入拥塞回避阶段。TCP-Peach 协议与 TCP-Reno 协议的 cwnd 变化比较如图 8-2 所示。

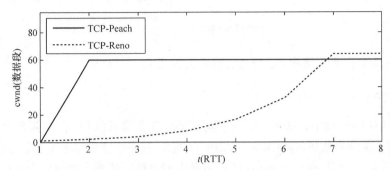

图 8-2　TCP-Peach 协议与 TCP-Reno 协议的 cwnd 变化比较

另外,利用 dummy 数据段的发送,TCP-Peach 协议可以在数据丢失后迅速探测网络带宽并提升数据发送流量。其执行过程如下:

(1) 当收到多个重复的 ACK 信息时,TCP-Peach 协议认为网络出现拥塞,并将 cwnd 值减半;

(2) 在执行完 Fast Retransmit 策略之后,启动 Rapid Recovery 策略,并在此阶段发送大量的 dummy 数据段,dummy 数据段的数量为没有减半的 cwnd 值;

(3) 当接收到重传数据成功接收的信息后,TCP-Peach 协议进入拥塞回避阶段;

(4) 在拥塞回避阶段,发送端每接收到 1 个 dummy 数据段的应答,就表明网络有剩余可用带宽,cwnd 值就增加 1。

TCP-Peach 协议主要存在以下问题:①没有分析判断数据丢失的具体原因,仍然认为拥塞是造成数据丢失的唯一原因;②dummy 数据段不带任何有用信息,会消耗卫星链路中的可用带宽;③不仅需要估计 RTT 值,并且对 RTT 的依赖性过大,即 RTT 值的偏差对 TCP-Peach 协议性能的影响很大。

3. TCP PBS

TCP PBS 协议是在 TCP-Peach 协议的基础上提出的,也是基于高低优先级数据发送的思想。TCP PBS 将 TCP-Peach 协议中的 Sudden Start 和 Rapid Recovery 控制算法进行了改进,提出了 2 个新的控制机制:Accelerative Start 和 Expeditious Recovery。Accelerative Start 控制机制采纳了扩大初始发送窗口的思想,Expeditious Recovery 则采用了明确拥塞指示的思想。TCP PBS 协议数据处理的基本方法如下:

(1) 当网络出现拥塞时,cwnd 减半;

(2) 当出现链路误码时，cwnd 按照"乘性加、乘性减"的计算方法改变；

(3) 每接收到 1 个低优先级的数据应答信息，就表明网络仍有可用带宽，随即 cwnd 值增加 1。链路出现链路误码时，cwnd 由式(8-4)计算得出：

$$\text{cwnd} = \text{cwnd} \cdot \left(1 + \frac{e}{p}\right) / 2 \tag{8-4}$$

其中，p 为数据丢失概率；e 为当前数据丢失概率。

4. TP-Planet

深空通信环境中，星(行星)际之间传播时延非常长(RTT 在几到几十分钟之间)，链路误码率也非常高(BER 在 10^{-1} 量级)，链路带宽也非常不对称(前向、反向信道带宽比为 1000∶1)，而且还有信号周期性被遮蔽而导致通信中断的情况。因此，星际通信条件带给现有 TCP 许多问题：

(1) 由于时延长，反馈回来的信息已经"过时"，不能反映当前的网络链路状态，根据反馈回来的信息采取的网络拥塞控制也随之失效；

(2) 为了保证 100%的可靠传输，就不可避免地带来容量巨大的缓存，在 RTT 为 20min、传输速率为 1Mbits/s 的情况下，需要 1.2G 字节的缓存容量。

Akyildiz 等在对现有 TCP 在深空通信环境中的性能做理论和仿真分析的基础上提出了 TP-Planet 协议[122]。

TP-Planet 协议对 TCP 改动很大，如图 8-3 所示，协议包括两个状态集，分别是 INITIAL STATE 和 STEADY STATE。INITIAL STATE 包括两个子状态，分别是 Immediate Start 和 Follow-Up。STEADY STATE 则包括 Hold Rate、Blackout、Decrease Rate、Increase Rate 等子状态。

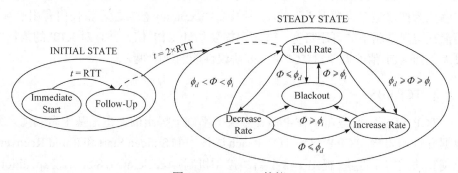

图 8-3　TP-Planet 协议

在连接建立后，TP-Planet 协议进入 INITIAL STATE。在第 1 个 RTT 中，即处于 Immediate Start 过程中，协议采用模拟慢启动和模拟拥塞回避的控制机制，目的就是迅速获得链路带宽资源。

TP-Planet 协议虽然提高了信道带宽利用率、降低了数据传输时间，但和 TCP-Peach 协议一样，存在以下几个问题：①TCP 改动大、状态多，不易实现；②要求中间路由器支持不同优先级的数据传输；③要求发送"NIL"和"NIX"等无效数据段，会消耗卫星链路中的可用带宽。

8.4　可用带宽估计方案

1. TCP Westwood

考虑到网络传输的数据差错以及窗口减半导致数据发送流量下降过快的问题，TCP Westwood 协议修改了在数据发生丢失后发送端的拥塞窗口控制策略，其核心思想：通过不断监测接收到的 ACK 数据段，实现端到端的可用带宽估计，并且当出现数据丢失时，利用此估计值重新计算 cwnd 和 ssthresh 值[123]。可用带宽估计是基于滑动平均的计算方法，计算公式为

$$\hat{b}_k = \alpha \cdot \hat{b}_{k-1} + \frac{1-\alpha}{2} \cdot \left(b_k + b_{k-1} \right) \tag{8-5}$$

其中，α 为加权系数；b_k 为带宽抽样值，即两个 ACK 之间的有效数据流量和时间间隔的比值。

如图 8-4 所示，随机误码情况下，TCP Westwood 表现出比 TCP-Reno 和 SACK 更优的协议性能。另外，TCP Westwood 仅调整了发送端的传输协议，对于网络中的中间节点和接收端则完全透明。同时，TCP Westwood 仍然沿用了慢启动策略。因此，在连接开始阶段数据流量增长缓慢。

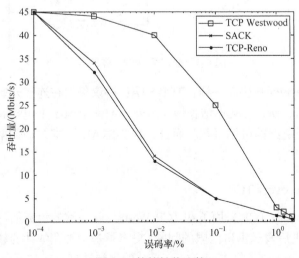

图 8-4　协议性能比较

2. TCP-STAR

与 TCP Westwood 协议相似，TCP-STAR 协议也是监测 ACK 信息，并且也采用了滑动平均的计算方法估计网络可用带宽。TCP-STAR 协议主要有 3 个新的控制机制：基于可用带宽的拥塞窗口设定(congestion window set，CWS)、窗口提升控制(lifting window control，LWC)、差错指示应答(acknowledgement error notification, AEN)。CWS 可以避免由于数据差错导致不必要的数据传输流量降低，LWC 则可以在估计可用带宽的基础上快速增加拥塞窗口，AEN 可以避免 ACK 丢失或者延迟到达造成数据不必要的重传和 cwnd 值的降低。AEN 算法的具体执行如图 8-5 所示，在发生数据传输等待超时后，发送端向接收端发送"AEN-Probe"查询数据段。接收端在接收到"AEN-Probe"后，立即返回"AEN-ACK"数据段。"AEN-ACK"中包含接收端的数据接收状况。根据"AEN-ACK"的内容，发送端判定数据是否丢失，并以此决定是否重传。

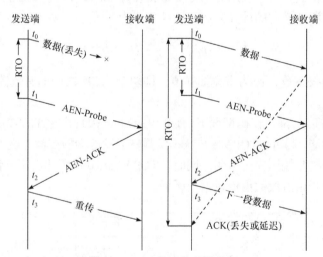

图 8-5　AEN 算法的具体执行

和 TCP Westwood 协议一样，TCP-STAR 协议仍然在连接开始阶段采用慢启动策略发送数据，所以 cwnd 增长慢。另外，AEN-Probe 不包含有效数据信息，因此会消耗卫星链路的可用带宽。而且，TCP-STAR 要求改动数据收、发两端的TCP 栈。

3. Faster Recovery TCP

Faster Recovery TCP 采用了和 TCP Westwood 一致的带宽估计算法。为了解决 TCP 数据丢失后发送窗口门限的问题，提出了基于带宽估计的数据丢失恢复机制——Faster Recovery[124]。Faster Recovery 的具体计算方法如下。

(1) 当接收到 3 个重复的 ACK 数据段后，ssthresh 和 cwnd 的值按照式(8-6)和式(8-7)计算：

$$\text{ssthresh} = W \cdot \text{RTT} / \alpha \tag{8-6}$$

$$\text{cwnd} = \text{ssthresh} \tag{8-7}$$

(2) 当传输超时后，ssthresh 和 cwnd 的值按照式(8-8)和式(8-9)计算：

$$\text{ssthresh} = W \cdot \text{RTT} / \alpha \tag{8-8}$$

$$\text{cwnd} = 1 \tag{8-9}$$

其中，W 为估计带宽；α 为衰减因子。

8.5　拥塞窗口指示方案

针对 TCP 在大时延带宽积网络中性能表现差的问题，Katabi、Handley、Rohrs 等提出了基于 ECN 算法的 XCP[125]。随后，又出现了 XCP 的改进版本——P-XCP。XCP 中，ECN 不再仅仅采用单比特信息来表示网络拥塞与否，而是在 TCP 头部分增加拥塞字段。如图 8-6 所示，拥塞字段包括当前 cwnd 值、估计 RTT 值和发送端期望发送窗口值。

当前cwnd值
估计RTT值
期望发送窗口值

图 8-6　XCP 的拥塞字段

期望发送窗口值由发送端根据传输的业务性质设定，并由路由器根据网络带宽利用状况进行不断修改。

为了实现拥塞字段的内容修改，XCP 要求路由器采用效率控制和公平控制算法，分别实现网络最大链路带宽利用和带宽资源公平占用。

在 ECN 算法中，每隔一定时间间隔(平均 RTT)计算 1 次反馈值 φ，具体计算如式(8-10)：

$$\varphi = \alpha \cdot \overline{\text{RTT}} \cdot S - \beta \cdot Q \tag{8-10}$$

其中，$\alpha = 0.4$；$\beta = 0.226$；S 为剩余可用带宽，由链路带宽和输入数据流量差值计算得出；Q 为保证无队列数据丢弃的队列长度固定值。

ECN 算法和 TCP 一样，采用“线性增-指数减”的计算方法实现没有连接的带宽公平分配。当 ECN 算法计算出的 φ 值为正时，则为所有数据流增加相同吞吐量；当 φ 值为负时，则按比例减少数据流的吞吐量。

XCP 发送端根据接收的 ACK 数据段中的返回值，确定发送的拥塞窗口大小。

不论在稳定的数据传输情况下，还是在不断变化的数据传输情况下，XCP 都可以实现链路带宽的公平分配和高效利用，实现较小的等待队列长度和几乎为零的数据包丢失。但是，XCP 不仅需要数据发送、接收端的协议修改，更要求中间路由器的修改，实现起来相对复杂。

8.6　信道不对称改进方案

1. SACK 和 NACK

SACK 策略是 TCP 接收端通知发送端哪些数据段已经正确接收。这样，发送端可以根据 SACK 信息判断出没有成功接收的数据段，并且 1 次重传多个 TCP 数据段，减少重传等待时间，提高重传效率[35]。

否定应答(negative acknowledgment，NACK)策略是当接收端发现有数据丢失时，直接向发送端发送未正确接收数据段的信息。根据卫星信道特征，还可以采用 Stop-and-Wait 和 Go-Back-N 等自动重传策略。

2. ACK 拥塞控制

为了减少瓶颈链路的 ACK 数量，接收端动态调整 ACK 数据段的发送周期因子。当网络出现应答信息拥塞时，则延长 ACK 的发送间隔；反之，则缩短发送间隔。

8.7　代 理 方 案

代理方案一般分为 TCP 分段(TCP-Splitting)和 TCP 假冒(TCP-Spoofing)两种。结合代理方案，一般还会设计专用的传输控制协议[126]。

1. TCP-Splitting 代理方案

TCP-Splitting 代理方案的核心思想是把 1 个端到端的 TCP 连接切分成多个 TCP 连接[127]。从图 8-7 可以看出，TCP-Splitting 代理机制一般是在卫星地面接入网关处配置实现。目前，TCP-Splitting 代理方案的实现主要包括两种：收发两端的地面网关都配置 TCP-Splitting 代理方案；仅在发送端的地面网关配置 TCP-Splitting 代理方案。

非常明显，除了需要配置负责地面连接的 TCP 外，网关还要配置负责卫星链路数据传输的协议栈。另外，还要设置专门的管理单元来负责协议栈之间的数据交互。

基于 TCP-Splitting 代理方案的思想，Mario 等提出了 PETRA 方案。该方案的具体结构框架如图 8-8 所示，不同网络之间通过接力实体(relay entity，RE)实现沟通。在 PETRA 中，网关部分的传输层分为 LTL 和 STL 两个协议。

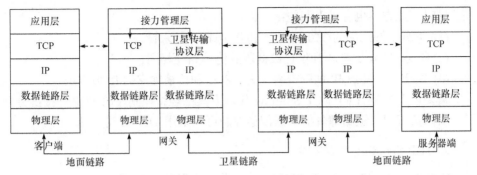

图 8-7　TCP-Splitting 代理方案

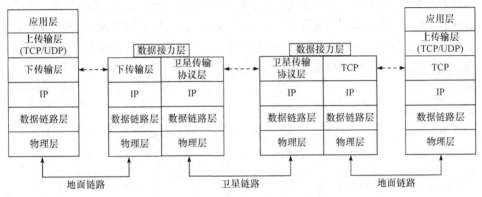

图 8-8　PETRA 方案的具体结构框架

LTL 层负责数据通道中有线部分数据的完整传输。LTL 按照空间链路的最大数据长度对来自地面网络的数据段进行分割和封装。LTL 修改了 TCP 的 ACK 方式，采用"停止-等待(stop-and-wait)"方式，即 RE 为每个连接都保留一定的存储空间，当缓存中数据达到域值门限时，ACK 数据就暂停发送，在 RTT/2 后，由于没有新的确认应答信息到来，发送端就会停止发送 LTL 数据；当数据量低于门限值时，RE 恢复 ACK 的发送，同样在 RTT/2 后，发送端恢复发送 LTL 数据。

STL 层负责卫星链路的数据传输。STL 层采用了卫星传输协议(satellite transport protocol，STP)的改进协议——卫星传输协议升级版(satellite transport protocol plus，STPP)。

TCP-Splitting 代理方案的优点非常明显，主要如下：

(1) 将地面网络的数据传输与卫星链路的数据传输分离，屏蔽了卫星链路对收发终端协议性能的影响；

(2) 只在地面网关处设计、修改传输控制协议，避免地面网络中其他各节点的协议修改；

(3) 能够根据卫星信道和网络拓扑结构等特点设计专门的传输控制协议。

同时，此方案也有以下问题：

(1) 拆分了端到端的 TCP 连接，违背了 TCP 的宗旨；

(2) 要求 ACK 数据段和信息数据段的传输路径相同；

(3) 由于无法知道 IP 加密密钥，无法解析和传输加密的 IP 数据报。

需要说明的是，由于 TCP-Splitting 代理方案已经将端到端的 TCP 连接拆分开了，所以负责卫星链路部分的数据传输控制可以采用 TCP 修改方案。

2. TCP-Spoofing 代理方案

TCP-Spoofing 代理方案与 TCP-Splitting 代理方案最大的不同之处：TCP-Spoofing 代理方案保持了 TCP 端到端连接的完整性。一般 TCP-Spoofing 代理方案是在 MAC 层或者 IP 层实现，如图 8-9 所示。和 TCP-Splitting 一样，TCP-Spoofing 代理方案的实现方式包括：单网关配置和双网关配置。与 TCP-Splitting 方案相似，TCP-Spoofing 要求在地面接入网关处配置两套协议栈[128]。

图 8-9　TCP-Spoofing 代理方案

TCP-Spoofing 的优点如下：

(1) 能够屏蔽卫星链路对收发终端协议性能的影响；

(2) 避免地面网络中其他节点的协议修改；

(3) 可以设计专门的传输控制协议等。

但是 TCP-Spoofing 要求 ACK 数据段和信息数据段的传输路径相同。同时，TCP-Spoofing 无法解析和传输加密的 IP 数据报。

3. 结合代理方案的传输控制协议

1) STP 和 STPP

目前，结合代理方案提出的传输控制协议很多，具有代表性的是 Henderson 等[129]提出的卫星传输协议。STP 是基于 ATM 中的可靠链路层协议——基于连接的特殊服务协议提出的，仍然采用了慢启动发送流量提升策略和 Congestion

Avoidance 策略。与 TCP 不同的是，STP 采用定时被动应答策略。定时被动应答策略的实现方式：数据发送端在发送数据的同时定时发送 POLL 查询数据段；接收端收到 POLL 消息后立即返回 STAT 状态数据段。STAT 状态数据段采用 SACK 的数据段格式，因此可以在 1 个 STAT 数据段中包含多个丢失数据段的信息。除了被动应答方式外，接收端一旦发现有数据丢失，还会主动发送 USTAT 数据段来告知数据丢失情况。图 8-10 简单描述了 STP 的数据传输和应答过程。很显然，STP 的反向信道带宽的占用取决于 STAT 的长度和发送周期。

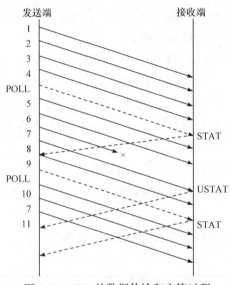

图 8-10　STP 的数据传输和应答过程

卫星传输协议升级版是在 STP 基础上提出的修改版本。STPP 没有使用慢启动和拥塞回避算法，而是采用滑动窗口方式传送数据。另外，STPP 采用了基于 NACK 的选择性重传机制实现丢失数据的重传。

在发送端将 LTL 数据段分割成 STPP 数据段。发送端还有专门用于重传数据的重传缓存。所有标明重传的数据都插入到这个缓存队列中。如果发送端的重传队列为空，就从发送队列中取出 1 个尚未发送的 STPP 数据段发送出去。每个已经发送的 STPP 数据段都有 1 个超时重传时间。如果超时，这个数据段就列入重传队列里。

接收端会定时主动返回状态信息。如果数据有错误或者探测出丢失的数据段，状态信息包括已经接收到的按顺序的最大数据段序列值和所有出错或者丢失数据段的序列值。如果数据没有错误或者丢失，则 USTAT 数据段就只包括最大数据段序列值。

　　发送端根据接收到的状态信息判断哪些数据需要重传，哪些已经成功接收。然后，发送端丢弃成功接收的数据备份，重传丢失数据段。

　　为了避免"死锁"状态的发生，STPP 发送端向接收端发送查询消息。接收端收到查询消息后返回 1 个被动的状态消息。在接收到状态消息之前，每隔 1 个 RTT，查询消息就会被发送 1 次。

　　为了避免接收端的缓存溢出，STPP 还采用了数据流控制(flow-control)策略。当在接收端缓存处的数据量超过门限值时，则停止发送 ACK 数据段，而是发送 1 个停止传送的消息；当低于门限值时，接收端发送恢复传送消息数据。在接收到恢复传送消息后，发送端继续传送数据。

　　2005 年提出了另一个改进版本——XSTP，主要增加了探寻判断机制：当发送端发现有数据丢失后，发送 POLL 消息；发送端接收到 STAT 消息的延时不大于设定的门限值时，认为链路出现差错，否则认为网络拥塞。

　　STP 和 STPP 的优点是降低了卫星反向链路的带宽占用，但也存在以下明显问题：

　　(1) 采用了慢启动策略，传输速率增长慢；

　　(2) 没有有效判断数据丢失原因的机制，一旦发生链路误码，就会降低发送速率。

　　XSTP 虽然增加了判断机制，但这种机制效率很低。

　　2) 误码重传协议

　　目前，针对无拥塞卫星网络的典型传输控制协议有突发误码重传协议、单网关 TCP 和 AeroTCP[130]。

　　如图 8-11 所示，突发误码重传协议流程：当接收到 3 个以上重复的 ACK 数据段后，重传丢失的数据段；若接收到随后的 ACK 信息时，发现仍有数据丢失，则根据接收到的 ACK 数量估计丢失数据段的数量，并从第 2 个丢失的数据段开始连续发送。

　　突发误码重传协议没有采用慢启动和数据重传之后的发送窗口减小策略，而是采取固定发送窗口的方式，窗口大小为卫星信道的时延带宽积。

　　单网关 TCP,顾名思义就是在卫星网络中设置单个地面接入网关的 TCP 传输控制方式。与突发误码重传协议一样，单网关 TCP 不再采用慢启动和拥塞回避策略。单网关 TCP 采用数据传输等待超时和多个重复 ACK 方式来判断数据是否正常接收，并且采用"Go-Back-N"的丢失数据重传策略。

　　AeroTCP 也采用固定发送窗口值的方式，一旦发现重复的 ACK 数据段，就立即重传数据。另外，AeroTCP 采用 SACK 方式。

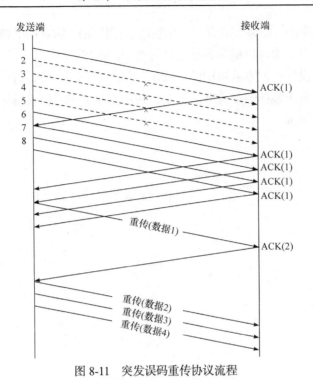

图 8-11　突发误码重传协议流程

　　3 个协议的共同之处：采用固定数据发送速率的传输策略，协议相对简单，便于实现。

8.8　跨层联合设计

　　分层设计是传统网络设计的基本出发点，根据功能和作用分成不同层次，每个层次独立设计，具有如下好处：

　　(1) 层次之间清晰明了；

　　(2) 功能明确，设计相对简单；

　　(3) 各层协议修改简单。

　　但是，即使每层都能达到最好的效果，整体上也无法保证做到最优。为了达到数据传输的最优，需要各层内部的信息相互共享，层次之间相互协作和联合设计。

　　图 8-12 为协议跨层联合设计示意图。应用层中的数据传输状态信息(长数据流

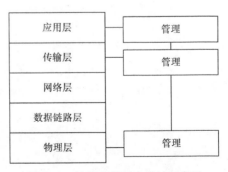

图 8-12　协议跨层联合设计示意图

传输的开始、中间、结束，或者一个单独的数据传输)、物理层的链路可用带宽信息和误码率信息，都可以成为各层设计时考虑的因素[131-133]。

跨层联合设计把原本各层中的"私有"信息"共享"，使得每层的设计不再独立、单一，有利于整体性能提升。但是，各层需要考虑的因素增多，协议设计变得复杂、修改困难。

第9章 星载 TCP-Spoofing 代理方案及 NSTP

从第 8 章的讨论可以看出，虽然针对空间环境的传输控制协议研究已经开展了几十年，提出的改进方案也层出不穷，但大都存在一些问题，主要是仅仅针对某个单一方面提出改进，缺乏全面考虑，性能改善有限；设计过于理想化或者对网络配置要求高，实现困难。

在研究设计卫星互联网传输控制协议方面，应结合卫星互联网的具体网络拓扑结构，全面考虑卫星链路的特点，并针对星上处理设备进行研究和设计。

本章针对在星上数据再生、复用和转发的卫星网络进行传输控制协议的研究。主要内容：首先，提出一种星载 TCP-Spoofing 代理方案，除了在卫星地面网关处采用目前流行的 TCP-Splitting 代理方案外，还在星上加载 TCP-Spoofing 代理方案；其次，提出一种新的传输控制协议——NSTP，此协议是基于 UDP 的数据传输机制，采用了主动周期应答策略；再次，将星载 TCP-Spoofing 代理方案和 NSTP 结合起来，构成一套完整的改进方案；最后，采用理论分析和仿真相结合的方式比较验证新型方案的性能。

9.1 星载 TCP-Spoofing 代理方案

星载 TCP-Spoofing 代理方案是 TCP-Splitting 和 TCP-Spoofing 代理的混合模式，即在卫星地面网关处采用 TCP-Splitting 代理，在卫星上则加载 TCP-Spoofing 代理。如图 9-1 所示，收发两端的 TCP 连接被分为三段，其中两段为地面网络与卫星地面网关的连接，另一段则是两个地面网关之间的连接。

图 9-2 显示了星载 TCP-Spoofing 代理方案的协议框架。地面网关处配置两组协议栈，一组协议栈负责地面部分的数据传输，另一组协议栈则负责卫星链路部分的数据传输。负责地面网络连接的协议栈依然采用地面网络流行的 TCP，一般为 SACK、TCP-NewReno、TCP-Reno 等。负责卫星网络连接的协议栈则根据卫星链路特点和卫星网络特点设计相应的协议。

如图 9-3 所示，星载 TCP-Spoofing 代理方案可以实现数据的"伪"应答，即发送虚假确认应答信息，负责丢失数据的重传。显而易见，与通常的 TCP-Splitting 代理方案相比，在星上加载 TCP-Spoofing 代理，可以更早地确定数据是否丢失，并且缩短了一半左右的重传等待时间。

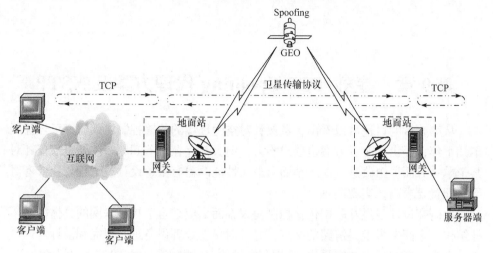

图 9-1 星载 TCP-Spoofing 代理方案结构框架

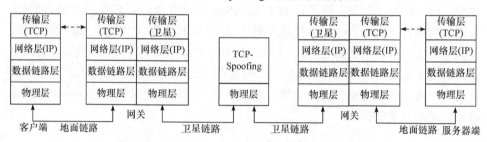

图 9-2 星载 TCP-Spoofing 代理方案的协议框架

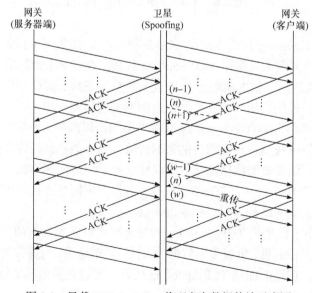

图 9-3 星载 TCP-Spoofing 代理方案数据传输示意图

9.2 NSTP

如图 9-4 所示，NSTP 主要包括：发送数据、重传丢失数据和数据包丢失判断策略。NSTP 舍弃了地面网络流行的 TCP 中的慢启动、滑动窗口和拥塞控制策略，具体的数据传输控制采用了 UDP 的发送策略。从图 9-4 可以看出，当发送端发现有数据丢失，则立即重传丢失数据，并在完成重传任务之后继续正常的数据传输。

NSTP 的应答策略与通常的数据应答方式不同，在接收端采用主动周期应答策略，应答周期为 RTT，即每过 1 个 RTT 发送 1 个应答数据段——改进的否定应答(modified negative acknowledgment, M-NACK)数据段。如图 9-5 所示，M-NACK 的数据格式是基于 NACK 的数据格式[134]，主要包括：TCP 头、最大期望发送数据段序列和全部丢失数据段序列。

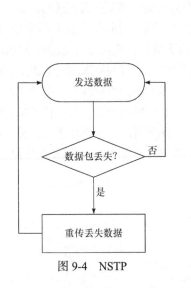

图 9-4 NSTP

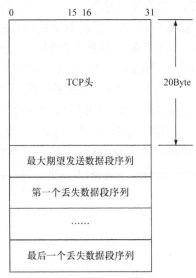

图 9-5 M-NACK 的数据格式

很明显，NSTP 相对于通常的 TCP 来说更加简单，没有考虑网络拥塞问题，传输流量受限于卫星链路的传输带宽。

9.3 星载 TCP-Spoofing 代理方案结合 NSTP

将 NSTP 和星载 TCP-Spoofing 代理方案结合起来，构成一套完整的卫星互联网数据传输、处理解决方案，即将 NSTP 设置在地面网关处，负责卫星链路部分的数据传输和处理。这样，在地面网关除了所设置的常用 TCP 外，还有 NSTP；

星上配置 TCP-Spoofing 代理方案以保持地面网关之间的数据端到端连接，并负责星地之间数据的传输和处理。

NSTP 结合星载 TCP-Spoofing 代理方案的星上数据传输和处理过程如下。

(1) 星上接收到来自地面的数据后，转发并备份数据。

(2) 星上每经过 1 个 RTT / 2 时间便向发送数据的地面站发送 1 个 M-NACK 信息。

(3) 星上每接收到 1 个来自负责接收数据地面站的 M-NACK 信息后，并不转发此 M-NACK 数据，而是做如下判断：

① 若没有数据丢失，则将得到确认的数据备份从缓存中删除；

② 若有数据丢失，则首先重传丢失数据，同时删除缓存中得到确认的数据备份，在完成重传之后恢复正常数据的传输。

地面网关的工作过程与星上部分相同，不再赘述。需要说明的是，此时的 RTT / 2 与卫星链路的"一跳"时间相同，即 RTT / 2 = HT。

如图 9-6 所示，星上 TCP-Spoofing 代理方案接收到地面服务器发送的数据，备份数据并向地面客户端转发数据。星上代理每过"一跳"时间便向服务器发送 1 个 M-NACK 数据段。当星上代理发现第 n 个数据段丢失后，则在随后发送的 M-NACK 数据段中包含此数据段丢失的信息。当服务器端接收到此 M-NACK 数据段后，立即发送此数据段的备份，同时删除得到确认的数据段。地面客户端接收来自星上代理发来的数据，同时每过"一跳"时间，地面客户端发送 1 个 M-NACK。星上代理每接收到 1 个 M-NACK 数据段后，判断是否有数据丢失；当发现第 v 个数据段丢失，星上代理立即发送此数据段的备份，同时丢弃得到确认的数据段备份和 M-NACK 数据段。

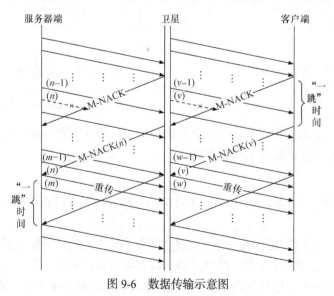

图 9-6　数据传输示意图

9.4　方案性能分析

9.4.1　理论分析

1) 备份数据的星上保留时间和星上缓存配置

首先分析 1 次成功传输的备份数据星上保留时间。由于 NSTP 采用的是主动周期应答方式，因此备份数据的保留时间与数据到达地面终端的时刻和 M-NACK 数据段的发送时刻有关。图 9-7 显示了两种极端情况：情况 1 如图 9-7(a) 所示，数据到达时刻恰恰在 M-NACK 数据段发送时刻之后，即 $t_1 > t_0$。在这种情况下，刚刚发送的 M-NACK 数据段中没有包含此数据段的接收状况。因此，只有等到接下来的 M-NACK 数据段到达，星上缓存才能删除此数据段的备份。情况 2 则当 $t_1 < t_0$ 时，如图 9-7(b)所示，数据到达时刻正好在 M-NACK 数据段的发送时刻之前。这种情况下，在接收到第 1 个 M-NACK 数据段后，星上缓存就可以删除此数据段的备份。余下的情况，则是备份数据保留时间介于上述两种情况之间。

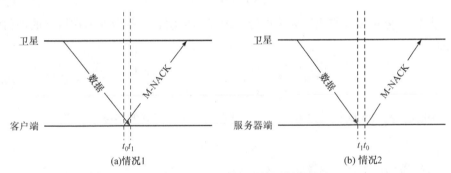

图 9-7　数据到达时刻与应答时刻的关系

综合考虑以上情况和星上数据处理时间 τ，星上缓存的备份数据保留时间可由式(9-1)计算得出：

$$\mathrm{HT} + \tau \leqslant T_0 \leqslant 2 \cdot \mathrm{HT} + \tau \tag{9-1}$$

若数据在 1 次传输过程中发生丢失，则星上需要重传备份数据。第 1 轮重传的具体过程如图 9-8 所示。根据协议规定，在接收到 M-NACK$_0$ 数据段后，星上处理器首先重传备份数据。但是，由于星上的数据处理需要时间，当重传数据到达接收端时，包含此数据段丢失情况的 M-NACK$_1$ 数据段已经发送出去。只有接收到 M-NACK$_2$ 后，星上才能确定重传数据段是否成功到达接收端。因此，丢失数据段的第 1 轮重传中，发送端将会重传 2 遍备份数据。

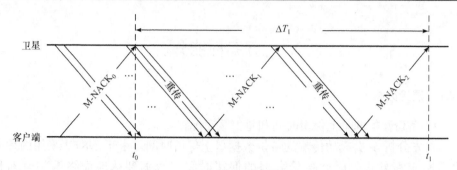

图 9-8　第 1 轮重传

第 1 轮重传所增加的星上备份数据保留时间可由式(9-2) 计算得出：

$$\Delta T \approx 2 \cdot (\mathrm{HT} + \tau) \tag{9-2}$$

通过分析可以看出，并非第 1 轮重传的 2 遍数据重传均失败才会导致第 2 轮重传，而是在第 1 轮重传中的第 1 遍数据重传失败后，第 2 轮重传便会开始。在此之后的每遍重传失败，都会引发新一轮的重传。因此，第 1 轮重传之后的每轮重传所增加的备份数据保留时间可由式(9-3)计算得出：

$$\Delta T \approx \mathrm{HT} + \tau \tag{9-3}$$

从以上分析可以得出，n 轮重传实现成功传输后，备份数据在星上的保留时间为

$$T_n = \begin{cases} T_0, & n = 0 \\ T_0 + \Delta T_1 + (n+1) \cdot \Delta T, & n \geqslant 1 \end{cases} \tag{9-4}$$

用 p_{FL} 表示前向链路随机丢包率，则 1 次成功传输的概率 $p_{\mathrm{rs},0}$ 为

$$p_{\mathrm{rs},0} = 1 - p_{\mathrm{FL}} \tag{9-5}$$

n 轮重传后的成功概率 $p_{\mathrm{rs},n}$ 为

$$p_{\mathrm{rs},n} = (1 - p_{\mathrm{FL}}) \cdot p_{\mathrm{FL}}^n \tag{9-6}$$

如图 9-9 所示，一阶离散马尔可夫链模型包括“Good”和“Bad”两个状态。

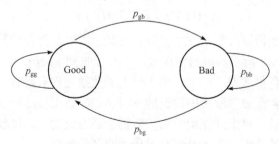

图 9-9　一阶离散马尔可夫链模型

当信道处于"Good"状态时，数据可以无误地到达接收端；当信道处于"Bad"状态时，则数据全部会出现差错。

用 P_{Bad} 表示信道处于"Bad"状态的概率。与随机误码分析方法一样，1 次成功传输的概率 $p_{\text{bs},0}$ 为

$$p_{\text{bs},0} = 1 - P_{\text{Bad}} \tag{9-7}$$

同理，n 轮重传后的成功概率 $p_{\text{bs},n}$ 为

$$p_{\text{bs},n} = (1 - P_{\text{Bad}}) \cdot P_{\text{Bad}}^{n} \tag{9-8}$$

星上备份数据平均保留时间可由式(9-9)表示：

$$
\begin{aligned}
\bar{T} &= T_0 + \sum_{n=1}^{\infty} (n+1) \cdot \Delta T \cdot (p_{\text{rs},n} + p_{\text{bs},n}) \\
&= T_0 + \Delta T \frac{(p_{\text{FL}} + P_{\text{Bad}})^3 - 2(p_{\text{FL}} + P_{\text{Bad}})^2 + 2(p_{\text{FL}} + P_{\text{Bad}})}{1 - p_{\text{FL}} - P_{\text{Bad}}}
\end{aligned}
\tag{9-9}
$$

一般情况下，卫星链路误码率在 $10^{-6} \sim 10^{-4}$。因此，卫星链路丢包率在 $10^{-3} \sim 10^{-1}$。假设信道条件较差，随机丢包率为 10^{-1} 和处于"Bad"状态的概率为 10^{-1}，并根据路由器缓存设计的一般原则(缓存溢出概率小于 10^{-3})，满足成功传输概率不小于 0.999 的最少重传轮次 N_{min} 和星上保留时间 T_{min} 应为

$$N_{\text{min}} = 4 \tag{9-10}$$

$$T_{\text{min}} = T_0 + (N_{\text{min}} + 1) \cdot \Delta T \tag{9-11}$$

合并式(9-1)、式(9-2)和式(9-10)，则 T_{min} 为

$$6 \cdot (\text{HT} + \tau) \leqslant T_{\text{min}} \leqslant 7 \cdot \text{HT} + 6 \cdot \tau \tag{9-12}$$

这样，若不考虑星上数据处理时延，则星上缓存应满足：

$$\text{Buf}_{\text{size}} \geqslant T_{\text{min}} \cdot \text{LR} = 6 \cdot \text{HT} \cdot \text{LR} \tag{9-13}$$

其中，LR 为前向链路数据传输速率。

2) 前向链路数据传输速率

NSTP 采用了 UDP 的数据发送策略，即不再使用慢启动和滑动窗口等数据流量控制策略，消除了由于最大发送窗口有限带来的数据流量受限问题，前向链路的数据发送流量能够迅速达到前向链路带宽值。采用慢启动策略的 TCP 前向链路数据发送流量，则要经过多次交互应答才有可能达到最大。慢启动阶段所需要的时间可由式(9-14) 计算得出：

$$T_{\text{SlowStart}} = \text{RTT} \cdot [1 + \log_b (\text{Win}_{\text{max}} / L)] \tag{9-14}$$

其中，L 代表 TCP 数据段长度。当协议采用逐个数据段应答的方式时，$b = 2$；当

协议采用每接收 2 个数据段发送应答数据的方式时，$b = 1.5$。

与常用代理方案比较，结合 NSTP 的星载 TCP-Spoofing 代理方案能够充分利用链路带宽资源，并在极短的时间内完成文件的传输。

3) 反向链路带宽占用

由于 NSTP 采用主动周期应答策略，因此反向链路带宽主要取决于应答周期。在没有数据丢失的情况下，反向链路带宽可由式(9-15)得出：

$$B_{\text{rev}} = 42 \times 8 / \text{HT} \tag{9-15}$$

若 $\text{HT} \approx 250\text{ms}$，反向链路带宽仅需 1.344kbits/s。可以看出，主动周期应答策略的反向链路带宽占用非常低，适合于非对称链路信道带宽的卫星网络。另外，主动周期应答策略也解决了由于数据丢失造成的超时重传和由于 RTO 估计偏差造成不必要的数据重传问题。

9.4.2　仿真比较

星载 TCP-Spoofing 代理方案的仿真拓扑结构与图 9-1 相同，地面互联网通过 1 个地面网关与同步卫星相连，星上设置 TCP-Spoofing 代理，星上服务器则与另 1 个地面网关相连，前向和反向链路带宽为 2Mbits/s，卫星链路单跳时延为 250ms，按照式(9-13)设置星上缓存 $\text{Buf}_{\text{size}} = 3\text{Mbits} / s$，仿真时间为 HT 的 1000 倍，即 250s，TCP-Peach、TCP Westwood、XCP、TCP-Reno、TCP-NewReno、SACK、STP 等协议采用逐个数据段应答方式。为了简化仿真，省略了地面网络以及服务器与地面网关之间数据传输时延。仿真过程中，设置不同的最大发送窗口值，并在链路随机误码和突发误码两种情况下，比较不同方案的性能。

1. 64kByte 最大发送窗口的方案性能比较

通常情况下，TCP 连接的最大发送窗口不会大于 64kByte。因此，首先设置此值为 64kByte，并设置每个 TCP 数据段长度为 1kByte。

首先，比较链路随机误码情况下各个方案的性能。从图 9-10 看出，在星上没有采用 TCP-Spoofing 代理方案的情况下，即使卫星链路不存在误码，结合 TCP-Peach、TCP Westwood、XCP、TCP-Reno、TCP-NewReno、SACK、STP 等协议的传统 TCP-Splitting 代理方案前向链路吞吐量也不大于 1Mbits/s。这主要是由 TCP 的滑动窗口策略以及卫星链路的长传播时延造成的。仿真结果也可以由式(9-16)得到印证：

$$\text{Throughput}_{\text{max}} = \text{Win}_{\text{max}} / \text{RTT} \tag{9-16}$$

随着链路误码率的增长，除 NSTP 外其他方案前向链路吞吐量下降很快。当丢包率高于 10^{-2} 时，TCP Westwood、TCP-Reno、TCP-NewReno、SACK、STP 等协议的吞吐量已经低于 0.4Mbits/s，XCP 和 TCP-Peach 的吞吐量略高于其他几个协议；当丢包率高达 5×10^{-2} 时，TCP-Peach 的吞吐量还能维持在 0.6Mbits/s，而其他协议则不超过 0.2Mbits/s。

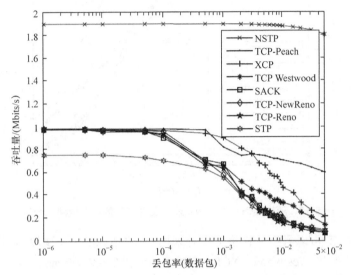

图 9-10   随机误码时 64kByte 最大发送窗口的前向链路吞吐量

与其他方案相比，结合 NSTP 的星载 TCP-Spoofing 代理方案的前向吞吐量高达 1.9Mbits/s。这是因为 NSTP 采用 UDP 发送策略，吞吐量不会受到卫星链路传播时延的影响。随着丢包率的增长，吞吐量下降非常小，当丢包率高达 10^{-2} 时，吞吐量仍然接近 1.9Mbits/s；当丢包率高达 5×10^{-2} 时，前向链路吞吐量还可达到 1.8Mbits/s。

从图 9-11 可以看出，在星上没有采用 TCP-Spoofing 代理方案的情况下，结合 TCP-Peach、TCP Westwood、XCP、TCP-Reno、TCP-NewReno、SACK、STP 等协议的反向链路带宽在丢包率为 10^{-6} 时，处于 37kbits/s 左右。随着丢包率的不断增长，由于受到前向链路的影响，反向链路带宽不断减少。TCP-Peach 协议占用的反向链路带宽下降稍慢。当丢包率为 5×10^{-2} 时，TCP-Peach 协议占用的反向链路带宽略低于 25kbits/s，其他协议则低于 10kbits/s。

与其他方案比较，结合 NSTP 的星载 TCP-Spoofing 代理方案所占用的反向链路带宽非常低，主要取决于 M-NACK 数据段的发送周期。随着丢包率的提高，占用的反向链路带宽略微增长。当丢包率高达 5×10^{-2} 时，反向链路带宽也仅在 1kbits/s 左右。

假设卫星链路处于"Good"状态和处于"Bad"状态的持续时间服从均匀分布，"Good"状态的平均持续时间长度为 1000 个数据段，"Bad"状态的平均持续时间长度在 0～100 个数据段之间变化。

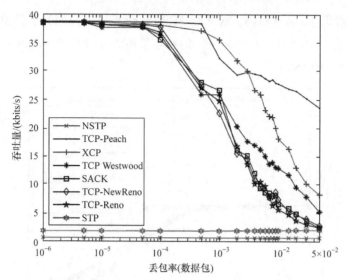

图 9-11　随机误码时 64kByte 最大发送窗口的反向链路吞吐量

从图 9-12 可以看出，在星上没有采用 TCP-Spoofing 代理方案的情况下，TCP-Peach、TCP Westwood、XCP、TCP-Reno、TCP-NewReno、SACK、STP 等协议随着链路突发误码平均长度的增长，前向链路吞吐量下降很快。当突发误码平均长度超过 40 个数据段时，这些协议的吞吐量已经低于 0.2Mbits/s。

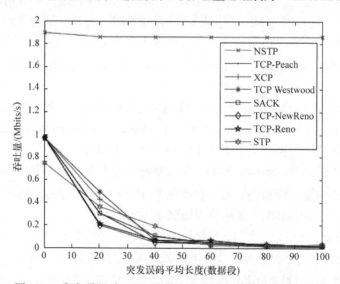

图 9-12　突发误码时 64kByte 最大发送窗口的前向链路吞吐量

与其他方案相比，结合 NSTP 的星载 TCP-Spoofing 代理方案的前向链路吞吐量高达 1.9Mbits/s。随着突发误码平均长度的增长，吞吐量几乎不变。即使突发误码平均长度高达 100 个数据段，吞吐量仍然接近 1.9Mbits/s。

从图 9-13 可以看出，在星上没有采用 TCP-Spoofing 代理方案的情况下，结合 TCP-Peach、TCP Westwood、XCP、TCP-Reno、TCP-NewReno、SACK 等协议的反向链路带宽在突发误码平均长度为 0 时，处于 37kbits/s 左右，而 STP 的反向链路带宽为 2kbits/s 左右。除了 STP，由于受到前向链路吞吐量的影响，其他方案随着链路突发误码平均长度的不断增长，反向链路带宽迅速减少，当突发误码平均长度超过 40 个数据段时，反向链路带宽低于 5kbits/s。

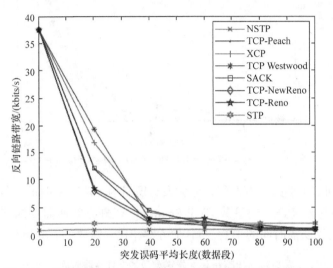

图 9-13　突发误码时 64kByte 最大发送窗口的反向链路带宽占用

与其他方案相比，由于都是采用主动周期应答方式，STP 的代理方案和结合 NSTP 的星载 TCP-Spoofing 代理方案所占用的反向链路带宽非常低，主要取决于应答数据段的发送周期。随着突发误码平均长度的增加，两种方案占用的反向链路带宽略微增长。即使链路突发误码平均长度高达 100 个数据段时，结合 NSTP 的星载 TCP-Spoofing 代理方案的反向链路带宽也仅在 1kbits/s 左右。

图 9-14 显示了 TCP-Peach、TCP Westwood、XCP、TCP-Reno、TCP-NewReno、SACK、STP 等协议的文件传输时间和结合 NSTP 的星载 TCP-Spoofing 代理方案的文件传输时间的比较。由于 TCP Westwood、TCP-Reno、TCP-NewReno 和 SACK 等协议都采用慢启动和 Congestion Avoidance 的窗口增长策略，所以文件的传输时间相同。为了简化，将这 4 种协议的仿真结果统一取名为 TCPs，不再赘述。从图 9-14 中可以看出，STP 的文件传输时间最长，结合 NSTP 的星载 TCP-Spoofing 代理方案的文件传输时间最短。5MByte 大小的文件，其他方案所需时间不低于 40s，而采用 NSTP 的星载 TCP-Spoofing 代理方案则仅需 21s。当传输大于 1M 字节的文件时，采用 NSTP 的星载 TCP-Spoofing 代理方案所需要的时间不到其他方

案的一半。

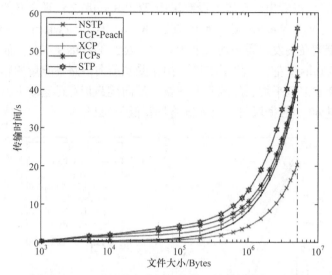

图 9-14　64kByte 最大发送窗口的文件传输时间的比较

表 9-1 列举了链路没有误码，最大发送窗口为 64kByte 时的文件传输时间。可以看出，结合 NSTP 的星载 TCP-Spoofing 代理方案所需要的传输时间不到 TCP-Peach 协议所需时间的 1/2，与其他方案相比，需要的时间更少。

表 9-1　64kByte 最大发送窗口的文件传输时间　　　　　　　（单位：s）

协议	2kByte	7kByte	13kByte	25kByte	50kByte	100kByte
NSTP	0.270	0.290	0.314	0.362	0.462	0.662
TCP-Peach	0.769	0.808	0.855	0.949	1.444	1.552
XCP	1.271	1.805	1.830	1.880	2.389	2.881
TCPs	1.271	1.801	2.326	2.860	3.415	4.007

2. 128kByte 最大发送窗口的方案性能比较

为了减小最大发送窗口对前向链路吞吐量的影响，将 TCP 连接的最大发送窗口从 64kByte 增大到 128kByte。

从图 9-15 可以看出，星上没有采用 TCP-Spoofing 代理方案的情况下，当前向丢包率为 10^{-6} 时，结合 TCP-Peach、TCP Westwood、XCP、TCP-Reno、TCP-NewReno、SACK 等协议的前向链路吞吐量达到 1.9Mbits/s 左右。随着丢包率的增长，前向链路吞吐量下降很快。当丢包率高于 10^{-2} 时，TCP Westwood、TCP-Reno、TCP-NewReno、SACK、STP 等协议吞吐量已经低于 0.8Mbits/s。XCP

和 TCP-Peach 的吞吐量略高于其他几种协议。当丢包率高达 $5×10^{-2}$ 时，TCP-Peach 协议的吞吐量维持在 1.2Mbits/s，其他协议则不超过 0.4Mbits/s。

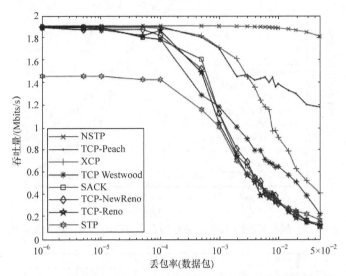

图 9-15　随机误码时 128kByte 最大发送窗口的前向链路吞吐量

　　与其他方案相比，结合 NSTP 的星载 TCP-Spoofing 代理方案的前向链路吞吐量高达 1.9Mbits/s，当丢包率不断增长，吞吐量下降非常小，即使丢包率高达 $5×10^{-2}$ 时，吞吐量也接近 1.8Mbits/s。可以看出，结合 NSTP 的星载 TCP-Spoofing 代理方案前向链路的性能不会受到最大发送窗口值的影响，即不会随着最大发送窗口的改变而变化。

　　从图 9-16 可以看出，星上没有采用 TCP-Spoofing 代理方案的情况下，结合 TCP-Peach、TCP Westwood、XCP、TCP-Reno、TCP-NewReno、SACK 等协议的反向链路带宽在丢包率为 10^{-6} 时，处于 76kbits/s 左右。随着丢包率的不断增长，由于受到前向链路吞吐量的影响，反向链路带宽不断减少。TCP-Peach 协议占用的反向链路带宽下降稍慢，当丢包率为 $5×10^{-2}$ 时，TCP-Peach 协议占用的反向链路带宽略低于 50kbits/s，其他协议则低于 20kbits/s。

　　与其他方案相比，结合 NSTP 的星载 TCP-Spoofing 代理方案所占用的反向链路带宽非常低。随着丢包率的提高，占用的反向链路带宽略微增长。即使丢包率高达 $5×10^{-2}$，反向链路带宽也仅仅在 1kbits/s 左右。

　　从图 9-17 可以看出，星上没有采用 TCP-Spoofing 代理方案的情况下，TCP-Peach、TCP Westwood、XCP、TCP-Reno、TCP-NewReno、SACK、STP 等协议随着链路突发误码平均长度的增长，前向链路吞吐量下降很快。当突发误码平均长度超过 40 个数据段时，这些协议吞吐量已经低于 0.6Mbits/s。

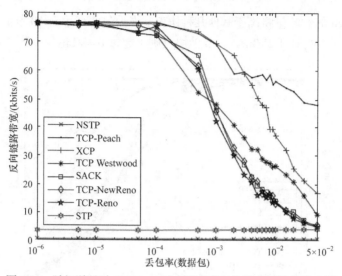

图 9-16　随机误码时 128kByte 最大发送窗口的反向链路带宽占用

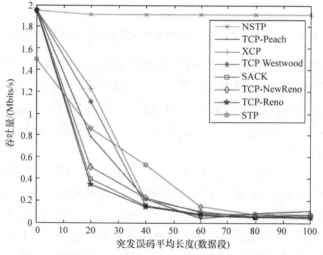

图 9-17　突发误码时 128kByte 最大发送窗口的前向链路吞吐量

　　与其他方案相比，结合 NSTP 的星载 TCP-Spoofing 代理方案的前向链路吞吐量高达 1.9Mbits/s。随着突发误码平均长度的增长，吞吐量几乎不变，即使突发误码平均长度高达 100 个数据段时，吞吐量仍然接近 1.9Mbits/s。

　　从图 9-18 可以看出，在星上没有采用 TCP-Spoofing 代理方案的情况下，结合 TCP-Peach、TCP Westwood、XCP、TCP-Reno、TCP-NewReno、SACK 等协议的反向链路带宽在突发误码平均长度为 0 时，处于 76kbits/s 左右，而 STP 的反向链路带宽为 4kbits/s 左右。除了 STP，由于受到前向链路吞吐量的影响，其他方案随着链路突发误码平均长度的不断增长，反向链路带宽迅速减少，当突发误码平均长度超过 40 个数据段时，反向链路带宽低于 10kbits/s。

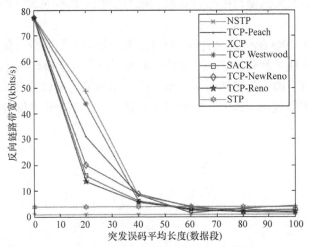

图 9-18　突发误码时 128kByte 最大发送窗口的反向链路带宽占用

　　与其他方案相比，由于都是采用周期发送应答信息的应答方式，采用 STP 的代理方案和结合 NSTP 的星载 TCP-Spoofing 代理方案所占用的反向链路带宽都非常低。随着突发误码平均长度的增加，占用的反向链路带宽略微增长，即使链路突发误码平均长度高达 100 个数据段，结合 NSTP 的星载 TCP-Spoofing 代理方案的反向链路带宽也仅在 1kbits/s 左右。

　　从图 9-19 可以看出，当文件大小为 10MByte 时，结合 NSTP 的星载 TCP-Spoofing

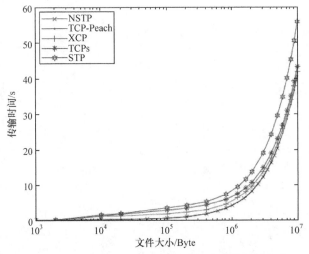

图 9-19　128kByte 最大发送窗口的文件传输时间比较

代理方案和一般方案所需要的时间接近。但是，随着传输文件的减小，结合 NSTP 的星载 TCP-Spoofing 代理方案的传输时间明显小于其他方案所需时间。另外，由于 NSTP 没有最大发送窗口的参数要求，所以图 9-19 显示的 NSTP 结果和图 9-14 的一致。

　　在传输小于 100kByte 的文件时，所有方案的传输时间并没有随着最大发送窗口的增大而发生明显变化。这是因为虽然增大了最大发送窗口，但是每个 TCP 数据段的长度并没有改变，仍然是 1kByte，所遵循的发送窗口的增长方式也没有变化。因此，在传输较小文件时，增大最大发送窗口并不会带来好处。

第 10 章　端到端传输控制协议研究

为了提高卫星链路的带宽利用率，降低数据的传输时延，以及减少星上功率损耗，星上的数据基带交换和路由已经成为新一代通信卫星的发展方向。由此可见，具有基带交换、路由等数据处理功能的通信卫星将会越来越普遍。因此，网络拥塞不仅会出现在地面网络部分，还可能存在于空间中的路由、交换节点处。基于上述原因，卫星互联网中的数据丢失，不能仅仅归结为空间链路误码这个因素。在卫星互联网的传输控制协议研究方面，除了要考虑链路误码带来的问题，还应该考虑网络拥塞问题。

基于上述考虑，国际上已经提出了一些应用于具有空间基带交换和路由网络的传输控制协议，典型代表有 TCP-Peach、TCP Westwood 和 XCP 等协议。这些协议虽然综合考虑了链路误码和网络拥塞，与 TCP-Reno 和 TCP-NewReno 相比，性能也有不同程度的提高，但是在链路随机误码严重或者出现突发误码时，协议性能明显降低。另外，这些协议均没有考虑非对称空间链路的特点，反向链路的拥塞也会严重影响协议的性能。再有，考虑到空间通信网络电磁环境的特殊性，要求星上设备设计简单，传输控制协议应降低对星载路由、交换设备的设计要求。因此，卫星互联网的链路特点和传输控制协议仍然需要进一步深入研究和分析。

本章针对具有基带交换、路由的卫星互联网进行了卫星互联网传输控制协议研究，主要内容：首先，提出一整套全新的端到端卫星互联网传输控制协议——TP-Satellite，协议包括主动周期应答、超起始(Super Start)、拥塞回避(Congestion Avoidance)、丢失判断(Loss Distinction)、拥塞恢复(Congestion Recovery)等策略，以及配合 TP-Satellite 的空间路由器的数据丢弃算法；其次，从数据发送初始阶段、数据丢失原因判断、反向带宽占用和数据保留时间等多方面分析 TP-Satellite 性能；最后，通过仿真比较的方式验证协议的性能。

10.1　TP-Satellite

TP-Satellite 总体结构如图 10-1 所示，主要包括 Super Start、Congestion Avoidance、Loss Distinction 和 Congestion Recovery 等策略[135]。其中，Super Start 策略是新提出的启动策略，取代了 TCP-Reno 和 TCP-NewReno 协议中的 Slow Start 策略；Loss Distinction 策略是为了区分数据丢失的具体原因而新提出的策略；

Congestion Avoidance 策略是在 TCP-Reno 和 TCP-NewReno 协议中 Congestion Avoidance 策略的基础上做了修改。

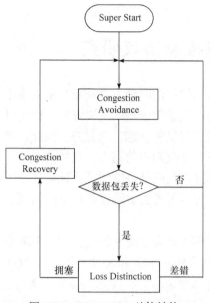

图 10-1　TP-Satellite 总体结构

另外，TP-Satellite 采用了主动周期应答策略，即每隔 1 个 RTT，接收端就发送 1 个应答数据段。应答数据段的格式与第 9 章中 NSTP 的格式相同，即 M-NACK 数据段格式，包含当前接收端的整个接收状态。为了配合 TP-Satellite，还提出了一种新的基于优先级和传输状态的路由器数据丢弃算法。

10.1.1　主动周期应答策略

和 NSTP 一样，TP-Satellite 也采用主动周期应答方式。其中，应答数据段采用 M-NACK 格式，应答周期为 RTT。M-NACK 的数据格式如图 9-5 所示。

值得注意的是，TP-Satellite 的主动周期应答方式并不是在连接建立成功后开始周期发送 M-NACK 信息的，而是在接收到第 1 个 TCP 数据段时开始计时，每经过 1 个 RTT 发送 1 个 M-NACK 信息。

另外，主动周期应答策略会引起拥塞累积现象，即当前 1 个 M-NACK 信息表明网络出现拥塞后，发送端降低了数据发送流量，并且重传丢失数据段。然而，往往在重传的数据段到达之前，新的 M-NACK 数据段已经传向发送端。此时发送的 M-NACK 数据段携带的信息仍然包含发送端降低数据发送流量前的网络状态和丢失数据段的信息。因此，当发送端接收到此应答信息后，会再一次降低数据发送流量。这样，一旦网络出现拥塞，发送端的拥塞窗口值会接连降低 2 次，使得数据传输流量仅为网络拥塞前数据传输流量的 1/4。

对于拥塞累积现象，以图 10-2 为例进行分析。在 t_0 时刻，发送端接收到来自接收端的 $M\text{-}NACK_0$ 应答数据段，认为网络出现拥塞。因此，发送端将 cwnd 值减半，即降低了发送端的数据传输流量，并开始重传丢失数据段。重传的数据段经过信道传输，在 t_2 时刻之后到达接收端。由于发送端的数据处理时延和网络传输过程中路由器的数据处理时延，重传数据段往往滞后于下 1 个应答数据段的发送时刻，即 $t_2 > t_1 = t_0 + RTT/2$。因此，在接收端发送 $M\text{-}NACK_1$ 应答数据段的 t_1 时刻，重传数据段还没有到达接收端，即 $M\text{-}NACK_1$ 数据段仍然包含 $M\text{-}NACK_0$ 中的丢失数据信息。在 t_3 时刻，当 $M\text{-}NACK_1$ 到达发送端时，发送端依然会认为网络处于拥塞状态，并降低数据发送流量，使得 cwnd 再次减半。

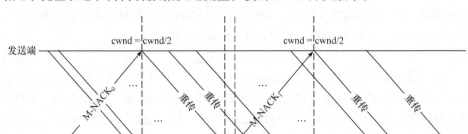

图 10-2　拥塞累积实例

　　显而易见，拥塞累积现象会导致拥塞窗口值被重复减半，从而使得发送端数据传输流量下降过快，链路带宽利用率降低。为了避免拥塞累积现象对协议性能的不利影响，在 Congestion Avoidance 策略中增加了避免重复降低拥塞窗口的算法。

10.1.2　Super Start 策略和 Congestion Avoidance 策略

1. Super Start 策略

　　在收发两端成功建立连接后，发送端首先进入 Super Start 阶段。发送端设置初始 cwnd 值为接收端回传的接收窗口值(rwnd)的一半，即 $cwnd = rwnd / 2$。为了减轻数据突发造成网络的瞬时拥塞负担，TP-Satellite 采用间隔发送数据策略，即发送端每经过 1 个发送间隔 τ，就发送 1 个 TCP 数据段。发送间隔 τ 按照式(10-1)计算得出：

$$\tau = 2 \cdot RTT / rwnd \tag{10-1}$$

　　TP-Satellite 通过设置 IP 数据报头服务类型字段中的 1 位状态比特(start)来表明当前发送端是否处于 Super Start 阶段，即在 Super Start 阶段发送的数据，$start = 1$；否则 $start = 0$。

　　除此之外，发送端在发送 TCP 数据段时，将数据段设置成高、低优先级，并且交替发送。需要注意的是，不仅在 Super Start 阶段，在其他阶段发送的数据段也采用高、低优先级交替发送的发送策略。TCP 数据段优先级的设置是通过 IP 数据报头中服务类型字段的 1 位优先级比特(pri)来表示，即若此数据段为高优先级，则 $pri = 1$；否则，$pri = 0$。

　　在完成第 rwnd 个数据段的传输之后，发送端暂停发送数据，等待 M-NACK 信息的到来，并将数据段状态位设置为 0。当接收到来自接收端的 M-NACK 信息后，发送端根据成功接收 TCP 数据段的数量来增加拥塞窗口值，即每成功接收 1 个数据段，拥塞窗口值就增加 1。随后，按照式(10-2)重新计算数据发送间隔 τ，结束 Super Start 策略进入到 Congestion Avoidance 状态。

$$\tau = \text{RTT} / \text{cwnd} \tag{10-2}$$

假设发送端在 $t=0$ 时刻进入 Super Start 阶段，并开始发送数据。此时拥塞窗口初始值 $\text{cwnd}_0 = \text{rwnd}/2$，数据发送间隔 $\tau = 2\cdot\text{RTT}/\text{rwnd}$，数据的高、低优先级交错设置，状态位 start $=1$。经过 RTT$/2$ 后，即 $t=\text{RTT}/2$，接收端接收到第 1 个数据段，并开始计时。大约在 $t=3\cdot\text{RTT}/2$，也就是经过 1 个 RTT 后，接收端开始发送第 1 个 M-NACK 信息。此时，若传输过程中没有数据丢失，则接收端已接收的 TCP 数据段数量(num_received)可由式(10-3)计算得出：

$$\text{num\_received} = \text{RTT}/\tau = \text{rwnd}/2 \tag{10-3}$$

经过 RTT/2 的信道传输后，即在 $t=2\cdot\text{RTT}$，发送端接收到第 1 个 M-NACK 信息。在接收到此应答信息之前，发送端已经完成了 rwnd 个 TCP 数据段的发送，暂停发送新的数据，并设置数据状态位为 0。此时的拥塞窗口值仍为初始值，即 $\text{cwnd}=\text{cwnd}_0=\text{rwnd}/2$。发送端根据第 1 个 M-NACK 信息的最大期望数据序列值和丢失数据列表信息计算已经成功接收的 TCP 数据量，并按照式(10-4)增加拥塞窗口值：

$$\text{cwnd} = \text{cwnd}_0 + \text{num\_received} \tag{10-4}$$

至此，Super Start 阶段结束。显而易见，Super Start 策略能够在 2 个 RTT 周期内使拥塞窗口值迅速达到最大，即 $\text{cwnd}=\text{rwnd}$。

2. Congestion Avoidance 策略

发送端进入到 Congestion Avoidance 阶段后，执行如下步骤。

(1) 每隔 1 个发送间隔 τ，发送 1 个 TCP 数据段，高、低优先级交错设置发送的数据段。

(2) 每接收 1 个应答信息，判断是否有数据丢失：

① 若无数据丢失，则 $\text{cwnd}=\text{cwnd}+1$，直到 $\text{cwnd}=\text{rwnd}$，并且在每次改变 cwnd 值后，按照式(10-2)重新计算数据发送间隔 τ；

② 若有数据丢失，则退出 Congestion Avoidance 阶段，进入 Loss Distinction 阶段。

10.1.3　Loss Distinction 策略和 Congestion Recovery 策略

1. Loss Distinction 策略

为了对数据的具体丢失原因进行区分和判断，TP-Satellite 中增加了用于区分数据丢失原因的部分，即 Loss Distinction 策略。

发送端根据高、低优先级数据段的丢失情况判断造成数据段丢失的原因。

(1) 若仅有 1 个数据段丢失，则设置重传数据为高优先级，即 $pri=1$，立即重传丢失数据，并返回到 Congestion Avoidance 阶段；

(2) 若丢失的数据段全部为低优先级，即如式(10-5)所示，则认为网络出现拥塞，并跳转到 Congestion Recovery 阶段：

$$low\_pri = lost\_num \tag{10-5}$$

(3) 若丢失数据段的数量超过拥塞窗口值的一半，即如式(10-6)所示，则认为网络出现严重拥塞，随即跳转到 Congestion Recovery 阶段：

$$lost\_num > cwnd/2 \tag{10-6}$$

(4) 其他情况的数据段丢失，发送端均认为网络出现误码，并开始重传丢失数据，重传数据的优先级交错设置。

需要说明的是，当由于网络拥塞造成 1 个数据段丢失时，认为网络拥塞状况轻微，当前的数据传输速率不会造成网络性能的明显下降。因此，发送端保持发送速率不变。

2. Congestion Recovery 策略

Congestion Recovery 策略首先判断上次执行传输速率减半的时刻与当前时刻的时间差是否超过 2 个 RTT。如果超过 2 个 RTT，则将拥塞窗口值减半，记录当前时刻，并且按照式(10-2)重新设置数据发送间隔。否则，发送端只重传数据，并不降低发送速率。这样做主要是为了避免主动周期应答方式带来的拥塞累积现象对协议的不利影响。

接下来，Congestion Recovery 策略按照高、低优先级交错发送的方式重传丢失数据。当发送完重传数据后，发送端退出 Congestion Recovery 阶段，返回到 Congestion Avoidance 阶段。

10.1.4　路由器数据丢弃算法

根据 IP 数据报头的优先级(pri)和状态(start)值，网络中传输的 TCP 数据段可以分为以下 4 类：① $pri=1, start=0$；② $pri=0, start=0$；③ $pri=1, start=1$；④ $pri=0, start=1$。当网络出现拥塞时，路由器采用如下数据丢弃算法：

(1) 丢弃低优先级、超起始状态的数据段，即 $pri=0, start=1$；

(2) 当上述类型的数据段不存在时，丢弃高优先级、超起始状态的数据段，即 $pri=1, start=1$；

(3) 当没有超起始状态的数据段时，丢弃低优先级、拥塞回避状态的数据段，即 $pri=0, start=0$；

(4) 当以上 3 种数据段都不存在时，则从缓存队列尾部开始丢弃高优先级、拥塞回避状态的数据段，即 $pri = 1, start = 0$。

路由器遵循一个非常简易的数据丢弃算法，也就是当网络出现拥塞时，按照数据段的优先级由低到高丢弃数据。值得说明的是，网络出现拥塞时，路由器首先丢弃 $start = 1$ 的数据段。由于只有在超起始阶段发送的 IP 数据段的状态值为 1，所以路由器采取上述的数据丢弃算法可以有效地避免由于新建立的连接导致网络拥塞而造成其他连接的数据丢弃。

10.2　TP-Satellite 性能分析

1. 数据发送初始阶段的协议性能

Super Start 策略负责 TP-Satellite 在连接建立之后的数据传输流量增长和数据发送。为了能够直观地体现 Super Start 策略的性能，从理论分析角度比较 Slow Start、Sudden Start 和 Super Start 等策略。

图 10-3 显示了 rwnd = 64 时，Slow Start、Sudden Start 和 Super Start 策略的 cwnd 增长情况与启动阶段的数据发送情况。

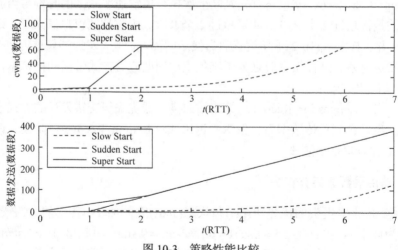

图 10-3　策略性能比较

从图 10-3 可以看出，与 Slow Start 策略相比，Super Start 策略中的 cwnd 仅需要 2 个 RTT 就可以达到 rwnd 值。TCP-Peach 协议采用的 Sudden Start 策略虽然也能够在 2 个 RTT 内使 cwnd 迅速达到 rwnd 值，但其初始值仅为 1。Super Start 策略的初始拥塞窗口值则为接收窗口值的一半，即 $cwnd = rwnd / 2$。因此，Super Start 策略在初始阶段的数据发送量大于 Sudden Start 策略。

2. 数据丢失原因的误判分析

数据丢失原因的误判有可能导致 TP-Satellite 的错误行为,从而造成协议性能不稳定或者整个网络性能的降低。因此,对 TP-Satellite 协议数据丢失原因的误判情况进行分析。

从 Loss Distinction 策略中的原因判别条件可以得出,当出现以下几种情况时,协议出现错误判断。

(1) 随机误码造成的丢失数据全部为低优先级,即满足式(10-5),同时 lost_num > 1 ;

(2) 随机误码造成的丢失数据量超过 cwnd 的一半,即满足式(10-6);

(3) 突发误码造成的丢失数据量超过 cwnd 的一半,即满足式(10-6)。

需要说明的是,单个数据丢失的网络拥塞,表明网络拥塞非常轻微,网络整体性能不会因为这样轻微的网络拥塞而明显下降。因此,不把这种情况归结到协议误判范畴。

3. 随机误码的拥塞误判分析

随机误码造成 TP-Satellite 的拥塞误判分为两种情况。第一种情况是丢失数据全部为低优先级。

因为 TP-Satellite 采用高、低优先级数据交错发送的数据发送策略,所以低优先级的数据不会超过 cwnd 的一半。另外,不考虑单个数据丢失的问题。这样,这种情况下的拥塞误判概率可以由式(10-7)计算得出:

$$P_{\text{fault\_1}} = \sum_{i=2}^{\text{cwnd}/2} \left[C_{\frac{\text{cwnd}}{2}}^{i} \cdot p_{\text{FL}}^{i} \cdot (1 - p_{\text{FL}})^{\text{cwnd}-1} \right]$$
$$= (1 - p_{\text{FL}})^{\frac{\text{cwnd}}{2}} \cdot \left[1 - (1 - p_{\text{FL}})^{\frac{\text{cwnd}}{2}} - \frac{\text{cwnd}}{2} \cdot p_{\text{FL}} \cdot (1 - p_{\text{FL}})^{\frac{\text{cwnd}}{2}-1} \right] \tag{10-7}$$

其中, p_{FL} 为前向链路随机误码丢包率。

随机误码造成 TP-Satellite 拥塞误判的第二种情况是丢失的数据量超过 cwnd 的一半。这种情况下的拥塞误判概率可由式(10-8)计算得出:

$$P_{\text{fault\_2}} = p_{\text{FL}}^{\frac{\text{cwnd}}{2}} \cdot \sum_{i=1}^{\text{cwnd}/2} \left[C_{\frac{\text{cwnd}}{2}}^{i} \cdot p_{\text{FL}}^{i} \cdot (1 - p_{\text{FL}})^{\text{cwnd}-1} \right]$$
$$= p_{\text{FL}}^{\frac{\text{cwnd}}{2}} \cdot (1 - p_{\text{FL}})^{\frac{\text{cwnd}}{2}} \cdot \left[1 - (1 - p_{\text{FL}})^{\frac{\text{cwnd}}{2}} \right] \tag{10-8}$$

4. 突发误码的拥塞误判分析

当信道出现突发误码情况时,信道中传输的数据会出现多个连续丢失的情况。如上所述,当突发误码造成的丢失数据量超过 cwnd 的一半时, TP-Satellite 可能出现误判。信道滞留于"Bad"状态的时间由状态转移概率 p_{bb} 决定,若滞留时间超过 n 个数据段,则其概率可由式(10-9)表示:

$$P_{Bad}(> n) = p_{bb}{}^{n} \tag{10-9}$$

因此,在信道滞留于"Bad"状态的时间内传输超过拥塞窗口值一半的数据量时,突发误码造成拥塞误判的概率表示为

$$P_{fault\_3} = P_{Bad}(> cwnd/2) = p_{bb}^{\frac{cwnd}{2}} \tag{10-10}$$

合并式(10-7)、式(10-8)和式(10-10),误码造成的误判概率 P_{fault} 为

$$
\begin{aligned}
P_{fault} &= P_{fault\_1} + P_{fault\_2} + P_{fault\_3} \\
&= (1 - p_{FL})^{\frac{cwnd}{2}} \cdot \left\{ 1 - (1 - p_{FL})^{\frac{cwnd}{2}} - \frac{cwnd}{2} \cdot p_{FL} \cdot (1 - p_{FL})^{\frac{cwnd}{2} - 1} \right. \\
&\quad \left. + p_{FL}^{\frac{cwnd}{2}} \cdot (1 - p_{FL})^{\frac{cwnd}{2}} \cdot \left[1 - (1 - p_{FL})^{\frac{cwnd}{2}} \right] \right\} + p_{bb}^{\frac{cwnd}{2}}
\end{aligned} \tag{10-11}
$$

非常明显, TP-Satellite 的误判概率主要与链路随机误码丢包率 p_{FL} 、信道状态转移概率 p_{bb} 和拥塞窗口值 cwnd 有关。为了能够直观地感受协议误判概率的大小,假设 $cwnd = 32$, $p_{FL} = 10^{-3}$, $p_{bb} = 0.5$ 。此时 TP-Satellite 的误判概率为 $P_{fault} < 0.3\%$ 。因此,协议的误判可能非常小。另外,图 10-4 显示了 cwnd 分别为 8、16、32 和 64 的情况下,随着 p_{bb} 和 p_{FL} 的变化,协议误判概率的变化情况。其中, $10^{-3} \leqslant p_{bb} \leqslant 10^{-2}$, $0.1 \leqslant p_{FL} < 0.9$ 。从图 10-4 可以得出,链路随机误码对协议误判的影

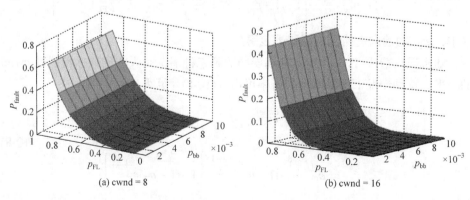

(a) cwnd = 8　　　　　　　　　　　　　(b) cwnd = 16

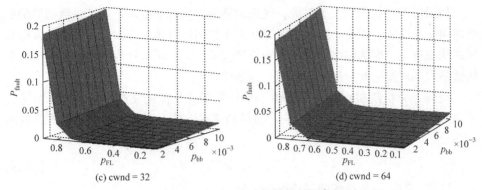

(c) cwnd = 32　　　　　　　　　　　　(d) cwnd = 64

图 10-4　TP-Satellite 协议误判概率

响非常小。当 $p_{FL} \leqslant 0.6$ 时，突发误码对协议误判的影响较小，即 P_{fault} 值变化很小；但当 $p_{FL} > 0.6$ 时，随着 p_{FL} 的增长，P_{fault} 增长迅速。P_{fault} 随着 cwnd 的减小而增大，但变化不大。当 cwnd <16 时，随着 cwnd 的减小，P_{fault} 增长迅速。Super Start 策略使得拥塞窗口初始值为 rwnd/2，并且在 $2 \cdot$ RTT 内迅速达到 rwnd 值。因此，TP-Satellite 避免了 cwnd 较小时引起协议误判的可能。

5. 反向链路带宽的占用和数据保留时间计算

由于 TP-Satellite 采用主动周期应答策略，因此必然会影响反向链路带宽的占用和传送数据在发送端的保留时间。

1) 反向链路带宽占用

在没有数据丢失的情况下，反向链路带宽可按式(10-12)计算得出：

$$B_{TP\_rev} = 42 \times 8 / RTT \tag{10-12}$$

在 RTT $\approx$ 550ms 的情况下，反向链路带宽仅需 0.6kbits/s。对于普遍采用的逐个数据段应答策略来说，当 rwnd $= 64$ 时，$B_{rev} = 64 \times 40 \times 8 / 0.55 \approx 37\text{kbits}/\text{s}$。可以看出，TP-Satellite 的反向链路带宽占用非常低，适合于非对称链路信道的卫星网络。

2) 数据保留时间

在接收到数据后，接收端不会立刻发送应答信息，而是要等待一段时间。等待时间的长短取决于应答周期和数据到达的时刻。当数据到达时刻正好在接收端发送应答信息时刻之前，则包含此数据段接收情况的 M-NACK 数据段会马上发送出去，因此 $T_{w1} = 0$。如果数据到达时刻恰恰在接收端发送应答信息时刻之后，则包含此数据段接收情况的 M-NACK 数据段会在 1 个 RTT 之后发送。这种情况下，$T_{w1} = $ RTT。加上数据和 M-NACK 的链路传播时间，发送端的数据保留时间则为

$$\text{RTT} \leqslant T_{r0} \leqslant 2 \cdot \text{RTT} \tag{10-13}$$

如果传输的数据段发生丢失，发送端还要重传此数据段。这样，数据段的保留时间还会增大。因此，数据保留时间 T_r 不仅与应答策略有关，还与链路误码和网络状态有关。因为网络拥塞不属于统计范畴，无法用统计的方法描述，所以分析链路误码对发送端数据保留时间 T_r 的影响。

首先，分析随机误码情况。由于重传数据总是优先发送，发送端在发送完丢失数据段后，需要等待 $2 \cdot \mathrm{RTT}$ 才能得到接收应答。因此，1 次重传等待的时间为

$$T_{\mathrm{w2}} = 2 \cdot \mathrm{RTT} \tag{10-14}$$

这样，数据在发送端的平均保留时间为

$$\begin{aligned}
\overline{T}_{\mathrm{rr}} &= T_{r0} + T_{\mathrm{w2}} \cdot (1 - p_{\mathrm{FL}}) \cdot \sum_{i=1}^{\infty} i \cdot p_{\mathrm{FL}}{}^{i} \\
&= T_{r0} + T_{\mathrm{w2}} \cdot \frac{p_{\mathrm{FL}}}{1 - p_{\mathrm{FL}}}
\end{aligned} \tag{10-15}$$

接下来，分析突发误码情况。数据段是否丢失并重传取决于链路处于"Bad"状态的可能。因此，首先应该计算出链路处于"Bad"状态的概率。链路各状态的分布概率为

$$P_{\mathrm{Bad}} = \frac{p_{\mathrm{gb}}}{p_{\mathrm{gb}} + p_{\mathrm{bg}}} \tag{10-16}$$

$$P_{\mathrm{Good}} = \frac{p_{\mathrm{bg}}}{p_{\mathrm{gb}} + p_{\mathrm{bg}}} \tag{10-17}$$

当数据段发生丢失后，1 次重传等待的时间仍可用式(10-14)计算。这样，突发误码情况下发送端的数据平均保留时间为

$$\begin{aligned}
\overline{T}_{\mathrm{rb}} &= T_{r0} + T_{\mathrm{w2}} \cdot (1 - P_{\mathrm{Bad}}) \cdot \sum_{i=1}^{\infty} i \cdot P_{\mathrm{Bad}}{}^{i} \\
&= T_{r0} + T_{\mathrm{w2}} \cdot \frac{P_{\mathrm{Bad}}}{1 - P_{\mathrm{Bad}}}
\end{aligned} \tag{10-18}$$

综合式(10-15)和式(10-18)，发送端的数据平均保留时间 $\overline{T}_r$ 可以表示为

$$\begin{aligned}
\overline{T}_r &= T_{\mathrm{rr}} + T_{\mathrm{rb}} \\
&= T_{r0} + T_{\mathrm{w2}} \cdot \left(\frac{p_{\mathrm{FL}}}{1 - p_{\mathrm{FL}}} + \frac{P_{\mathrm{Bad}}}{1 - P_{\mathrm{Bad}}} \right)
\end{aligned} \tag{10-19}$$

仍然考虑 $p_{\mathrm{FL}} = 10^{-3}$，$P_{\mathrm{Bad}} = 0.5$ 的情况，则 $3 \cdot \mathrm{RTT} < \overline{T}_r < 4 \cdot \mathrm{RTT}$。

由此可以看出，一般情况下发送端的数据保留时间很短，TP-Satellite 对发送

端的数据缓存要求并不高。

10.3　仿　真　比　较

为了与 TCP-Reno、TCP-NewReno、SACK、TCP-Peach、TCP Westwood、XCP 和 STP 等协议进行比较,网络仿真拓扑结构如图 10-5 所示。用户通过地面网关与同步卫星相连,地面网关可以同时汇接 N 个连接,网关处的缓存容量为 50 个数据段,每个地面连接的带宽均为 10Mbits/s,卫星前向链路带宽($B_{forward}$)和反向链路带宽($B_{backward}$)均为 10Mbits/s,RTT 为 550ms,每个 TCP 数据段长度为 1000Byte,接收端的接收窗口值 rwnd = 64,仿真时间为 RTT 的 1000 倍,即 550s。

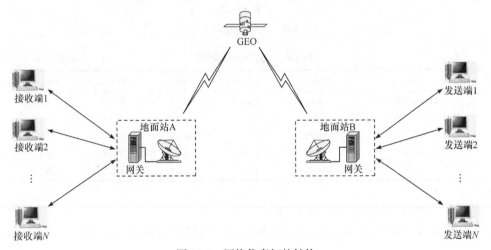

图 10-5　网络仿真拓扑结构

1. 链路无误码情况下协议性能比较

1) 单连接情况下协议性能比较

从图 10-6 可以看出,当文件小于 64kByte 时,TP-Satellite 所需传输时间最短,在其余协议中 STP 所需传输时间最长,TCP Westwood、SACK、TCP-NewReno 和 TCP-Reno 所需传输时间相同。

从表 10-1 可以看出,TCP-Satellite 所需传输时间最短,TCP-Peach 协议所需传输时间与 TP-Satellite 接近。其他协议中 XCP 所需传输时间较短,STP 所需传输时间最长,TCP Westwood、SACK、TCP-NewReno 和 TCP-Reno 所需传输时间相同。为了简化,TCPs 统一表示这几个协议。

以上比较可以看出,不论是传输较小的文件,还是传输较大的文件,TP-Satellite 所需的传输时间都是最短的。

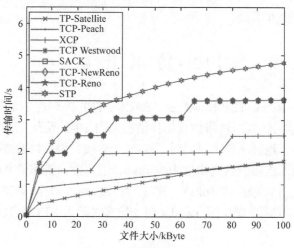

图 10-6　文件传输时间比较

表 10-1　　文件传输时间　　　　　　　　　　　　　　　　(单位：s)

协议	2MByte	3MByte	5MByte	7MByte	9MByte
TP-Satellite	9.43	26.62	43.81	61.00	78.18
TCP-Peach	9.43	26.67	43.90	61.13	78.37
XCP	10.25	27.86	44.97	62.08	79.19
TCPs	11.34	28.45	46.05	63.16	80.27
STP	14.85	37.34	59.84	82.33	104.82

2) 多连接情况下协议性能比较

图 10-7 显示了随着连接数(N)的增加，各协议的前向链路吞吐量。

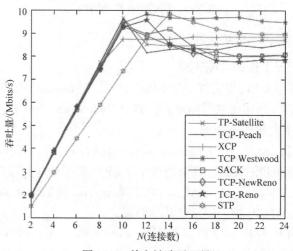

图 10-7　前向链路吞吐量

可以看出，当 $N<10$ 时，除了 STP 外，所有协议的前向链路吞吐量随着 N 的增长呈线性增长，并在 $N=10$ 时达到最大；当 $N>10$ 后，随着连接数的增加，各协议的前向链路吞吐量略有降低，维持在一定水平不再增加。这是因为当 $N>10$ 时，网络的数据最大输入流量超过了卫星前向链路的带宽，并且出现网络拥塞现象。网络的最大输入流量(In_{max})可由式(10-20)计算得出：

$$\text{In}_{max} = N \cdot \text{rwnd} / \text{RTT} \tag{10-20}$$

根据仿真设定的参数 rwnd $=64$ 和 RTT $=550\text{ms}$，从式(10-20)可以得出，$N=10$ 的情况下，前向链路吞吐量达到 10Mbits/s 时，网络处于饱和状态，即没有出现拥塞的情况下，前向链路带宽的利用达到最大；在 $N>10$ 后，与其他协议相似，TP-Satellite 的前向链路吞吐量保持在 8.5Mbits/s 左右。

图 10-8 显示了随着连接数的增长，反向链路带宽的占用情况。可以看出，除了 STP 和 TP-Satellite 外，在 $N<10$ 时，协议的反向链路带宽占用随着 N 的增长呈线性增长方式；当 $N>10$ 时，协议的反向链路带宽达到约 350kbits/s 后，由于前向链路的拥塞，反向链路带宽随着 N 的增加不再增长，保持在 350kbits/s 左右。由于采用周期应答策略，STP 和 TP-Satellite 占用的反向链路带宽非常低，并且随着 N 的增长，链路带宽占用呈线性增长方式。当 $N=24$ 时，TP-Satellite 的反向链路带宽占用不到 25kbits/s，仅为 STP 带宽占用的一半。

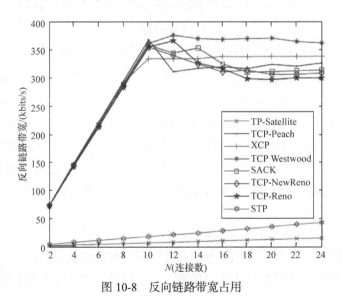

图 10-8　反向链路带宽占用

2. 随机误码情况下协议性能比较

1) 单连接情况下协议性能比较

误码是导致数据丢失的唯一原因，从图 10-9 可以看出，当丢包率小于 10^{-4}

时，TP-Satellite 与其他协议性能相似，平均吞吐量在 0.95Mbits/s 左右。其中，STP 吞吐量较低。随着丢包率的逐渐增大，其他协议的吞吐量迅速下降。当丢包率高达 10^{-2} 时，TCP-Reno、TCP-NewReno、SACK 和 STP 的吞吐量仅为 0.2Mbits/s，TCP Westwood 的吞吐量为 0.3Mbits/s，XCP 的为 0.5Mbits/s，TCP-Peach 的为 0.72Mbits/s。与其他协议相比，TP-Satellite 的性能降低很小，丢包率高于 10^{-3} 时，吞吐量才开始下降。当丢包率高达 10^{-2} 时，吞吐量仍然维持在 0.8Mbits/s。

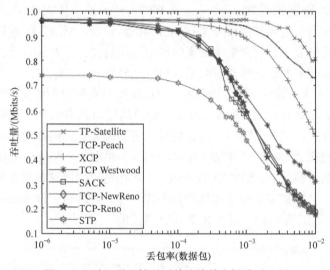

图 10-9　　随机误码情况下单连接前向链路吞吐量

从图 10-10 可以看出，丢包率低于 10^{-4} 时，TCP-Reno、TCP-NewReno、SACK、TCP-Peach、TCP Westwood 和 XCP 占用的反向链路带宽大于 35kbits/s，随着丢包率的逐渐增大，反向链路的带宽占用不断减少。当丢包率高达 10^{-2} 时，反向链路带宽高于 5kbits/s。由于采用了周期发送应答信息的策略，STP 和 TP-Satellite 的反向链路带宽占用主要取决于应答数据段的发送周期。随着丢包率的增长，TP-Satellite 的反向链路占用的带宽缓慢增长，当丢包率高达 10^{-2} 时，反向链路带宽也不大于 1kbits/s。

2) 多连接情况下协议性能比较

当连接数 $N=20$ 时，网络中不仅存在随机误码造成的数据丢失，而且还会出现由于网络拥塞造成的数据丢失。如图 10-11 所示，当丢包率非常低时，所有协议的吞吐量受到随机误码的影响很小；但当丢包率达到 10^{-3} 时，除了 TP-Satellite，其他协议的性能开始降低，并且随着丢包率的增加，吞吐量下降很快。TP-Satellite 并不随着丢包率的增加而发生明显变化，始终保持在 8.5Mbits/s 左右。

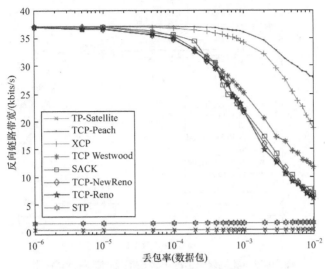

图 10-10　随机误码情况下单连接反向链路带宽占用

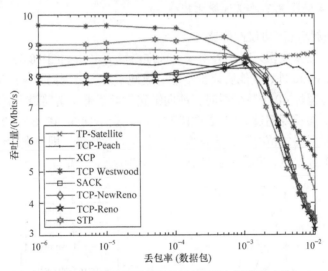

图 10-11　随机误码情况下多连接前向链路吞吐量

图 10-12 显示了 $N = 20$ 的情况下，丢包率对协议反向链路带宽占用的影响。可以看出，随着丢包率的增长，除 STP 和 TP-Satellite 外，其他协议占用的反向链路带宽逐渐下降。当丢包率高于 10^{-3} 时，占用的反向链路带宽迅速下降。当丢包率达到 10^{-2} 时，占用的反向链路带宽高于 100kbits/s。STP 和 TP-Satellite 的反向链路带宽占用并不随着丢包率的增长而发生明显变化。TP-Satellite 占用的反向链路带宽最小，不到 STP 带宽占用的一半。

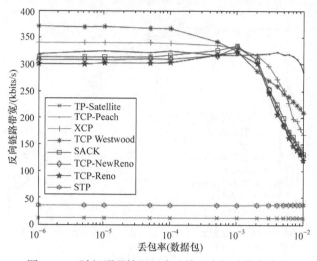

图 10-12　随机误码情况下多连接反向链路带宽占用

3. 突发误码情况下协议性能比较

1) 单连接情况下协议性能比较

当网络存在突发误码时，各协议的前向链路吞吐量如图 10-13 所示。可以看出，除 TP-Satellite 外，其他协议都不能有效地解决突发误码带来的问题。当突发误码平均长度超过 40 个数据段时，前向链路吞吐量低于链路最大吞吐量的一半；当突发误码平均长度超过 60 个数据段时，吞吐量不到 0.1Mbits/s。TP-Satellite 在链路存在突发误码的情况下，能够保持非常高的吞吐量，即便突发误码的平均长度达到 100 个数据段，其前向链路吞吐量仍然接近最大值。

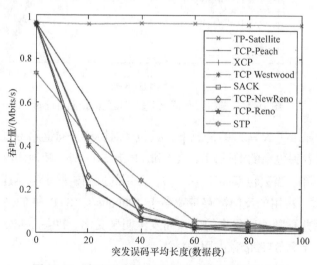

图 10-13　突发误码情况下单连接前向链路吞吐量

图 10-14 显示了网络存在突发误码的情况下，各协议的反向链路带宽占用情况。可以看出，除 STP 和 TP-Satellite 外，由于受到前向链路突发误码的影响，其他协议占用的反向链路带宽随着突发误码平均长度的增加而不断减小。STP 和 TP-Satellite 占用的反向链路带宽并不随着突发误码平均长度的增长而发生明显变化。而且，TP-Satellite 协议占用的反向链路带宽最小，即便突发误码平均长度达到 100 个数据段，占用的反向链路带宽也仅在 1kbits/s 左右。

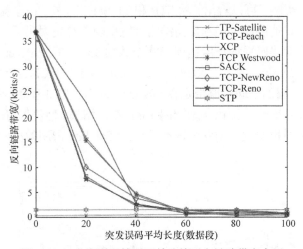

图 10-14　突发误码情况下单连接反向链路带宽占用

2) 多连接情况下协议性能比较

如图 10-15 所示，当连接数 $N=20$ 时，除 TP-Satellite 外，其他协议在突发误码平均长度超过 20 个数据段时，前向链路吞吐量明显下降。在突发误码平均

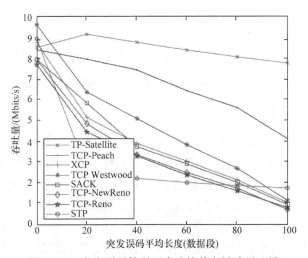

图 10-15　突发误码情况下多连接前向链路吞吐量

长度达到 100 个数据段时,XCP、TCP Westwood、SACK、TCP-NewReno、TCP-Reno 和 STP 的前向链路吞吐量均低于 2Mbits/s,TCP-Peach 协议的前向链路吞吐量也仅仅达到 4Mbits/s。与其他协议相比,尽管随着突发误码平均长度的增长,TP-Satellite 的吞吐量也在降低,但下降缓慢。当突发误码平均长度达到 100 个数据段时,TP-Satellite 的吞吐量仍接近 8Mbits/s。

图 10-16 显示了在网络连接数 $N = 20$ 的情况下,突发误码对各个协议的反向链路带宽占用的影响。可以看出,除 STP 和 TP-Satellite 外,由于受到前向链路突发误码的影响,其他协议占用的反向链路带宽也随着突发误码平均长度的增长而不断减小。当突发误码平均长度达到 100 个数据段时,TCP-Peach 协议占用的反向链路带宽在 150kbits/s 左右,XCP、TCP Westwood、SACK、TCP-NewReno 和 TCP-Reno 协议占用的反向链路带宽在 50kbits/s 左右。STP 和 TP-Satellite 随着突发误码平均长度的增长,占用的反向链路带宽略微增长,但仍保持非常低的水平。即便突发误码平均长度达到 100 个数据段,TP-Satellite 占用的反向链路带宽也仅为 50kbits/s 左右。

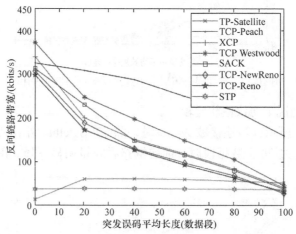

图 10-16　突发误码情况下多连接反向链路带宽占用

4. 反向链路带宽受限情况下协议性能比较

前面的仿真比较,均是在前向链路带宽和反向链路带宽相等,即链路带宽对称的情况下进行的。但是,卫星链路往往是非对称信道。因此,接下来对前向链路带宽和反向链路带宽不对称的情况进行仿真比较,分别设置前向链路带宽 $B_{\text{forward}} = 10\text{Mbits}/\text{s}$,反向链路带宽 $B_{\text{backward}} = 50\text{kbits}/\text{s}$、$100\text{kbits}/\text{s}$、$150\text{kbits}/\text{s}$、$200\text{kbits}/\text{s}$。

图 10-17 显示了网络连接数 $N = 10$ 时,各协议的前向链路吞吐量。可以看出,

TCP-Reno、TCP-NewReno、SACK、TCP-Peach、TCP Westwood 和 XCP 的性能受到了反向链路应答信息拥塞的影响。当反向链路带宽为 200kbits/s 时，这些协议的前向链路吞吐量仅为 8Mbits/s 左右；随着反向链路带宽的不断降低，应答信息拥塞更加严重，前向链路吞吐量也随之下降；当反向链路带宽仅为 50kbits/s 时，协议性能降到了 6Mbits/s 以下。由于 STP 和 TP-Satellite 所占用的反向链路带宽远小于50kbits/s，特别是 TP-Satellite 仅需 5kbits/s，STP 和 TP-Satellite 的前向链路性能不会受到反向链路的影响，TP-Satellite 的前向链路吞吐量保持在 9.6Mbits/s 左右。

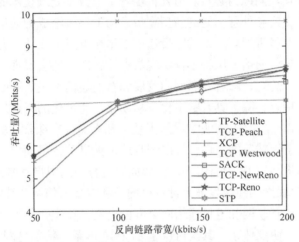

图 10-17　反向链路带宽受限情况下前向链路吞吐量

　　图 10-18 显示了网络连接数 $N=10$ 时，各协议的反向链路带宽占用情况。除STP 和 TP-Satellite 占用的反向链路带宽不到 20kbits/s 外，其他协议占用的反向链路带宽均随着反向链路带宽的增加而增加，并且占满整个反向链路带宽资源。

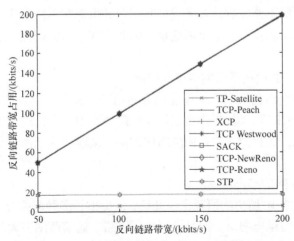

图 10-18　反向链路带宽受限情况下反向链路带宽占用

第 11 章　总结与展望

20 世纪 90 年代以来，互联网飞速发展，已经发展成全球计算机互联网，全球一体化的宽带互联网成为必然。另外，随着星上数字处理技术的不断提高，具有星上基带数据交换和处理功能的新型宽带通信卫星逐渐成为通信卫星发展的热点。大量具有星上基带处理能力的宽带通信卫星相继发射成功，并在通信中展示着前所未有的优势。通信卫星将不仅实现数据的转发，还会实现数据的复用、交换，甚至是路由。总之，随着互联网的发展和新型通信卫星的不断涌现，正在赋予卫星通信新的特点，除了具有数字化、移动化、宽带化的特点外，还具有网络化和 IP 化等新的特点。不仅如此，在航天技术和人类太空探索的驱使下，卫星通信不再仅仅局限于地球范围，还会拓展到月球、火星等行星领域。因此，包含外太空的天地之间将会以 IP 为通信平台，形成天地合一的卫星互联网。

显然，卫星互联网的建设发展是计算机网络和卫星通信两个技术领域的结合。本书由浅入深，从互联网和卫星通信两个方面出发，首先介绍了互联网的起源、发展、组织机构、协议体系；其次讨论了 TCP/IP 体系，特别是网络层 IP 和传输层 TCP、UDP；再次介绍了卫星通信的基本原理；接着介绍了宽带多媒体通信卫星，重点分析了星上基带处理技术；随后介绍了近年来卫星互联网的研究和发展；最后在分析卫星互联网中激光通信、接入技术、传输协议等关键技术的基础上，提出了两种卫星互联网传输控制解决方案。

随着互联网的不断发展，业务类型和用户类型都在不断变化。对于卫星互联网来说，新的需求和挑战也会不断涌现。因此，在今后的研究中还应侧重如下几个方向：

1) 研究基于 IP 通用平台的卫星互联网

从当前地面网络的发展，美国在此方面的研究成果，以及前述内容对 ATM 与 IP 技术的比较来看，将 IP 作为卫星互联网的通用平台比较合理。这不仅因为技术上可以实现，而且便于与地面网络的连接，从而构成地面、空间统一的传输平台。

2) 卫星互联网的路由研究

对于星座网络 IP 路由的研究已经开始，也提出了多种研究方案。但这些方案大都集中在绕地的星座网络。对具有行星际链路、通信范围更大的卫星互联网的路由研究还不够深入。因此，在卫星互联网领域中，还要继续开展 IP 路由技术的研究。

3) 研究空间网络与地面网络的连接技术

虽然卫星互联网采用 IP 通用平台，与地面网络一致，便于连接。但如何将地面互联网与卫星互联网相连，从而构成空天地一体的互联网，仍然是需要解决的关键技术。

4) 研究空间子网和移动 IP 技术

卫星互联网中卫星、飞船等空间飞行器，将会在空间构成通信子网，甚至 1 颗卫星或者 1 架飞船的内部也构成 1 个局域网。研究空间子网和移动 IP 技术是解决空间飞行器之间通信的关键技术。

5) 研究基于 IP 的数据传输控制技术

空间链路与地面链路存在很大差异，包括链路误码和时延等。另外，卫星互联网还存在很多不确定因素，这主要体现在网络和链路的不断变化上。研究基于 IP 的数据传输控制技术是卫星互联网的一项关键技术。

6) 多种业务类型的 QoS 传输控制研究

目前的传输控制方案研究，主要是针对最基本，也是最重要的数据传输业务。随着互联网的发展和业务的多元化发展，支持 QoS 的多媒体通信将是卫星互联网面临的问题。因此，除了研究业务可靠传输外，还应该能够根据所传输的业务类型和要求，提供不同种类的 QoS 保证。

参 考 文 献

[1] REYNOLDS J, POSTEL J. The Request for Comments Reference Guide[S/OL]. [2020-10-15]. https: //www. hjp. at/doc/rfc/rfc1000. html.

[2] 张水平. 计算机网络原理[M]. 北京: 清华大学出版社, 2005.

[3] 高飞, 李硕, 黄伟力. 计算机网络教程[M]. 2 版. 北京: 北京理工大学出版社, 2006.

[4] 龚正虎. 现代 TCP/IP 网络原理与技术 [M]. 北京: 国防工业出版社, 2002.

[5] STEVENS W R. TCP/IP 详解[M]. 北京: 机械工业出版社, 2002.

[6] 梁磊, 王彤. TCP/IP 网络技术(基于 Windows 2000) [M]. 北京: 电子工业出版社, 2004.

[7] FOROUZAN B A. TCP/IP 协议族[M]. 2 版. 谢希仁, 译. 北京: 清华大学出版社, 2003.

[8] RODRIGUEZ A, GATRELL J. TCP/IP 权威教程[M]. 7 版. 杨铁勇, 李增民, 译. 北京: 清华大学出版社, 2002.

[9] 马海军. TCP/IP 协议原理与应用[M]. 北京: 清华大学出版社, 2005.

[10] 任泰明. TCP/IP 协议与网络编程[M]. 西安: 西安电子科技大学出版社, 2004.

[11] 周逊. IPv6——下一代互联网的核心[M]. 北京: 电子工业出版社, 2003.

[12] 张宏科, 苏伟. IPv6 路由协议栈原理与技术[M]. 北京: 北京邮电大学出版社, 2006.

[13] HEATHER O. TCP/IP Primer Plus[M]. 张金祥, 译. 北京: 人民邮电出版社, 2002.

[14] 罗军舟, 黎波涛, 杨明, 等. TCP/IP 协议及网络编程技术[M]. 北京: 清华大学出版社, 2004.

[15] MCLEAN L. Windows 2000 TCP/IP 技术内幕[M]. 王建华, 王卫峰, 席赛珠, 译. 北京: 机械工业出版社, 2001.

[16] 蒋东兴. TCP/IP 基本原理与 UNIX 网络服务[M]. 北京: 清华大学出版社, 2003.

[17] DAVIES J, LEE T. Microsoft Windows Server 2003 TCP/IP 协议和服务技术参考[M]. 李捷, 朱全敏, 译. 北京: 清华大学出版社, 2004.

[18] BUMS K. TCP/IP 分析与故障诊断[M]. 战晓苏, 张敏, 译. 北京: 清华大学出版社, 2005.

[19] 华为 3Com 技术有限公司. IPv6 技术[M]. 北京: 清华大学出版社, 2004.

[20] 蒋亮, 郭健. 下一代网络移动 IPv6 技术[M]. 北京: 机械工业出版社, 2005.

[21] HAGEN. IPv6 精髓[M]. 技桥, 译. 北京: 清华大学出版社, 2004.

[22] DAVIES J. 理解 IPv6[M]. 张晓彤, 晏国晟, 曾庆峰, 译. 北京: 清华大学出版社, 2004.

[23] CERF V, KAHN R. A protocol for packet network inter-communication[J]. IEEE Transactions on Communications, 1974, 22(5): 637-648.

[24] ABRAMSON N. The throughput of packet broadcasting channels[J]. IEEE Transactions on Communications, 1977, 25(1): 117-128.

[25] POSTEL J. Transmission Control Protocol[S/OL]. [2020-08-10]. https: //www. hjp. at/doc/rfc/rfc793. html.

[26] NAGLE J. Congestion Control in IP/TCP Internet Works[S/OL]. [2020-09-15]. https: //www. hjp. at/doc/rfc/rfc896. html.

[27] ACOBSON V. Congestion avoidance and control[J]. ACM SIGCOMM Computer Communication Review, 1988, 18(4): 314-329.

[28] ALLMAN M, PAXSON V, STEVENS W. TCP Congestion Control [S/OL]. [2021-01-25]. https://www.hjp. at/doc/rfc/rfc2581. html.

[29] JACBSON V. Modified TCP Congestion Avoidance Algorithm[S/OL]. [1990-04-30]. ftp://ftp.isi.edu/end2end/end2end-ihterest-1990.mail.

[30] JACBSON V. TCP Extensions for High Performance[S/OL]. [2020-12-17]. https: //www. hjp. at/doc/rfc/rfc1323. html.

[31] PADHYE J, FIROIU V, TOWSLEY D F, et al. Modeling TCP Reno performance: A simple model and its empirical validation[J]. IEEE/ACM Transactions on Networking, 2000, 8(2): 133-145.

[32] ZHOU K, YEUNG K L, LI V O K. On performance modeling of TCP new-reno[C]. IEEE Global Telecomm- unication Conference, Washington D.C., 2007: 2650-2654.

[33] FLOYD S, HENDERSON T, GURTOV A. The NewReno Modification to TCP's Fast Recovery Algorithm[S/OL]. [2021-09-20]. https: //www. hjp. at/doc/rfc/rfc2582. html.

[34] MATHIS M, MAHDAVI J, FLOYD S, et al. TCP Selective Acknowledgement Options[S/OL]. [2021-12-13]. https: //www. hjp. at/doc/rfc/rfc2018. html.

[35] FLOYD S, MAHDAVI J, MATHIS M, et al. An Extension to the Selective Acknowledgement (SACK) Option for TCP[S/OL]. [2021-06-23]. https: //www. hjp. at/doc/rfc/rfc2883. html.

[36] BRAKMO L S, O' MALLEY S W, PETERSON L L. TCP Vegas: New techniques for congestion detection and avoidance[C]. Proceedings of the Conference on Communications Architectures, Protocols and Applications, London, 1994: 24-35.

[37] BRAKMO L S, PETERSON L L. TCP Vegas: End to end congestion avoidance on a global Internet[J]. IEEE Journal on Selected Areas in Communications, 1995, 13(8): 1465-1480.

[38] ALLMAN M, PAXSON V, STEVENS W. TCP Congestion Control[S/OL]. [2021-12-13]. https: //www.hjp.at/doc/rfc/rfc5681. html.

[39] FALL K, FLOYD S. Simulation-based comparisons of Tahoe, Reno and SACK TCP[J]. ACM SIGCOMM Computer Communication Review, 1996, 26(3): 5-21.

[40] FLOYD S, HENDERSON T, GURTOV A. The Newreno Modification to TCP's Fast Recovery Algorithm[S/OL]. [2021-12-13]. https: //www. hjp. at/doc/rfc/rfc3782. html.

[41] BLANTON E, ALLMAN M, FALL K, et al. A Conservative Selective Acknowledgment (SACK)-based Loss Recovery Algorithm for TCP[S/OL]. [2021-12-13]. https: //www. hjp. at/doc/rfc/rfc3517. html.

[42] POSTEL J. User Datagram Protocol[S/OL]. [2021-12-13]. https://www.hjp.at/doc/rfc/rfc768.html.

[43] RODDY D. 卫星通信[M]. 3 版. 张更新, 刘爱军, 张杭, 等, 译. 北京: 人民邮电出版社, 2002.

[44] RODDY D. 卫星通信[M]. 4 版. 郑宝玉, 译. 北京: 机械工业出版社, 2011.

[45] 吴诗其, 李兴. 卫星通信导论[M]. 北京: 电子工业出版社, 2002.

[46] 甘良才, 杨桂文, 茹国宝. 卫星通信系统[M]. 武汉: 武汉大学出版社, 2002.

[47] 徐福祥. 卫星工程概论[M]. 北京: 中国宇航出版社, 2003.

[48] 孙学康, 张政. 微波与卫星通信[M]. 北京: 人民邮电出版社, 2003.

[49] 王秉钧, 王少勇. 卫星通信系统[M]. 北京: 机械工业出版社, 2004.

[50] 王丽娜, 王兵. 卫星通信系统[M]. 北京: 国防工业出版社, 2006.

[51] 陈振国, 杨鸿文, 郭文彬. 卫星通信系统与技术[M]. 北京: 北京邮电大学出版社, 2003.

[52] 陈功富, 王永建. 卫星数字通信网络技术[M]. 哈尔滨: 哈尔滨工业大学出版社, 2001.

[53] 朱建华, 张镭, 李东. 基于 CATV 网的外交互式多媒体数据广播系统[J]. 广播与电视技术, 1999, 26(4): 108-115.

[54] 晏坚, 张林, 王耀希, 等. 网络层外交互卫星通信系统及其应用[J]. 计算机工程, 2008, 34(16): 102-104.

[55] 马正新, 朱慧玲. 基于 TCP/IP 协议的外交互式卫星通信[J]. 现代电信科技, 2000 (2): 6-10.

[56] 全庆一, 廖建新, 于玲, 等. 卫星移动通信[M]. 北京: 北京邮电大学出版社, 2000.

[57] FARSEROTU J, PRASAD R. IP/ATM 移动卫星网络[M]. 谷深远, 黄国策, 译. 北京: 电子工业出版社, 2003.

[58] IBNKAHLA M, RAHMAN Q M, SULYMAN A I, et al. High-speed satellite mobile communications: Technologies and challenges[J]. Proceedings of the IEEE, 2004, 92(2): 312-339.

[59] JAMALIPOUR A. Broadband satellite networks-the global IT bridge[J]. Proceedings of the IEEE, 2001, 89(1): 88-104.

[60] JAMALIPOUR A, TUNG T. The role of satellites in global IT: Trends and implications[J]. IEEE Personal Communications, 2001, 8(3): 5-11.

[61] 李兴, 李献明, 吴诗其. 全球新多媒体宽带卫星通信发展前景及我国应对策略[J]. 通信与信息技术, 2002 (6): 41-44.

[62] DEL RE E, RONGA L S, PIERCUCCI L. Trends in satellite communications[C]. 2002 IEEE International Conference on Communications, Conference Proceedings, New York, 2002, 5: 2983-2988.

[63] LUTZ E, WERNER M, JAHN A. Satellite Systems for Personal and Broadband Communications[M]. Berlin: Springer Science & Business Media, 2012.

[64] SLORAL Website. Intelsat-9(901, 902, 903, 904, 905, 906, 907) [EB/OL]. [2021-11-09]. http: //www. skyrocket. de/space/doc_sdat/intelsat-9. htm.

[65] SLORAL Website. Intelsat 10-01[EB/OL]. [2021-11-09]. http: //www. skyrocket. de/space/doc_sdat/intelsat-10-01. htm.

[66] 中卫普信宽带通信有限公司. IPSTAR 卫星[EB/OL]. [2021-11-09]. http: //www. cbsn. com. cn/res/ipstar. asp .

[67] GUNTER Dirk Krebs. APStar 6[EB/OL]. [2021-11-09]. http: //space. skyrocket. de/index_frame. htm?

[68] HOGIE K, CRISCUOLO E, PARISE R. Link and routing issues for Internet protocols in space[C]. 2001 IEEE Aerospace Conference Proceedings, 2001, 2: 963-976.

[69] ESPACIO A. AmerHis: Satellite Broadband Interactive Services for Europe and America[EB/OL]. [2021-11-09]. https://www.esa.int/Applications/Telecommunications_Integrated_Applications/AmerHis_first_switchboard_in_space_launched.

[70] ARAKI K, TOYOSHIMA M, TAKAHASHI T, et al. Experimental operations of laser communication equipment onboard ETS-Ⅷ satellite[C]. Free-Space Laser Communication Technologies IX, San Jose, 1997, 2990: 264-275.

[71] 卢珊珊, 曹文忠, 陈明辉. 日本宽带多媒体卫星通信系统"WINDS"技术详解[J]. 卫星电视与宽带多媒体, 2008 (20): 38-41.

[72] GUNTER Dirk Krebs. Intelsat 14[EB/OL]. [2021-11-09]. http: //www. skyrocket. de/space/doc_sdat/intelsat-14. htm.

[73] CHARALAMBOS C P, LAZAROU G Y, FROST V S, et al. Experimental and simulation performance results of TCP/IP over high-speed ATM over ACTS[C]. 1998 IEEE International Conference on Communications, Atlanta, 1998, 1: 72-78.

[74] CRISCUOLO E, HOGIE K, PARISE R. Transport protocols and applications for Internet use in space[C]. 2001 IEEE Aerospace Conference Proceedings, Big Sky, 2001, 2: 951-962.

[75] SCHNURR R, RASH J, HOGIE K, et al. NASA/GSFC space internet: Extending internet technology into space[C]. NASA/GSFC Space Internet: NRO Technical Seminar, Greenbelt, Maryland, 2001: 61-67.

[76] RASH J, PARISE R, HOGIE K, et al. Internet technology on spacecraft[C]. Space 2000 Conference and Exposition, Long Beach, 2000: 5295.

[77] WOOD L, SHELL D, IVANCIC W, et al. CLEO and VMOC: Enabling warfighters to task space payloads[C]. MILCOM 2005-2005 IEEE Military Communications Conference, Atlantic City, 2005: 3052-3058.

[78] FLOREANI D. Internet to orbit exploring the potential of IP networking technologies in space[J]. Packet Magazine,

2005, 17:19-23.

[79] WOOD L, IVANCIC W, HODGSON D, et al. Using Internet nodes and routers onboard satellites[J]. International Journal of Satellite Communications and Networking, 2007, 25(2): 195-216.

[80] BHASIN K, HAYDEN J, AGRE J R, et al. Advanced communication and networking technologies for Mars exploration[C]. 19th Annual AIAA International Communications Satellite Systems Conference, Toulouse, 2001: 17-20.

[81] 马晶, 谭立英, 于思源. 卫星光通信[M]. 北京: 国防工业出版社, 2015.

[82] 韩慧鹏. 国外卫星激光通信进展概况[J]. 卫星与网络, 2018(8): 44-49.

[83] 芮道满, 刘超, 陈莫, 等. 自适应光学技术在星地激光通信地面站上的应用[J]. 光电工程, 2018, 45(3): 170647-1-170647-9.

[84] 郭永富, 王虎妹. 欧洲 SILEX 计划及后续空间激光通信技术发展[J]. 航天器工程, 2013, 22(2): 88-93.

[85] GREGORY M, HEINE F F, KAMPFNER H, et al. Commercial optical inter-satellite communication at high data rates[J]. Optical Engineering, 2012, 51(3): 031202-1-031202-7.

[86] 杨勤. 卫星激光通信系统中脉冲位置调制技术的研究[M]. 西安: 西安电子科技大学出版社, 2014.

[87] 王鑫磊. 卫星光通信系统中反射式光学天线优化设计[M]. 哈尔滨: 哈尔滨工业大学出版社, 2014.

[88] 于思源. 卫星光通信瞄准捕获跟踪技术[M]. 北京: 科学出版社, 2016.

[89] 胡宗敏, 汤俊雄. 大气无线光通信系统中数字脉冲间隔调制研究[J]. 通信学报, 2005, 26(3): 75-79.

[90] LIU C, MODIANO E. An analysis of TCP over random access satellite links[C]. 2004 IEEE Wireless Communications and Networking Conference, Atlanta, 2004, 4: 2033-2040.

[91] CELANDRONI N, FERRO E, GOTTA A. RA and DA satellite access schemes: A survey and some research results and challenges[J]. International Journal of Communication Systems, 2014, 27(11): 2670-2690.

[92] CELANDRONI N, DAVOLI F, FERRO E, et al. On elastic traffic via contention resolution diversity slotted aloha satellite access[J]. International Journal of Communication Systems, 2016, 29(3): 522-534.

[93] CASINI E, DE GAUDENZI R, HERRERO O D R. Contention resolution diversity slotted ALOHA (CRDSA): An enhanced random access schemefor satellite access packet networks[J]. IEEE Transactions on Wireless Communications, 2007, 6(4): 1408-1419.

[94] DEL RIO HERRERO O, DE GAUDENZI R. A high-performance MAC protocol for consumer broadband satellite systems[C]. 27th IET and AIAA International Communications Satellite Systems Conference, Edinburgh, 2009: 512-521.

[95] LIVA G. Graph-based analysis and optimization of contention resolution diversity slotted ALOHA[J]. IEEE Transactions on Communications, 2010, 59(2): 477-487.

[96] DVB, second generation DVB interactive satellite system (DVB-RCS2). Part 2: Lower layers for satellite standard[S]. Sophia Antipolis Cedex: ETSI, 2012.

[97] CELANDEONI N, SECCHI R. Suitability of DAMA and contention-based satellite access schemes for TCP traffic in mobile DVB-RCS[J]. IEEE Transactions on Vehicular Technology, 2008, 58(4): 1836-1845.

[98] JIONG L, ZHU H, WEI L. Performance analysis of TCP New Reno over satellite DVB-RCS2 random access links[J]. IEEE Transactions on Wireless Communications, 2020, 19(1): 435-446.

[99] PARTRIDGE C, SHEPARD T J. TCP/IP performance over satellite links[J]. IEEE Network, 1997, 11(5): 44-49.

[100] HU Y, LI V O K. Satellite-based internet: A tutorial[J]. IEEE Communications Magazine, 2001, 39(3): 154-162.

[101] CAINI C, FIRRINCIELI R, MARCHESE M, et al. Transport layer protocols and architectures for satellite

networks[J]. International Journal of Satellite Communications and Networking, 2007, 25(1): 1-26.

[102] LUTZ E, CYGAN D, DIPPOLD M, et al. The land mobile satellite communication channel-recording, statistics, and channel model[J]. IEEE Transactions on Vehicular Technology, 1991, 40(2): 375-386.

[103] 张乃通, 李晖, 张钦宇. 深空探测通信技术发展趋势及思考[J]. 宇航学报, 2007, 28(4): 786-793.

[104] 王凯东, 田斌, 易克初. 宽带卫星网络 TCP 性能分析[J]. 计算机学报, 2005(8): 1360-1366.

[105] ZHOU K, YEUNG K L, LI V O K. Throughput modeling of TCP with slow-start and fast recovery[C]. GLOBECOM'05, IEEE Global Telecommunications Conference, St. Louis, 2005: 1-5.

[106] LAKSHMAN T V, MADHOW U. The performance of TCP/IP for networks with high bandwidth-delay products and random loss[J]. IEEE/ACM Transactions on Networking, 1997, 5(3): 336-350.

[107] ZORZI M, RAO R R. The effect of correlated errors on the performance of TCP[J]. IEEE Communications Letters, 1997, 1(5): 127-129.

[108] BALAKRISHNAN H, PADMANABHAN V N, KATZ R H. The effects of asymmetry on TCP performance[J]. Mobile Networks and Applications, 1999, 4(3): 219-241.

[109] KUMAR A. Comparative performance analysis of versions of TCP in a local network with a lossy link[J]. IEEE/ACM Transactions on Networking, 1998, 6(4): 485-498.

[110] BARAKAT C, ALTMAN E, DABBOUS W. On TCP performance in a heterogeneous network: A survey[J]. IEEE Communications Magazine, 2000, 38(1): 40-46.

[111] ALLMAN M, GLOVER D, SANCHEZ L. Enhancing TCP Over Satellite Channels Using Standard Mechanisms [S/OL]. [2021-12-13]. https: //www. hjp. at/doc/rfc/rfc2488. html.

[112] GHANI N, DIXIT S. TCP/IP enhancements for satellite networks[J]. IEEE Communications Magazine, 1999, 37(7): 64-72.

[113] ALLMAN M. Ongoing TCP Research Related to Satellites[S/OL]. [2021-12-13]. https://www.hjp.at/doc/ rfc/rfc2760. html.

[114] 龙飞, 王勇前, 曹志刚, 等. 卫星因特网接入 TCP/IP 协议的改进与发展[J]. 清华大学学报(自然科学版), 2001, 41(7): 17-20.

[115] ALLMAN M, FLOYD S, PARTRIDGE C. Increasing TCP's Initial Window[S/OL]. [2021-12-13]. https: //www. hjp. at/doc/rfc/rfc2581. html.

[116] MCKENZIE A. Problem with the TCP Big Window Option[S/OL]. [2021-12-13]. https: //www. hjp. at/doc/rfc/ rfc1110. html.

[117] BRADEN R. T/TCP-TCP Extensions for Transactions Functional Specification[S/OL]. [2021-12-13]. https: //www. hjp. at/doc/rfc/rfc1644. html.

[118] BORDER J. Performance Enhancing Proxies Intended to Mitigate Link-Related Degradations[S/OL]. [2021-12-13]. https: //www. hjp. at/doc/rfc/rfc3135. html.

[119] RAMAKRISHNAN K, FLOYD S. A Proposal to Add Explicit Congestion Notification (ECN) to IP[S/OL]. [2021-12-13]. https: //www. hjp. at/doc/rfc/rfc2481. html.

[120] PADMANABHAN V N, KATZ R H. TCP fast start: A technique for speeding up web transfers[C]. Proceedings of the IEEE GLOBECOM'98 Conference, Danvers, 1998: 1-6.

[121] AKYILDIZ I F, MORABITO G, PALAZZO S. TCP-Peach: A new congestion control scheme for satellite IP networks[J]. IEEE/ACM Transactions on Networking, 2001, 9(3): 307-321.

[122] AKAN O B, FANG J, AKYILDIZ I F. TP-Planet: A reliable transport protocol for interplanetary internet[J]. IEEE

Journal on Selected Areas in Communications, 2004, 22(2): 348-361.

[123] MASCOLO S, CASETTI C, GERLA M, et al. TCP Westwood: Bandwidth estimation for enhanced transport over wireless links[C]. Proceedings of the 7th Annual International Conference on Mobile Computing and Networking, New York, 2001: 287-297.

[124] CASETTI C, GERIA M, LEE S S, et al. TCP with faster recovery[C]. MILCOM 2000 Proceedings, 21st Century Military Communications, Architectures and Technologies for Information Superiority, Los Angeles, 2000, 1: 320-324.

[125] KATABI D, HANDLEY M, ROHRS C. Congestion control for high bandwidth-delay product networks[C]. Proceedings of the 2002 Conference on Applications, Technologies, Architectures, and Protocols for Computer Communications, Pittsburgh, 2002: 89-102.

[126] MIYAKE Y, HASEGAWA T, KATO T. Acceleration of TCP throughput over satellite-based Internet access using TCP gateway[C]. Proceedings ISCC 2000, Fifth IEEE Symposium on Computers and Communications, Antibes-Juan Les Pins, 2000: 245-253.

[127] LUGLIO M, SANADIDI M Y, GERLA M, et al. On-board satellite "split TCP" proxy[J]. IEEE Journal on Selected Areas in Communications, 2004, 22(2) : 362-370.

[128] PHILOPOULOS S, FERENS K. Proxy-based connection-splitting architectures for improving TCP performance over satellite channels[C]. IEEE Canadian Conference on Electrical and Computer Engineering, Winnipeg, 2002, 3: 1430-1435.

[129] HENDERSON T R, KATZ R H. Transport protocols for Internet-compatible satellite networks[J]. IEEE Journal on Selected Areas in Communications, 1999, 17(2): 326-344.

[130] SHANG Y, HADJITHEODOSIOU M, BARAS J. AeroTCP: A splitting transport protocol for an IP-based satellite network supporting aeronautical communications[C]. Proceedings AIAA, Salt Lake City, 2002, 23: 25-28.

[131] CELANDRONI N, DAVOLI F, FERRO E, et al. Long-lived TCP connections via satellite: Cross-layer bandwidth allocation, pricing, and adaptive control[J]. IEEE/ACM Transactions on Networking, 2006, 14(5): 1019-1030.

[132] MAHARSHI A, TONG L, SWAMI A. Cross-layer designs of multichannel reservation MAC under Rayleigh fading[J]. IEEE Transactions on Signal Processing, 2003, 51(8): 2054-2067.

[133] LIU Q, ZHOU S, GIANNAKIS G B. Cross-layer combining of adaptive modulation and coding with truncated ARQ over wireless links[J]. IEEE Transactions on Wireless Communications, 2004, 3(5): 1746-1755.

[134] ROACH A. A Negative Acknowledgement Mechanism for Signaling Compression[S/OL]. [2021-12-13]. https:// www. hjp. at/doc/rfc/rfc4077. html.

[135] LIU J, CAO Z, JUNAID K M. TP-satellite: A new transport protocol for satellite IP networks[J]. IEEE Transactions on Aerospace and Electronic Systems, 2009, 45(2): 502-515.